I0615810

Reprint Publishing

FÜR MENSCHEN, DIE AUF ORIGINALE STEHEN.

www.reprintpublishing.com

Allgemeine Betriebstechnik

Ein Hilfsbuch für die Technik des chemischen Fabrikbetriebes

Von Adolf Hinze

Technischer Direktor der Zuckerraffinerie Oschersleben

Verlag von Karl Peters, Magdeburg

1914

Druck von George Westermann in Braunschweig.

VORWORT.

Das vorliegende Buch verdankt sein Entstehen der Erfahrung, daß in chemischen Betrieben jüngeren Betriebsbeamten, die nicht gerade Ingenieurwissenschaften studiert haben, oft Aufgaben aus diesem Gebiet gestellt werden, die sie ohne fremde Hilfe nicht zu lösen vermögen. Dies hat seinen Grund wohl hauptsächlich darin, daß den betreffenden Beamten das Studium der einschlägigen Spezialwerke, die den Gegenstand erschöpfend behandeln, zu zeitraubend ist. Da nun ein Buch, das die Ergebnisse der Spezialwerke für die Praxis unmittelbar anwendbar macht, bisher fehlte, habe ich versucht, diese Lücke auszufüllen.

Anregungen zu Verbesserungen und Ergänzungen des Buches werden dankbar entgegengenommen.

Oschersleben, Januar 1911.

Adolf Hinze.

INHALTSVERZEICHNIS.

I. ABSCHNITT.
DIE MECHANIK.

II. ABSCHNITT.
FESTIGKEITSLEHRE.

III. ABSCHNITT.
DAMPFERZEUGUNG UND KESSELHAUS.

IV. ABSCHNITT.
DAMPFMASCHINEN, DAMPFTURBINEN, ANWÄRMUNG, VERDAMPFEN, TROCKNEN, PUMPEN UND TRIEBWERKE.

V. ABSCHNITT.
ELEKTRIZITÄT.

VI. ABSCHNITT.
EINIGES AUS DER BAUKUNDE.

VII. ABSCHNITT.
MATHEMATIK UND TABELLEN.

ANHANG.

I. ABSCHNITT.
DIE MECHANIK.

Die Mechanik der festen Körper.

Da es für das Folgende von großer Wichtigkeit ist, sei hier einiges aus der allgemeinen Mechanik vorausgeschickt, obgleich das Studium derselben aus der Physik als bekannt vorausgesetzt wird.

Im allgemeinen behandelt die Mechanik die Gesetze vom Gleichgewicht und von der Bewegung der Körper. Die Lehre vom Gleichgewicht nennt man die Statik und diejenige von der Bewegung die Dynamik. Insbesondere aber unterscheidet man noch den Aggregatzuständen entsprechend Geostatik und Geodynamik, Hydrostatik und Hydrodynamik sowie Aerostatik und Aerodynamik.

Der Körper kann aus dem Gleichgewicht oder aus dem Zustande der Ruhe in den der Bewegung gebracht werden, wozu eine äußere Ursache erforderlich ist, die man Kraft nennt. Der Widerstand, den der Körper hierbei entgegensetzt, nennt man Trägheit oder Beharrungsvermögen.

Die Bewegung selbst ist in bezug auf den Raum eine gerad- oder krummlinige und in bezug auf die Zeit eine gleichförmige oder ungleichförmige. Letztere kann entweder eine beschleunigte oder verzögerte sein. Das Verhältnis von Zeit- und Raumabschnitt bei der Bewegung nennt man Geschwindigkeit.

Als Einheit des Raumes nimmt man das Meter, das ist $\dfrac{1}{10\,000\,000}$ des Erdmeridianquadranten und als Einheit der Zeit die Sekunde, das ist $\dfrac{1}{86\,400}$ des Tages, d. h. der Zeit, in der die Erde sich um ihre eigene Achse dreht.

Bezeichnet man den Weg mit s, die Geschwindigkeit mit c und die Zeit mit t, so hat man für die gleichförmige Bewegung:

$$s = ct;\ t = \frac{s}{c};\ c = \frac{s}{t}.$$

Tabelle 1.
Zusammenstellung von Geschwindigkeiten in der Sekunde.

Fußgänger	1,5 m
Pferd im Schritt	1,2 „
„ „ Trab	3 „

Pferd im Galopp	5	m
Rennpferd im Galopp	15	„
Straßenbahn	3—5	„
Güterzug	5—8	„
Personenzug	12,5	„
Schnellzug	18,0	„
Dampfschiff	3—8	„
Wasser in den Flüssen	0,8	„
„ „ der Saugleitung einer Pumpe	1,0	„
„ „ „ Druckleitung	1,2	„
Wind schwach	3,0	„
„ mittel	6,0	„
„ stark	10,0	„
Sturm	17—28	„
Dampf in der Leitung	30—50	„
Flügel der Ventilatoren am Umfang	36,0	„
Kreissäge am Umfang	40,0	„
Zentrifugen am „	40—50	„
Licht und Elektrizität	300000000	„
Sternschnuppe	52600	„
Erde um die Sonne	29800	„
Punkt am Erdäquator bei Drehung der Erde	468	„
Berlin bei der Achsendrehung	283	„
Schall in der Luft	332	„
Geschoß der Kanone	400	„
Geschoß des Infanteriegewehrs	600	„
Steinwurf mit kräftiger Hand	16	„

Für Kreisbewegung hat man für $s = n\pi d$, in welcher Formel n die Umdrehungszahl in der Minute und d den Durchmesser bezeichnet. Für c, d. h. Geschwindigkeit in Meter pro Sekunde hat man:

$$c = \frac{n\pi d}{60}$$

Bei der gleichförmigen Bewegung bleibt die wirkende Kraft während der ganzen Zeit gleich. Wird aber z. B. die Kraft vermindert oder beseitigt, so tritt infolge des dem Körper innewohnenden Beharrungsvermögens eine allmähliche Verzögerung ein. Soll aber eine Beschleunigung eintreten, so müssen nach und nach Kräfte hinzutreten, die die schon wirkenden vergrößern. Sind die hinzutretenden Kräfte in bestimmten Intervallen gleich groß, so wird die Beschleunigung eine gleichmäßige.

Bezeichnet man mit v die Endgeschwindigkeit, mit t die Zeit und mit p die hinzutretende Beschleunigungsgröße, so hat man:

$$v = p \cdot t; \quad p = \frac{v}{t}; \quad t = \frac{v}{p}.$$

Wenn die Bewegung aus der Ruhe hervorgegangen ist, so hat man hier eine Anfangsgeschwindigkeit von o. die mittlere Geschwindigkeit ist dann $\dfrac{o+v}{2}$ und für den Weg s hat man in diesem Falle

$s = \dfrac{o+v}{2} \cdot t.$ Setzt man für v den Wert $p\,t$, so hat man:

$$s = \frac{p\,t}{2} \cdot t = \frac{p\,t^2}{2}.$$

Man kann auch für t den Wert $\dfrac{v}{p}$ setzen, wodurch man erhält:

$$\frac{v}{2} \cdot \frac{v}{p} = s = \frac{v^2}{2p} \text{ und hieraus } v = \sqrt{2sp}.$$

Hat der Körper schon die Anfangsgeschwindigkeit c gehabt, so hat man:

$$v = c + p\,t;\ t = \frac{v-c}{p}$$

$$s = \frac{c+v}{2} \cdot t = \frac{c+c+p\,t}{2} \cdot t$$

$$s = \frac{2c+p\,t}{2} \cdot t = c\,t + \frac{p}{2}\,t^2$$

$$s = \frac{v+c}{2} \cdot \frac{v-c}{p} = \frac{v^2-c^2}{2p}$$

$$v = \sqrt{2\,s\,p + c^2}.$$

Für die gleichmäßig verzögerte Bewegung gelten dieselben Formeln, nur die Vorzeichen sind andere.

Bezeichnet man auch hier die Anfangsgeschwindigkeit eines Körpers mit c, die Endgeschwindigkeit mit v, die Geschwindigkeitsabnahme mit p und mit t die Zeit von der Anfangs- bis zur Endgeschwindigkeit, so hat man:

$$c = p \cdot t$$

$$s = \frac{p}{2} \cdot t^2$$

$$s = \frac{c^2}{2p}$$

$$v = c - p\,t$$

$$s = c \cdot t - \frac{p}{2} \cdot t^2$$

$$s = \frac{c+v}{2} \cdot t$$

$$s = \frac{c^2 - v^2}{2p}.$$

In diesen Gesetzen liegen auch, wenn man für p den Ausdruck
für die Schwerkraft, die für alle Körper an derselben Stelle der Erd-
oberfläche gleich groß ist, setzt, die Fallgesetze. Der Ausdruck,
der hier mit g bezeichnet wird, ist die Zunahme der Geschwindigkeit
eines frei fallenden Körpers in einer Sekunde; unter 45° Breite beträgt sie 9,808 m.

Man erhält hier:
$$r = gt \text{ und } s = \tfrac{1}{2} gt^2,$$
in welchen beiden Formeln die folgenden beiden Galileischen Fallgesetze zum Ausdruck kommen:

1. Die am Schluß der einzelnen Sekunden erlangten Endgeschwindigkeiten verhalten sich wie die Fallzeiten.

2. Die ganzen Fallwege verhalten sich wie die Quadrate der
Fallzeiten.

Die Kräfte.

Nach dem Kausalitätsprinzip hat jede Wirkung eine vorangegangene
Ursache. Eine Folge von Ursachen und Wirkungen, in der jede Wirkung die Ursache der folgenden ist, nennt man einen Kausalnexus.

Nimmt man die Bewegungen als Wirkungen, so haben sie vor-
hergegangene Ursachen, die auch wieder Bewegungen sind. Und
genau genommen besteht das ganze Werden und Vergehen nur in
einer ununterbrochenen Bewegung, mag es sich hierbei nun auch um
Äther- und Molekularbewegung oder um die Ortsveränderung von
Körpern handeln.

Verfolgt man die Bewegung bis auf die letzten uns verständlichen
Ursachen, so finden wir solche in der Umwandlung von Energien,
d. h. indem sich die eine Energie in die andere umsetzt, wie sich
z. B. Wärme in Bewegung und umgekehrt diese wieder in Wärme
umsetzt. Wie der Heilbronner Arzt Robert Mayer entdeckt hat, erfolgt
die letztere Umsetzung in einem bestimmten Verhältnis, und zwar
kann man mit einer Wärmemenge, die notwendig ist, um 1 kg Wasser
um 1° C zu erwärmen, eine Arbeit von 424 mkg leisten. Man bezeichnet
diese Leistung als das mechanische Äquivalent der Wärme.

Für die Umsetzung von Energien ist es aber erforderlich, daß
auf der einen Seite ein Überschuß vorhanden ist. Sobald der Überschuß verbraucht ist, tritt ein Gleichgewichtszustand ein. Dieser
Energieüberschuß ist schließlich die Quelle aller Kräfte.

Bei den Kräften kommt es aber betreffs der Wirkung nicht allein
auf die Größe, d. h. Intensität an, sondern auch auf die Lage des
Angriffspunktes und die Richtung.

Wirken mehrere Kräfte gleichzeitig auf einen Körper, so entsteht
hieraus eine Resultierende, bei der es darauf ankommt, ihre Größe

und Richtung kennen zu lernen. Umgekehrt kann es aber auch darauf ankommen, aus einer Resultierenden die Komponenten betreffs Größe und Richtung kennen zu lernen.

Wirken mehrere Kräfte gleichzeitig in derselben Richtung, so ist die Resultierende die Summe dieser Kräfte. Wirken sie genau entgegengesetzt, so ist die Resultierende die Differenz derselben.

Haben zwei Kräfte bei einem gemeinschaftlichen Angriffspunkt verschiedene Richtungen, die einen Winkel bilden, so erhält man die resultierende Kraft auf folgende Weise:

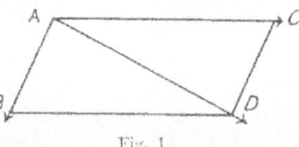

Fig. 1.

Wenn der Punkt A von einer Kraft in einer Zeiteinheit nach B getrieben wird, in derselben Zeiteinheit aber durch eine andere nach C, so wird es verständlich sein, daß A nach D gelangt ist, und zwar hat er in Wirklichkeit die Diagonale des Parallelogramms $ABDC$ gleichförmig durchlaufen. Das Endresultat würde auch dasselbe sein, wenn die Kräfte nacheinander wirken. Der Punkt A würde zuerst nach B bewegt und dann von B nach D. Er hätte hierbei aber einen erheblich längeren Weg bei entsprechend längerer Zeit zurückgelegt.

Aus der Zusammensetzung zweier gleichförmigen Bewegungen verschiedener Richtung resultiert eine gleichförmige Bewegung, die in Richtung und Geschwindigkeit der Diagonale eines Parallelogramms entspricht, dessen Seiten die Richtungen und Geschwindigkeiten der Komponenten angeben.

Treffen sich die beiden Kräfte unter einem rechten Winkel, so läßt sich die Diagonale als Resultierende leicht nach dem pythagoreischen Lehrsatz berechnen. Hat man die Kräfte P und P_1, so ist die Resultierende R:

$$R = \sqrt{P^2 + P_1^2}.$$

Ist anderseits die Resultierende und eine Komponente bekannt, so findet man die Unbekannte, indem man setzt:

$$P = \sqrt{R^2 - P_1^2}.$$

Bei spitzen und stumpfen Winkeln kann man die Resultierende oder eine unbekannte Komponente durch Zeichnung oder rechnerisch mit Hilfe des Cosinus-Satzes ermitteln, da zwei Seiten und der eingeschlossene Winkel bekannt sind.

Sind a und b die Komponenten, die unter dem Winkel A wirken, so ist b_1 gleich b und der Winkel a

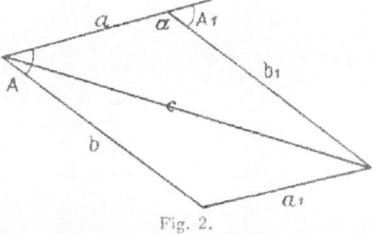

Fig. 2.

gleich $180 - A_1$, da aber A und A_1 als korrespondierende Winkel gleich sind, so ist auch a gleich $180 - A$. Ferner ist cos a gleich $-$ cos A.

Nach dem Cosinus-Satz ist:

$$\cos a = \frac{a^2 + b^2 - c^2}{2\,a\,b}, \text{ folglich}$$
$$\cos a \cdot 2\,a\,b = a^2 + b^2 - c^2$$
$$c^2 = a^2 + b^2 - 2\,a\,b \cdot \cos a$$
$$c = \sqrt{a^2 + b^2 + 2\,a\,b \cdot \cos A}.$$

Beispiele.

Wie groß ist die Mittelkraft R zweier Kräfte von 40 und 30 kg, deren Richtungen einen Winkel von 45^0 einschließen? Und wie groß sind die Winkel α und β, welche die Seitenkräfte mit der Resultierenden einschließen?

$$R = \sqrt{40^2 + 30^2 + 2 \cdot 40 \cdot 30 \cos 45^0} = 64{,}78 \text{ kg}.$$

Die Winkel kann man mit Hilfe des Sinus-Satzes berechnen, nach dem sich zwei Seiten zueinander verhalten wie die sinus der gegenüberliegenden Winkel; wir haben hier, wenn der Winkel α der Seite 40 gegenüberliegt:

$$64{,}78 : 40 = \sin 45^0 : \sin \alpha$$
$$\sin \alpha = \frac{40 \cdot \sin 45^0}{64{,}78} = 0{,}4366$$
$$\alpha = 25^0\,53'\,11''$$
$$\sin \beta = \frac{30 \cdot \sin 45^0}{64{,}78} = 0{,}3274$$
$$\beta = 19^0\,6'\,49''.$$

Von zwei Seitenkräften P_1 und P_2 schließt die erste mit der Resultierenden einen Winkel von 75^0 ein, hingegen die zweite einen solchen von 30^0. Die Kraft P_1 beträgt 40 kg; wie groß sind P_2 und R?

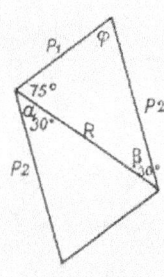

Da im nebenstehenden Parallelogramm α und β korrespondierende Winkel sind, so sind sie gleich, und da die drei Winkel in einem Dreieck zwei Rechte betragen, so hat man für φ $180 - (75 + 30) = 75$; d. h. R und P_2 bilden ein gleichschenkliges Dreieck, sie sind also gleich.

Die Größe von R und P_2 finden wir nun wieder nach dem Sinus-Satz:

$$\frac{40 \cdot \sin 75^0}{\sin 30} = 77{,}27 \text{ kg}$$

Fig. 3.

Wie groß ist von zwei Seitenkräften P_2 und der Winkel, den sie mit R einschließt, wenn $P_1 = 50$ kg und R 80 kg groß ist und beide einen Winkel von 30^0 einschließen?

Wir haben hier als gegeben zwei Seiten und den von ihnen eingeschlossenen Winkel, aus welchen Größen wir die gegenüberliegende Seite c wie oben nach dem Cosinus-Satz bestimmen können.

$$c = \sqrt{50^2 + 80^2 - 2 \cdot 50 \cdot 80 \cdot \cos 30^0} = 44{,}4 \text{ kg}.$$

Den Winkel β finden wir nun leicht nach dem Sinus-Satz:

$$\sin \beta = \frac{50 \cdot \sin 30^0}{44,4} = 0,5630, \text{ daher } \beta = 34^0\,16'\,24''.$$

Leser, die mit den trigonometrischen Sätzen nicht vertraut sind, müssen sich darauf beschränken, die fehlenden Größen durch Zeichnung und Messen zu ermitteln.

Man verfährt dabei in der Weise, daß man die gegebenen Größen in Zentimeter aufträgt, aus diesen ein Parallelogramm konstruiert und die gesuchte Größe durch Messen feststellt. Hat man z. B. aus einer Seitenkraft von 400 kg und einer von 800 kg, die sich unter einem Winkel von 60^0 treffen, die Resultierende zu ermitteln, so zieht man erst eine Gerade von 8 cm, legt an diese

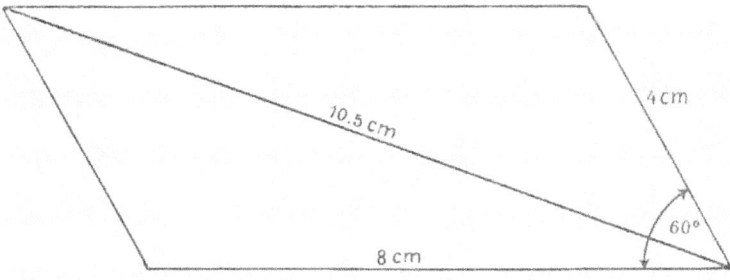

Fig. 4.

unter dem Winkel von 60^0 eine Gerade von 4 cm, zieht die Parallelen und die Diagonale, die durch Messung einen Wert von 1050 kg ergibt, während man durch Rechnung 1053 kg findet. Desgleichen kann man auch ebenso einfach die Winkel messen.

Wirken mehrere Kräfte mit verschiedenen Richtungen auf einen Punkt, so ermittelt man, wie beispielsweise in der Fig. 5 ersichtlich, zuerst die Resultierende aus den Seitenkräften a und b; die Resultierende R hieraus benutzt man

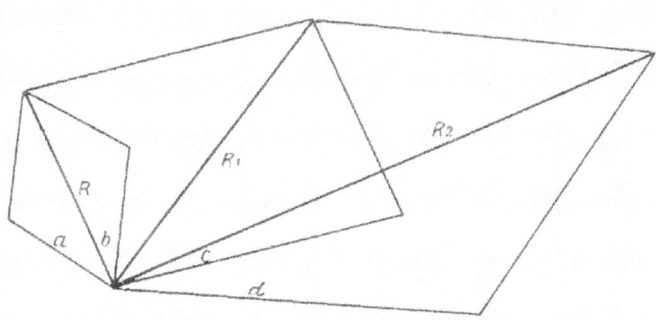

Fig. 5.

wieder als Seitenkraft mit der Seitenkraft c; die Resultierende R_1 hieraus als Seitenkraft mit d, deren Resultierende R_2 nun die Resultierende aus den Seitenkräften a_1 b_1 c und d überhaupt ist und zu deren Größe und Richtung man auch kommt, wenn man nicht von a ausgeht, sondern vielleicht zuerst die Resultierende von b und d ermittelt.

Will man die Resultierende aus mehreren Kräften durch Rechnung ermitteln, so hat man genau so vorzugehen, man ermittelt zuerst die Resultierende aus zwei Kräften und dann den entsprechenden Winkel usf.

An einer Welle wirkt ein horizontaler Zug von 2000 kg und ein vertikaler von 2500. Wie groß ist der resultierende Zug und unter welchem Winkel zum vertikalen wirkt derselbe?

Für den ersten Fall haben wir:

$$R = \sqrt{2000^2 + 2500^2} = 3200.$$

Für den zweiten Fall nach dem Sinus-Satz:

$$\sin x = \frac{2000 \cdot \sin 90}{3200} = 0,625$$

$$x = 38^0\,40'\,3''.$$

Die Hängesäule eines einfachen Sprengwerkes wird durch einen vertikalen Zug von 5000 kg beansprucht, wie groß ist der Druck der beiden Streben, die der Säule je einen Winkel von 45° einschließen?

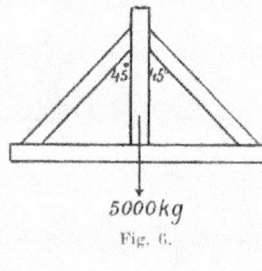

Nimmt man die Kraft der Hängesäule als Resultierende, so hat man die beiden gleichen Streben als Komponenten, und da der Winkel 45° ist, so ist die Hängesäule im Parallelogramm die Diagonale eines rechtwinkligen Dreiecks, daher:

5000kg

Fig. 6.

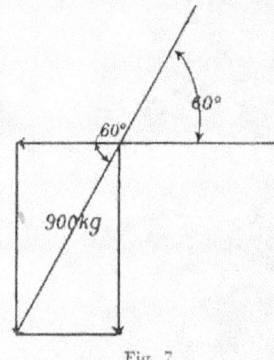

Fig. 7.

$$R^2 = 2\,P^2; \quad \frac{R^2}{2} = P^2$$

$$P = \sqrt{\frac{R^2}{2}} = \sqrt{\frac{5000^2}{2}} = 3500 \text{ kg.}$$

Die Längsrichtung eines Dachsparrens wirkt unter einem Winkel von 60° mit einem Druck von 900 kg. Wie groß ist sowohl der Vertikaldruck als auch der Horizontalschub?

Der Horizontalschub ist in diesem Falle ganz einfach:

900 . cos 60° = 450 kg und der Vertikaldruck: 900 . sin 60° = 779 kg.

Wirken zwei Kräfte in derselben Richtung, d. h. parallel auf einen Körper, so kommt man zu der Resultierenden und ihrem Angriffspunkt auf folgende Weise:

Es seien in der Fig. 8 P_1 und P_2 die beiden auf den sich im Gleichgewicht befindlichen Körper A-C-B wirkenden Kräfte. Das Gleichgewicht wird nicht gestört, wenn man an die Endpunkte des Körpers die gleichgroßen, aber entgegengesetzt gerichteten Kräfte p und p_1 hinzufügt. Denkt man sich nun die beiden in A angreifenden Kräfte zu der Resultierenden R_1 und die in B angreifenden zu der Resultierenden R_2 vereinigt, so können auch diese das Gleichgewicht nicht verändern. Verlängert man die Resultierenden R_1 und R_2 bis

zum Schnittpunkt F und zerlegt sie dort wieder in die Seitenkräfte,
so heben sich hier p und p_1 als gleich und entgegengesetzt auf, und
es sind die ursprünglichen Kräfte P_1 und P_2 in eine Linie gebracht,

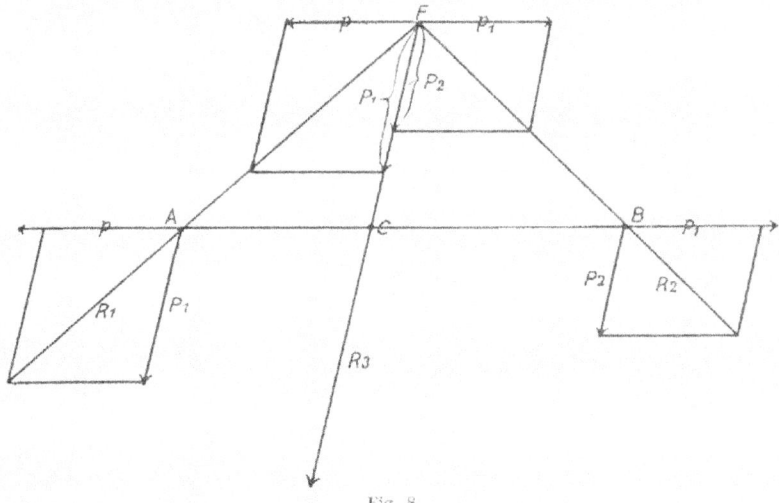

Fig. 8.

in der ihre gemeinsame Resultierende durch ihre Summe $R_3 = P_1 + P_2$
zum Ausdruck kommt.

Aus der Ähnlichkeit der Dreiecke ergibt sich betreffs der Lage
des Angriffspunktes C noch das Folgende:

Das Dreieck $R_1 A P_1$ ist ähnlich dem $A F C$ und $R_2 B P_2$ dem
$B F C$; es verhalten sich daher:

$$p\ : P_1 = A C : F C$$
$$p_1 : P_2 = B C : F C,$$
$$\text{da } p = p_1, \text{ so ist } P_1 . A C \text{ gleich } P_2 . B C$$
$$\text{mithin } P_1 : P_2 = B C : A C.$$

Wir haben also gefunden, daß die Mittelkraft, die die gemeinsame
Wirkung zweier parallelen Kräfte ersetzt, gleich der Summe (oder
aber entgegengesetzt gleich dem Unterschied) beider ist. Die Richtung
der Mittelkraft ist derjenigen der Seitenkräfte parallel. Der Angriffspunkt der Mittelkraft teilt die Gerade zwischen den beiden Angriffs-
punkten der Seitenkräfte derartig, daß das Produkt aus Seitenkraft
und Abstand dieser vom Angriffspunkt der Resultierenden auf beiden
Seiten gleich ist.

Beispiele.

Ein Balken von 5 m Länge ist mit 1000 kg an einer Stelle belastet, die sich
2 m von dem einen A und 3 m von dem andern Stützpunkt B befindet. Welchen
Auflagedruck P_1 für A und P_2 für B haben die Stützpunkte auszuhalten?

$$P_1 = \frac{3 \cdot 1000}{5} = 600$$

$$P_2 = \frac{2 \cdot 1000}{5} = 400.$$

An einer Achse wirken bei einer Lagerentfernung von 2 m zwei Zugkräfte, von denen die eine in der Mitte mit 500 kg und die andere 40 cm vom Auflagepunkt A mit 300 kg wirkt. Welchen Auflagedruck haben beide Stützpunkte?

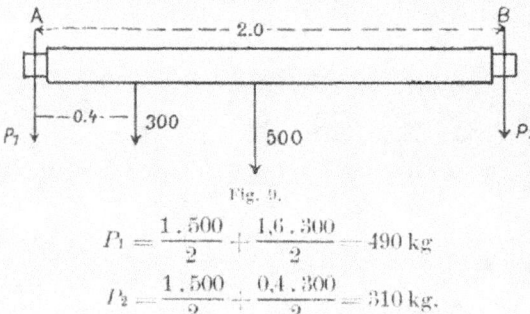

Fig. 9.

$$P_1 = \frac{1 \cdot 500}{2} + \frac{1{,}6 \cdot 300}{2} = 490 \, kg$$

$$P_2 = \frac{1 \cdot 500}{2} + \frac{0{,}4 \cdot 300}{2} = 310 \, kg.$$

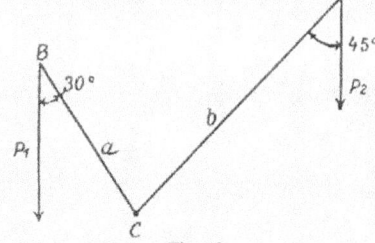

Fig. 10.

An einem Winkelhebel wirken zwei parallele Kräfte P_1 und P_2. P_1 schließt mit a einen Winkel von 30^0 und P_2 mit b einen solchen von 45^0 ein.

Der Arm a ist 40 cm, hingegen b 70 cm lang. P_1 beträgt 100 kg; wie groß muß P_2 sein, um P_1 das Gleichgewicht zu halten?

Wir haben hier:

$$P_2 = \frac{P_1 \cdot a \cdot \sin 30}{b \cdot \sin 45} = \frac{100 \cdot 40 \cdot 0{,}5}{70 \cdot 0{,}7071} = 40 \, kg.$$

Es ist oben bereits bemerkt, daß wenn zwei auf einen Körper gerichtete Kräfte parallel sind, aber entgegengesetzte Richtung haben, die Resultierende der Unterschied beider ist. Den Beweis hierfür finden wir durch folgende Betrachtung:

Es seien P_1 und P_2 die gegebenen Kräfte. Zerlegt man die Kraft P_1 in zwei parallele Kräfte, von denen Q gleich P_2 aber entgegengesetzt ist, so muß nach obigem $Q \cdot BC$ gleich sein $R \cdot AB$. Da Q P_2 aufhebt, so bleibt als Resultierende R, die parallel den beiden Seitenkräften ist, ihre Größe ist $P_1 - P_2$ und ihre

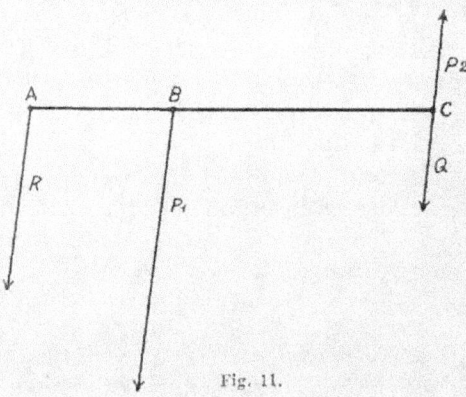

Fig. 11.

Richtung und Angriffspunkt in der Richtung und an der Seite der
größeren. Den Angriffspunkt selbst haben wir gefunden, indem wir
nach obigem gesetzt haben:

$$Q \cdot BC = R \cdot AB$$
$$AB = \frac{Q \cdot BC}{R}$$

Sind P_1 und P_2 gleich groß, aber entgegengesetzt gerichtet, so
wird ihre Resultierende 0, d. h. es gibt überhaupt für solche Kräfte
keine Resultierende. Solche Kräfte nennt man ein Kräftepaar. Unter
dem Einfluß eines Kräftepaares kann ein Körper keine fortschreitende,
sondern nur eine drehende Bewegung annehmen. Die Entfernung
beider Angriffspunkte auf der Achse heißt der Hebelarm. Das Produkt
aus Kraft und Hebelarm ist das statische Moment des Kräftepaares.

Verschiedene an einem Körper entgegengesetzt wirkende Kräfte
sind im Gleichgewicht, wenn ihre statischen Momente gleich sind.

Beispiel.

Eine schmiedeeiserne Achse ist in A und B gelagert, die Entfernung der
Lagermitten beträgt 1,0 m. Im Punkt C, der 0,5 m von A entfernt ist, wirkt
eine Kraft von 500 kg und
im Punkt D, der 0,4 m von
B entfernt ist, eine solche
von 400 kg. Wie groß
ist der Lagerdruck in A
und B?

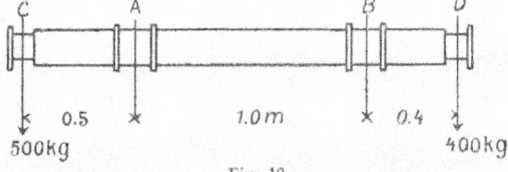

Fig. 12.

Für B als Drehpunkt hat
man für das Gleichgewicht:

$$500 \cdot 1,5 = 400 \cdot 0,4 + 1,0 \cdot x$$
$$x = 500 \cdot 1,5 - 400 \cdot 0,4 = 590 \, \mathrm{kg}, \text{ d. h. Druck in } A.$$

Für A als Drehpunkt hat man für das Gleichgewicht:

$$400 \cdot 1,4 = 500 \cdot 0,5 + 1,0 \cdot x$$
$$x = 400 \cdot 1,4 - 500 \cdot 0,5 = 310 \, \mathrm{kg}, \text{ d. h. Druck in } B.$$

Der Schwerpunkt.

Alle Körper auf der Erde, die aus chemischen Massenteilen bestehen, sind einer Anziehungskraft der Erde unterworfen, die sich in
den Körpern selbst als Schwerkraft äußert. Die Richtung der
Schwerkraft kann für die Massenteile eines Körpers als parallel an-
gesehen werden, infolgedessen lassen sich die parallelen Schwerkräfte
in eine resultierende Mittelkraft vereinigen. Der Angriffspunkt dieser
Mittelkraft, dessen Lage für feste Körper bestimmt und unveränder-
lich ist, heißt der Schwerpunkt, die Größe dieser Kraft ist das
Gewicht des Körpers. Wird die Schwerkraft im Angriffspunkt der-

selben durch eine entgegengesetzte Kraft aufgehoben, so ist der Körper im Gleichgewicht. Der Körper kann aber auch ober- oder unterhalb des Schwerpunktes in der vertikalen Linie desselben unterstützt werden. Ist der Körper im Schwerpunkt unterstützt, so bleibt er in jeder Lage im Gleichgewicht, letzteres ist daher ein indifferentes. Fällt der Körper, aus seiner Gleichgewichtslage gebracht, wieder in diese zurück, so ist sein Gleichgewicht ein stabiles; kehrt er hingegen nicht in die Gleichgewichtslage zurück, so heißt es ein labiles. Die Ebene, durch die der Schwerpunkt geht, heißt die Schwerebene, und die Linie, die ihn enthält, die Schwerlinie oder Schwerachse.

Der Schwerpunkt von regelmäßigen Gebilden liegt in der Mitte derselben, so bei geraden Linien, regelmäßigen Flächen und Körpern.

Der Schwerpunkt eines Dreiecks liegt im Durchschnittspunkt der drei Transversalen.

Die Transversale, die von der Spitze zur Mitte der Grundlinie geht, teilt das Dreieck derartig, daß auch jede Parallele zur Grund-

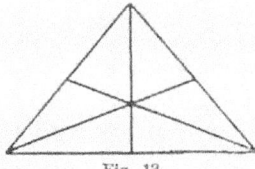

linie halbiert wird, da sie immer ähnliche Dreiecke bilden. Es wird deshalb ohne weiteres verständlich sein, daß der Schwerpunkt auf dieser Halbierungslinie liegen muß. Dieselben Betrachtungen gelten auch für die anderen

Fig. 13.

beiden Transversalen, und da die drei Transversalen nur einen gemeinschaftlichen Durchschnittspunkt haben, so kann dieser nur der Schwerpunkt sein. Bekanntlich teilt dieser Durchschnittspunkt die Transversalen wie auch die Höhen des Dreiecks in dem Verhältnis von $1:2$.

Den Schwerpunkt von Vierecken findet man, wenn man diese in Dreiecke zerlegt, in diesen den Schwerpunkt bestimmt, die Schwerpunkte durch eine Linie verbindet und diese im umgekehrten Verhältnis der Flächen teilt. Im Rechteck liegt der Schwerpunkt im Schnittpunkt der beiden Diagonalen. Desgleichen auch im Parallelogramm. Bezeichnet man mit h die Höhe, mit x den Abstand des Schwerpunktes von der Grundlinie, so hat man

$$x = \frac{h}{2}.$$

Zu dem Schwerpunkt eines Trapezes kommt man rechnerisch auf folgende Weise: Sind a und b die Parallelen des Trapezes $ABCD$, so ziehe man EF, die die beiden Parallelen halbiert. Da auch alle Parallelen zu ab dadurch

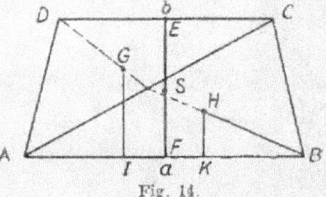

Fig. 14.

halbiert werden, so muß der Schwerpunkt auf dieser Linie liegen. — Zerlegt man das Trapez durch AC in die beiden Dreiecke und nimmt AB als Momentenachse, so ist der Abstand des Schwerpunktes G GJ, das sind $2/3$ der Höhe, der Flächeninhalt ist $1/2\,b\,h$, das Schwerpunktsmoment daher $2/3\,h \cdot 1/2\,b\,h = 1/3\,b\,h^2$. Für das Dreieck ACB ist der Abstand Schwerpunkt $HK = 1/3\,h$, der Flächeninhalt $1/2\,a\,h$, das Schwerpunktsmoment infolgedessen $1/3\,h \cdot 1/2\,a\,h = 1/6\,a\,h^2$. Bezeichnet x den Abstand des Schwerpunktes einer Trapezfläche von der Seite a, so ist das Schwerpunktsmoment für das Trapez $\dfrac{a+b}{2} \cdot h\,x$, das gleich sein muß den beiden aus den Dreiecken ermittelten. Wir haben also die Gleichung:

$$\frac{a+b}{2} \cdot h\,x = \frac{a\,h^2}{6} + \frac{b\,h^2}{3};$$

man erhält so für $x = \dfrac{a+2\,b}{a+b} \cdot \dfrac{h}{3}$,

das ist der Abstand des Schwerpunktes von der Seite a, und letzterer selbst liegt im Schnittpunkt dieses Abstandes mit der Halbierungslinie EF.

Zu dem Schwerpunkt eines Kreisbogens kommt man durch folgende Betrachtung:

Bezeichnet ACB den Kreisbogen, so ist der Radius CD, der den Bogen halbiert, diejenige Symmetrieachse, auf der sich der Schwerpunkt befinden muß.

Um den Abstand zu finden,

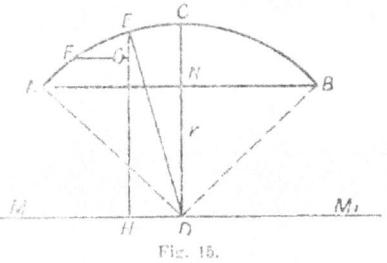

Fig. 15.

zieht man zu AB die Parallele MM_1 und zu CD diejenige EH. Nimmt man nun das Bogenelement EF, zieht ferner FG und ED, so hat man die beiden rechtwinkligen Dreiecke EHD und FGE, deren Hypotenusen und Katheten lotrecht zueinander sind, die infolgedessen ähnlich sind und die Proportion ergeben:

$$ED : EH = EF : FG.$$

Bezeichnet man ED mit r, EH mit y, EF mit e und FG mit p, so hat man:

$$r : y = e : p$$
$$r\,p = y\,e.$$

Bezeichnet man alle Elemente des Kreisbogens fortlaufend mit

$$e_1,\ e_2,\ e_3 \ldots e_n,$$

ferner ihre Abstände von der Geraden MM_1 mit

$$y_1,\ y_2,\ y_3 \ldots y_n,$$

so ist in bezug auf die Momentenachse das statistische Moment des ganzen Kreisbogens gleich der Summe aller seiner Teile

$$b\,x = e\,y + e_1\,y_1 + e_2\,y_2 \ldots e_n y_n.$$

Da ferner die Projektionen der Bogenelemente auf die Gerade $M M_1$ der Reihe nach $p, p_1, p_2, p_3 \ldots p_n$ sind, so hat man

$$r\,p = y\,e, \quad r\,p_1 = y_1\,e_1, \quad r\,p_2 = y_2\,e_2, \quad \ldots r\,p_n = y_n\,e_n,$$

daher ist $b\,x$ auch $r\,p + r\,p_1 + r\,p_2 + r\,p_3 + \ldots r\,p_n$

$$b\,x = r\,(p + p_1 + p_2 + p_3 + \ldots p_n)$$

$p + p_1 + p_2 + p_3 + \ldots p_n$ sind aber auch s, d. h. die Sehne des Kreisbogens. Man hat also

$$b\,x = r\,s \quad \text{und} \quad x = \frac{r\,s}{b} = \frac{\text{Radius} \times \text{Sehne}}{\text{Kreisbogen}}.$$

Ist statt des Bogens der dazugehörige Zentriwinkel $A D B = a$ gegeben und dieser mit dem Radius r multipliziert gibt ar; da $C D B = \frac{a}{2}$ ist, so hat man auch anderseits:

$$\frac{B N}{B D} = \frac{s}{2\,r} = \sin\frac{a}{2},$$

mithin ist $s = 2\,r . \sin\frac{a}{2}$; setzt man diese Werte in die Gleichung $x = \frac{r\,s}{b}$ ein, so hat man:

$$x = \frac{r . 2\,r . \sin\dfrac{a}{2}}{a\,r} = \frac{2\,r}{a} \cdot \sin\frac{a}{2}.$$

Um den Bogen, wie allgemein üblich, durch Kreisgrade auszudrücken, setzt man für $r = 1$. Der Bogen eines Zentriwinkels verhält sich zum Halbkreis wie der Zentriwinkel zu 180^0.

$$D B : D B A = a : 180^0.$$

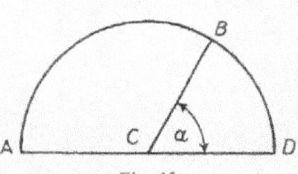

Fig. 16.

Setzt man den Radius $= 1$, so hat man für $D B A = r . \pi = \pi$.

$$D B : \pi = a : 180^0$$

$$D B = \frac{a\,\pi}{180}.$$

Setzt man in die Gleichung $\frac{2\,r}{a} \cdot \sin\frac{a}{2} = x$, den Wert $a = D B$ durch $\frac{a\,\pi}{180}$, so erhält man:

$$x = \frac{360\,r}{a\,\pi} \cdot \sin\frac{a}{2}.$$

Für den Halbkreis $a = 180^0$ hat man $\dfrac{360\,r}{180\,\pi} \cdot \sin 90 = \dfrac{2\,r}{\pi}$.

Vom Schwerpunkt des Kreisbogens kommt man sehr einfach zu demjenigen des Kreisausschnittes. Zuerst zieht man vom Halbierungspunkt des Bogens nach D eine Linie, die auch den Zentriwinkel ADC halbiert. Da diese auch alle Parallelen zu ABC halbiert, so muß der Schwerpunkt auf dieser Geraden liegen.

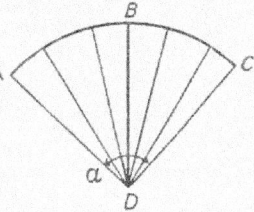

Fig. 17.

Denkt man sich nun den Ausschnitt in unendlich viele kongruente Dreiecke zerlegt, so haben diese nach obigem sämtlich ihren Schwerpunkt in $1/3$ der Höhe von der Grundfläche oder in $2/3$ Höhe vom Zentrum, oder da die Höhe des Radius ist $2/3\,r$ vom Zentrum. Denkt man sich die Gewichte dieser Dreiecke in Schwerpunkte vereinigt, so erhält man einen homogenen Kreisbogen in $2/3$ des Radius, der denselben Schwerpunkt hat wie der entsprechende Kreisausschnitt mit $3/3\,r$. Wir haben also bei demselben Zentriwinkel für den Kreisausschnitt nur $2/3\,r$ von demjenigen des dazugehörigen Kreisbogens,

aus $\quad x = \dfrac{360\,r}{a\,\pi} \cdot \sin\dfrac{a}{2}\quad$ für den Kreisbogen

wird $\quad x = \dfrac{240\,r}{a\,\pi} \cdot \sin\dfrac{a}{2}\quad$ für den Kreisausschnitt.

Für den Halbkreis $a = 180^0$ hat man $\dfrac{240\,r}{180\,\pi} \cdot \sin 90 = \dfrac{4\,r}{3\,\pi}$. Das ist im Halbkreis der Abstand des Schwerpunkts vom Mittelpunkt und auf diesen bezogen.

Mit Hilfe der vorhergegangenen Bestimmungen lassen sich auch die Schwerpunkte anderer Körper bestimmen, d. h. soweit sie sich in die vorhergegangenen Elemente zerlegen lassen.

Beim Kreisabschnitt ist der Abstand des Schwerpunkts vom Mittelpunkt des Kreises:

$$x = \frac{s^3}{12\,F}.$$

In der Formel bezeichnet s die Sehne und F den Inhalt des Abschnittes. Man kommt zu ihr durch folgende Betrachtung: Sind S, S_1, S_2 die Schwerpunkte und F, F_1, F_2 die Flächeninhalte des Kreisabschnittes AMB, des Kreisausschnittes $AMBC$ und des Dreiecks ABC und CS, CS_1, CS_2 die entsprechenden Schwerpunktsentfernungen vom Zentrum, so ist: $F . CS = F_1 . CS_1 - F_2 . CS_2$.

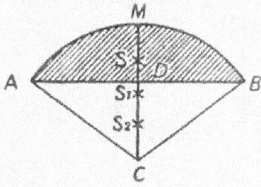

Fig. 18.

$$\text{Nun ist } F_1 = \tfrac{1}{2}\, r\, b$$

$$F_2 = \tfrac{1}{2}\, s \,\sqrt{r^2 - \tfrac{1}{4}\, s^2}$$

$$C\,S_1 = \frac{2}{3} \cdot \frac{r\,s}{b}$$

$$C\,S_2 = \frac{2}{3}\,\sqrt{r^2 - \tfrac{1}{4}\, s^2}$$

$$F.\,CS = \tfrac{1}{2}\, r\, b \cdot \tfrac{2}{3}\frac{r\,s}{b} - \tfrac{1}{2}\, s\,\sqrt{r^2 - \tfrac{1}{4}\, s^2} \cdot \tfrac{2}{3}\,\sqrt{r^2 - \tfrac{1}{4}\, s^2}$$

$$F.\,CS = \frac{s^3}{12} \text{ und } CS = \frac{s^3}{12\,F}.$$

Der Schwerpunkt einer dreiseitigen Pyramide ist der Durchschnittspunkt der vier Transversalen, welche die Ecken der Pyramide mit
den Schwerpunkten der gegenüberliegenden Seite verbinden. Diese
Transversalen teilen einander im Verhältnis von $1:3$, infolgedessen
ist der Schwerpunkt von jeder Fläche der Pyramide um $\tfrac{1}{4}$ der zugehörigen Höhe entfernt.

$$x = \frac{h}{4}$$

Diese Formel gilt auch für mehrseitige Pyramiden wie auch Kegel,
und da alle ebenflächigen Körper in dreiseitige Pyramiden zerlegt
werden können, so kann hierdurch der Schwerpunkt jedes homogenen
Polyeders ermittelt werden.

Der Schwerpunkt des Prismas und Zylinders ist der Mittelpunkt
der die Schwerpunkte der beiden parallelen Grundflächen verbindenden
Achsen

$$x = \frac{h}{2}.$$

Der Schwerpunkt einer Kugelkappe ist der Mittelpunkt der Höhe,
da die Ebenen senkrecht zur Höhe, diese in gleiche Abschnitte teilen,
deren Schwerpunkte auf der Höhe liegen und diese gleichmäßig belasten.

Der Schwerpunkt eines Kugelausschnittes. Man denke sich die
Kugelfläche in unendlich viele kongruente Dreiecke zerlegt, die mit
dem Mittelpunkt der Kugel dreiseitige Pyramiden mit der Höhe r
bilden; die Schwerpunkte dieser liegen auf einer homogenen Kugelkappe von Radius $\tfrac{3}{4}\, r$. Denkt man sich ferner den Schwerpunkt
mit dem Gewicht der Pyramide belastet, so ist der Schwerpunkt dieser
Kugelkappe zugleich der des Kugelausschnittes.

$$x = \frac{1}{2} \cdot \frac{3}{4}\, h + \frac{3}{4}\,(r - h) = \frac{3}{8}\,(2\, r - h).$$

Der Schwerpunkt eines Kugelabschnittes. Der Schwerpunkt läßt sich als Unterschied zwischen denjenigen des zugehörigen Kugelausschnittes und Kegels darstellen.

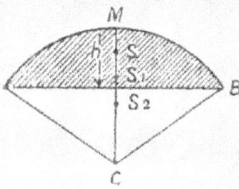

Fig. 19.

Sind S, S_1 und S_2 die Schwerpunkte, K, K_1 und K_2 die Körperinhalte des Kugelabschnittes AMB, des Kugelausschnittes $AMBC$ und des Kegels ABC und CS, CS_1 und CS_2 die entsprechenden Schwerpunktsentfernungen vom Zentrum und h die Höhe des Abschnittes, so hat man:

$$K . CS = K_1 . CS_1 - K_2 . CS_2.$$

Nun ist $K_1 = \dfrac{2}{3} r^2 \pi h$

$$K_2 = \frac{1}{3} (2 r - h) h \pi (r - h)$$

$$CS_1 = {}^3/_8 (2 r - h)$$

$$CS_2 = {}^3/_4 (r - h)$$

$$K . CS = \frac{2}{3} r^2 \pi h \cdot \frac{3}{8} (2 r - h) - {}^1/_3 (2 r - h) h \pi (r - h) \cdot {}^3/_4 (r - h) =$$
$${}^1/_4 \pi h^2 (2 r - h)^2$$

$$K = K_1 - K_2 = {}^2/_3 r^2 \pi h - {}^1/_3 (2 r - h) h \pi (r - h) = {}^1/_3 \pi h^2 (3 r - h)$$

$$CS = \frac{KCS}{K} = \frac{{}^1/_4 \pi h^2 (2 r - h)^2}{{}^1/_3 \pi h^2 (3 r - h)} = {}^3/_4 \frac{(2 r - h)^2}{3 r - h}.$$

Auf die gleiche Weise finden wir den Schwerpunkt eines Pyramidenstumpfes.

Bezeichnet man die Inhalte der parallelen Endflächen $abcdem$ und ABC DEM mit f und F, die Höhe HJ mit h und JG mit z, so hat man für die ganze Pyramide das Volumen

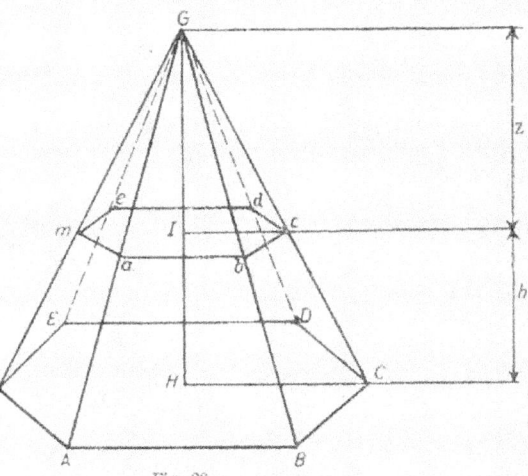

Fig. 20.

$$V_1 = {}^1/_3 F . (z + h).$$

Der Abstand des Schwerpunktes der ganzen Pyramide von der Grundfläche

$$x_1 = \frac{z + h}{4},$$

folglich das Schwerpunktsmoment

$$V_1\,x_1 = \frac{F}{12}(z + h)^2.$$

Das Volumen für die kleine Pyramide

$$V_2 = \tfrac{1}{3}\,f\,.\,z.$$

der Abstand des Schwerpunktes

$$x_2 = h + \frac{z}{4};$$

folglich das Schwerpunktsmoment:

$$V_2\,x_2 = \frac{f}{3}\,z\left(h + \frac{z}{4}\right).$$

Da sich die parallelen Durchschnittsfiguren einer Pyramide wie die Quadrate ihrer Abstände von der Spitze verhalten, so hat man auch:

$$z = \frac{h\sqrt{f}}{\sqrt{F}-\sqrt{f}}, \quad z + h = \frac{h\sqrt{F}}{\sqrt{F}-\sqrt{f}},$$

diese Werte eingesetzt ergibt:

$$V_1\,x_1 = \frac{F}{12}\cdot\frac{h^2\,F}{(\sqrt{F}-\sqrt{f})^2} = \frac{F^2}{F-2\sqrt{Ff}+f}\cdot\frac{h^2}{12}$$

$$V_2\,x_2 = \frac{4f\sqrt{Ff}-3f^2}{F-2\sqrt{Ff}+f}\cdot\frac{h^2}{12}.$$

Bezeichnet man mit V das Volumen des Pyramidenstumpfes, so findet man dieses $V = V_1 - V_2 = (F+\sqrt{Ff}+f)\dfrac{h}{3}$; bezeichnet man ferner mit x den Abstand des Schwerpunktes von der Fläche F, so hat man für Vx die Gleichung $Vx = V_1\,x_1 - V_2\,x_2 = (F+\sqrt{Ff}+f)\cdot\dfrac{h}{3}\cdot x =$

$\dfrac{F^2-4f\sqrt{Ff}+3f^2}{F-2\sqrt{Ff}+f}\cdot\dfrac{h^2}{12}$; beiderseits durch $\dfrac{h}{3}$ geteilt $=(F+\sqrt{Ff}+f)\,x$

$$=\frac{F^2-4f\sqrt{Ff}+3f^2}{F-2\sqrt{Ff}+f}\cdot\frac{h}{4} = \left(F+2\sqrt{Ff}+3f\right)\frac{h}{4} \quad \text{und}$$

$x = \dfrac{F+2\sqrt{Ff}+3f}{F+\sqrt{Ff}+f}\cdot\dfrac{h}{4}$ als den Abstand von der Fläche F.

Da der Kegelstumpf hiervon ein spezieller Fall ist, in dem $F = R^2\pi$ und $f = r^2\pi$, so hat man, wenn man beiderseits π fortläßt, die folgende Gleichung:

$$x = \frac{R^2+2Rr+3r^2}{R^2+Rr+r^2}\cdot\frac{h}{4}.$$

Eine besondere Anwendung findet die Lehre vom Schwerpunkt in der Stabilitätsermittlung, worauf an geeigneter Stelle zurückgekommen wird, und zur Berechnung von Oberflächen und Rauminhalten von Rotationskörpern nach der Guldinschen Regel, und zwar findet man die Oberfläche, wenn man die Länge der die Oberfläche erzeugenden Linie mit dem Wege multipliziert, den der Schwerpunkt der erzeugenden Fläche bei der Drehung durchläuft. Den Inhalt findet man hingegen, wenn man den Inhalt der den Körper erzeugenden Fläche auch mit dem Wege multipliziert, den der Schwerpunkt dieser bei der Drehung durchläuft. Ist

l die Länge der erzeugenden Linie,

F der Inhalt der erzeugenden Fläche,

O die Oberfläche eines Körpers,

J der Rauminhalt eines Körpers und

x der Radius des Kreises, den der Schwerpunkt durchläuft, d. h. der Abstand des Schwerpunktes von der Grundlinie, so hat man:

$$O = 2 \pi x \cdot l$$
$$J = 2 \pi x \cdot F.$$

Die Oberfläche einer Kugel bekommt man hiernach, da für den Halbkreis auf die Sehne, d. h. Durchmesser bezogen, der Schwerpunktabstand x ist $\dfrac{2r}{\pi}$ bei einer Länge des Halbkreises $= l = r \pi$

$$O = r \pi \cdot 2 \pi \cdot \frac{2r}{\pi} = 4 r^2 \pi.$$

Den Inhalt einer Kugel bekommt man, da für den Halbkreis auf den Mittelpunkt bezogen der Schwerpunktsabstand x ist $\dfrac{4r}{3\pi}$ bei einer Fläche des Halbkreises $F = \dfrac{r^2 \pi}{2}$

$$V = 2 \pi \cdot \frac{4r}{3\pi} \cdot \frac{r^2 \pi}{2} = \frac{4}{3} r^3 \pi.$$

Nach der Guldinschen Regel lassen sich z. B. die Oberflächen und Volumen von Ringen sehr schnell und genau berechnen, während dieses mit Hilfe der niederen Mathematik überhaupt nicht möglich und mit Hilfe der höheren sehr umständlich ist.

Die Oberfläche und Inhalt eines Ringes mit quadratischem Querschnitt erhält man, wenn man für die Länge l gleich dem Umfange des Quadrates den Wert $4a$ setzt, während r der Radius des Ringes ist, um den sich die Länge drehen muß.

$$O = 2 \pi r \cdot l = 8 \pi r \cdot a$$
$$J = 2 \pi r \cdot F = 2 \pi r \cdot a^2.$$

Die Oberfläche und Inhalt eines Ringes mit rundem Querschnitt der Ringmasse mit dem Durchmesser d und R, dem Radius des Ringes.

$$O = 2\pi R . d\pi = 2\pi^2 d R$$

$$J = 2\pi R . F = \pi^2 R \frac{d^2}{2}$$

$$\left(F = \frac{d^2 \pi}{4}\right).$$

Die einfachen Maschinen.

Maschinen sind im allgemeinen Vorrichtungen, die die Wirkungen von Kräften von einem Körper auf den anderen übertragen, und zwar in der vorteilhaftesten Weise. Die einfachen Maschinen, aus denen die anderen zusammengesetzt sind, sind mit geradliniger Wirkung das Seil und die Stütze, und anderseits die schiefe Ebene, die Schraube, der Keil, das Wellrad und der Hebel.

Unter Hebel versteht man einen starren um eine feste Achse drehbaren Körper, dessen Gesetz, daß er sich dann im Gleichgewicht befindet, wenn das Produkt von Kraft und Länge des Armes an beiden Seiten gleich ist, wir schon oben gefunden haben, und zwar sowohl für den geraden als auch für den Winkelhebel. An dieser Stelle soll nur noch ein Beispiel aus der Praxis angeführt werden.

Ein Sicherheitsventil von 6 cm Durchmesser soll vermittels eines Gewichtes von 20 kg am Hebelarm so belastet werden, daß es einem Kesseldruck von 8 kg pro qcm entspricht, d. h. der Kessel soll bei 8 Atm. abblasen. Die Entfernung des Ventils vom Drehpunkt beträgt 10 cm, das Gewicht des Ventils 1 kg und das der 100 cm langen Hebelstange 7 kg, die in der Mitte der Stange wirken. In welcher Entfernung vom Drehpunkt muß das Gewicht aufgehängt werden? Wir haben hier:

$$\frac{\pi d^2}{4} . 8 . 0,1 = 0,1 . 1 + 0,5 . 7 + x . 20 \,\mathrm{kg}$$

$$\frac{3 . 14 . 6 . 6}{4} . 8 . 0,10 = 22 . 6 = 0,1 . 1 + 0,5 . 7 + 20 . x$$

$$\frac{22 . 6 - 0,1 . 1 - 0,5 . 7}{20} = x = 0,95 \,\mathrm{m}.$$

Die schiefe Ebene.

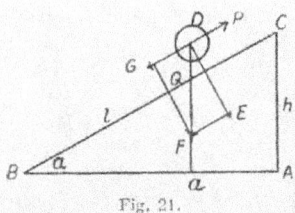

Fig. 21.

Unter einer schiefen Ebene versteht man eine Fläche, die zur horizontalen Grundfläche einen spitzen Winkel bildet.

In Fig. 21 ist $AB = a$ die Basis, $BC = l$ die Länge, $CA = h$ die Höhe und a der Winkel der schiefen Ebene. Es sind die Bedingungen für die Bewegung und das Gleichgewicht auf der schiefen Ebene zu untersuchen.

Wird der Körper D der Wirkung der Schwere überlassen, ohne daß ihm eine Anfangsgeschwindigkeit erteilt wird, so wird er sich in der Richtung von C nach B abwärts bewegen. Die Beschleunigung $DF = g$, die ihm die Schwere erteilen würde, wird durch die schiefe Ebene in die Komponenten DG und DE zerlegt gedacht. DG ist parallel und DE senkrecht zur schiefen Ebene, durch die DE aufgehoben wird, so daß nur DG zur Geltung kommt. Infolge der Ähnlichkeit der Dreiecke hat man $DG : DF = h : l$ und wenn die Beschleunigung DG mit g_1 bezeichnet wird $g_1 : g = h : l$

$$g_1 = g \cdot \frac{h}{l} = g . \sin \alpha.$$

Soll die Last D mit dem Gewicht Q durch eine Kraft P, die entgegengesetzt und parallel der schiefen Ebene wirkt, im Gleichgewicht gehalten werden, so findet man die Größe von P, wenn man das Gewicht Q in der vorigen Figur in die beiden Komponenten DG und DE zerlegt. DE wird wieder durch den Widerstand der Ebene aufgehoben, während der Kraft DG eine gleichgroße entgegenwirken muß. Nach der Ähnlichkeit der Dreiecke haben wir wieder:

$$Q : P = l : h$$

$$P = \frac{Qh}{l} = Q . \sin \alpha,$$

d. h. die Kraft verhält sich zur Last wie die Höhe zur Länge der schiefen Ebene.

Anderseits steht die Last zum Druck auf die schiefe Ebene in demselben Verhältnis wie die Basis zur Länge der schiefen Ebene.

Infolge der Rauhigkeit der Außenflächen gelten diese Gesetze nicht für die Praxis, da hier noch ein Reibungswiderstand in Frage kommt. Derselbe ist dem Druck proportional, er ist aber von der Substanz und dem Grade der Rauhigkeit abhängig.

Prinzip der Erhaltung der Arbeit.

Um das Gewicht Q auf eine bestimmte Höhe h zu bringen, ist eine gewisse Arbeit erforderlich, die man durch Qh ausdrücken kann. Diese Arbeit ist dieselbe, wenn Q von h herabfällt. Die Arbeit, die erforderlich ist, um 1 Kilogramm auf eine Höhe von 1 Meter zu bringen, nennt man ein Meterkilogramm (mkg). 75 mkg pro Sekunde nennt man eine Pferdekraft (P.S.).

Zu der Fortbewegung auf horizontaler Fläche hat man nur die Reibung zu überwinden. Hingegen senkrecht auf die Höhe h ist die Kraft $P = Q . h$. Auf der schiefen Ebene ist P aber geringer, da $P . l = Q . h$. In beiden Fällen hat man aber die gleiche Arbeit verrichtet. Man bedarf also um eine Last auf der schiefen Ebene für

die Bewegung einer geringen Kraft, da aber der Weg sich in dem
Verhältnis vergrößert, wie sich die Kraft verrringert, so findet weder
ein Gewinn noch Verlust von Arbeit statt.

Infolge dieses Prinzips ist es nicht möglich, durch irgendeine
Maschinerie einen Arbeitsgewinn ohne denselben Arbeitsverbrauch zu
erzielen, woraus zu folgern ist, daß ein perpetuum mobile eine
Unmöglichkeit ist.

Der Keil.

Unter Keil versteht man ein dreiseitiges Prisma, dessen Querschnitt ein rechtwinkliges oder gleichschenkliges Dreieck darstellt.

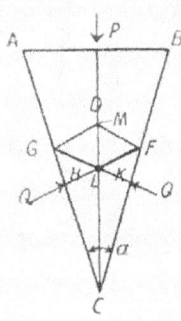

Die von den gleichen Seitenflächen AC und BC
gebildete Kante C heißt die Schneide, die gegenüberliegende Fläche AB der Rücken des Keiles.
Wirken auf die Seitenflächen des Keiles in H und
K gleiche Druckkräfte, so kann man sich diese auf
den Punkt L der Mittellinie verlegt denken. Die
beiden Kräfte LF und LG können dann durch die
Resultierende LM ersetzt werden, welche durch die
gleichgroße und senkrecht gegen den Rücken wirkende Kraft P im Gleichgewicht gehalten werden

Fig. 22.

kann. Ist Q der gesamte Druck auf jede der beiden
Seitenflächen, P die auf den Rücken wirkende Kraft, so hat man,
da die Dreiecke LMG und ABC ähnlich sind: $P:Q=AB:BC$.

Es besteht also am Keil Gleichgewicht, wenn die Kraft zur Last
sich verhält wie der Rücken zur Seite, woraus folgt, daß die Kraft
um so geringer ist, je kleiner der Rücken im Verhältnis zur Seite ist.

Für den Winkel α hat man

$$P = 2\,Q \sin \frac{1}{2}\,\alpha.$$

Welche Kraft ist z. B. für einen Keil notwendig, wenn dessen
Rücken 10 und seine Seite 60 cm beträgt und wenn senkrecht zur
Seite eine Last von 100 kg wirkt.

$$Q : P = \text{Seite} : \text{Rücken}$$
$$100 : x = 60 : 10; \quad x = 16{,}6 \text{ kg.}$$

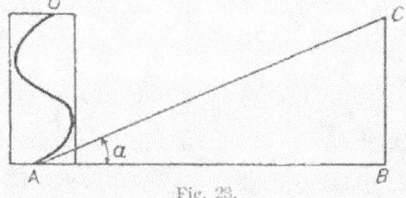

Fig. 23.

Die Schraube.

Denkt man sich in nebenstehender Figur ein rechtwinkliges Dreieck derartig um einen Kreiszylinder
der gewunden, daß die Kathete AB
mit der Kreislinie der Zylinder-

grundfläche zusammenfällt, so bildet die Hypotenuse eine aufsteigende gewundene Linie, die man einen Schraubengang nennt. Der Abstand zweier aufeinanderfolgenden Windungen heißt die Höhe des Schraubenganges und die Schräge zur Horizontalen der Steigungswinkel.

Wie ohne weiteres ersichtlich, steht die Höhe zur Länge des Schraubenganges wie im rechtwinkligen Dreieck die Kathete CB zur Hypotenuse CA.

Ferner ist auch $BC : AB = h : 2\,r\,\pi$, wenn r der Zylinderhalbmesser ist, und hieraus: $\dfrac{BC}{AB} = \dfrac{h}{2\,r\,\pi} = tg\,\alpha$, und da bei einem Schraubengang die Kraft P parallel zur Basis wirkt, so hat man auch:

$$\frac{h}{2\,r\,\pi} = tg\,\alpha = \frac{P}{Q} \text{ und } P = \frac{Q\,h}{2\,r\,\pi}.$$

Wird auf die Windungen der Schraubenlinie ein Rechteck oder Dreieck derart aufgesetzt, daß dessen Mittellinie der Schraubenlinie entspricht, so erhält man eine Schraubenspindel. Um mit der Spindel Arbeit verrichten zu können, bedarf es eines Hohlzylinders, in dem den Erhöhungen der Spindel entsprechend Vertiefungen angebracht sind und den man Schraubenmutter nennt.

Die Arbeit mit der Schraube entspricht der Bewegung einer Last auf einer schiefen Ebene, bei der die Kraft parallel zur Basis wirkt. so daß mit der Kraft eine um so größere Last gehoben, d. h. ein um so größerer Druck ausgeübt werden kann. je kleiner die Höhe im Verhältnis zur Länge ist. D. h. für die Schraube, je geringer der Steigungswinkel zum Durchmesser der Spindel ist.

Die Kraft wirkt aber bei der Schraube nicht am Umfange der Schraube selbst, sondern gewöhnlich an einem mit dem Schraubenumfange verbundenen Hebel, so daß hierbei auch die Hebelgesetze in Frage kommen, wie auch anderseits die Reibung bei der Schraube noch eine große Bedeutung hat.

Wir haben oben gefunden:

$$\frac{P}{Q} = \frac{h}{2\,r\,\pi}; \quad P = \frac{h}{2\,r\,\pi} \cdot Q.$$

Nehmen wir für die Kraft am Umfang der Schraube P und für die am Hebel mit der Länge R gleich $P_1\,R$, die beide gleich sein müssen, so haben wir für $P = \dfrac{P_1\,R}{r}$; setzen wir diesen Wert in obige Gleichung, so haben wir:

$$\frac{P_1\,R}{r} = \frac{h}{2\,r\,\pi}\,Q; \quad P_1 = \frac{h}{2\,\pi\,R} \cdot Q.$$

Eine Spindel mit einigen Schraubengängen, die in ein Zahnrad eingreifen und dieses bewegen, heißt eine Schraube ohne Ende.

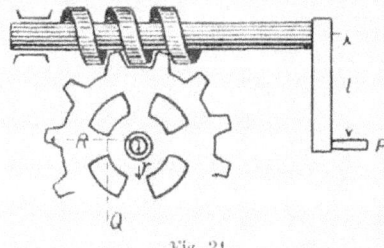

Fig. 24.

Setzt man für den Druck zwischen den Schraubengewinden den Wert x, für die Kurbellänge l, für eine Steigung des Gewindes h, für den Radhalbmesser R_1 und für den Schneckenhalbmesser r, so ist an der Schraubenwelle nach obigem: $x \cdot h = P \cdot 2 \, l \, \pi$, hingegen an der Zahnradwelle: $x \cdot R_1 = Q \, r$.

Multipliziert man beide Gleichungen, so erhält man:

$$x \, h \cdot Q \, r = P \, x \, R \, 2 \, l \, \pi; \text{ durch } x \text{ dividiert:}$$

$$Q \, h \, r = P \, R \, 2 \, l \, \pi; \quad P = \frac{h \, r \, Q}{R \, 2 \, l \, \pi}.$$

Das Wellrad.

Das Wellrad ist ein um seine Achse drehbarer Zylinder, der durch eine größere Scheibe oder Kurbel angetrieben wird.

Das Wellrad ist hiernach ein Hebelwerk, dessen Krafthebel die Länge R und dessen Lasthebel die Länge r hat. Es besteht bei ihm daher Gleichgewicht, wenn das Produkt aus R und P demjenigen aus r und Q gleich ist

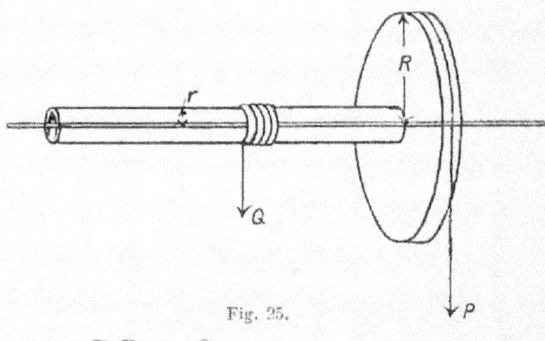

Fig. 25.

$$R \, P = r \, Q$$

$$P = \frac{r \, Q}{R}$$

$$Q = \frac{R \, P}{r}.$$

Bei dem einfachen Wellrad kann man aus Zweckmäßigkeitsgründen weder den Durchmesser der Welle sehr klein, noch den des Antriebes sehr groß nehmen, infolgedessen können die Lasten nicht gerade sehr groß sein. Um aber im Verhältnis größere Lasten heben zu können, kann man sich der sogenannten Differentialwelle bedienen.

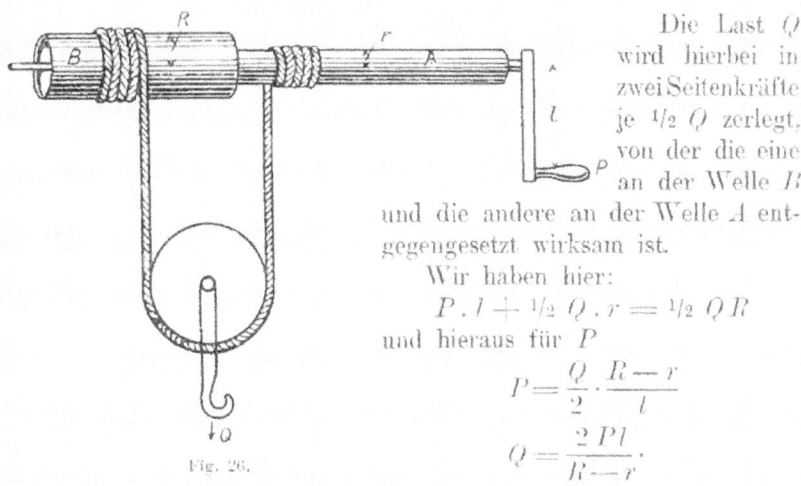

Die Last Q wird hierbei in zwei Seitenkräfte je $\frac{1}{2} Q$ zerlegt, von der die eine an der Welle B und die andere an der Welle A entgegengesetzt wirksam ist.

Wir haben hier:

$$P \cdot l + \frac{1}{2} Q \cdot r = \frac{1}{2} Q R$$

und hieraus für P

$$P = \frac{Q}{2} \cdot \frac{R-r}{l}$$

$$Q = \frac{2 P l}{R-r}.$$

Fig. 26.

Räderwerke.

Die häufigste Anwendung finden die Wellräder in Rädersystemen, in denen eine Kraft von einer Stelle nach der anderen übertragen und in der Geschwindigkeit und dadurch in der Intensität geändert werden soll. Diese Kraftübertragung kann durch Friktion, durch Verzahnung und durch Riemenzug geschehen.

Das Gleichgewichtsverhältnis findet man genau wie bei den zusammengesetzten Hebelwerken, die es ja auch gewissermaßen in einer besonderen Form sind.

Bezeichnet man die Radien der Räder mit R, R_1, R_2 und die der kleinen Getriebe mit r, r_1, r_2, ferner die Kraft mit P, die Last mit Q und die Drücke bei den Übertragungen mit D, D_1, so hat man für den ersten Fall das Gleichgewicht

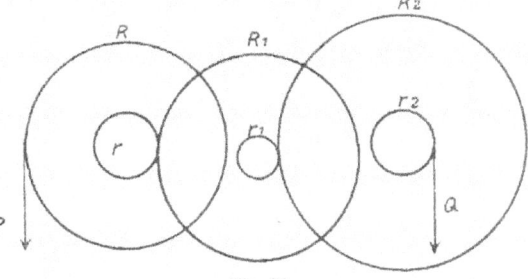

Fig. 27.

$$P \cdot R = D \cdot r,$$

für den zweiten

$$D \cdot R_1 = D_1 \cdot r_1 \quad \text{und für den dritten} \quad D_1 R_2 = Q \cdot r_2.$$

Durch Multiplikation beider Seiten, die gleich sein müssen, erhält man:

$$P \cdot R \cdot D \cdot R_1 D_1 R_2 = D \cdot r \cdot D_1 r_1 \cdot Q r_2.$$

Da sich D und D_1 auf beiden Seiten heben, so hat man

$$P . R . R_1 . R_2 = Q . r . r_1 . r_2 \text{ und hieraus:}$$

$$P = \frac{r . r_1 . r_2}{R . R_1 . R_2} \cdot Q$$

$$Q = \frac{R . R_1 . R_2}{r . r_1 . r_2} \cdot P \text{ und}$$

$$Q : P = R . R_1 . R_2 : r . r_1 . r_2, \text{ das heißt,}$$

Last und Kraft sind im Gleichgewicht, wenn sie sich verhalten wie das Produkt aus den Radien der Räder zu dem Produkt aus den Radien der Wellen.

Bei einer Winde mit doppeltem Räderwerk ist der Kurbelradius = R 50 cm, R_1 30, R_2 40, r, r_1 und r_2 haben je 6 cm. Welche Kraft hält einer Last von 5000 kg das Gleichgewicht?

Wir haben hier:

$$P = \frac{r\, r_1\, r_2}{R\, R_1\, R_2} \cdot Q = \frac{6 . 6 . 6}{50 . 30 . 40} \cdot 5000 = 18\,\text{kg}.$$

Statt der Radien der Zahnräder kann man auch die Anzahl Zähne in die Gleichung einsetzen, das Resultat bleibt dasselbe.

Als Zahndruck hat man für den ersten Fall:

$$D = \frac{P R}{r} = \frac{18 . 50}{6} = 150\,\text{kg} \text{ und für den zweiten}$$

$$D_1 = \frac{Q r_2}{R_2} = \frac{5000 . 6}{40} = 750\,\text{kg}.$$

Dem Zahndruck entsprechend ist die Stärke der Zähne zu berechnen.

Wenn eine Kraftübertragung nach entfernterer Stelle erfolgen soll, so bedient man sich der endlosen Riemen. Durch Riemen hat man es auch außerdem in der Hand, die Bewegungsrichtung zu ändern, und zwar indem man den Riemen überkreuz laufen läßt. Man kann selbst durch einen halbverschränkten Riemen die Bewegung von einer horizontalen Welle ohne weiteres auf eine vertikale und umgekehrt übertragen.

Setzt man als Durchmesser A für die treibende und B für die getriebene Scheibe und die entsprechenden Umdrehungen mit m und n in der Minute, so hat man für die Sekunde:

$$\frac{A \pi m}{60} = \frac{B \pi n}{60}$$

als Umlaufsgeschwindigkeiten, die gleich sein müssen. $A m = B n$, d. h. Durchmesser $\times$ Umdrehungszahl muß gleich sein; man kann also, wenn drei Größen gegeben sind, die vierte bald ermitteln.

$$A = \frac{n \cdot B}{m}, \quad B = \frac{m \cdot A}{n}$$

$$n = \frac{A\,m}{B}, \quad m = \frac{B\,n}{A}.$$

In der Praxis treffen diese Zahlen nicht ganz zu, da man durch Riemenrutsch bei der Übertragung von einer Scheibe auf die andere bis 10 % Verlust haben kann.

Beispiele.

Eine Zentrifugalpumpe mit einer Antriebsscheibe von 20 cm Durchmesser soll 800 Umdrehungen machen, die Antriebstransmission macht 110. Wie groß muß die Gegenscheibe genommen werden ohne Rücksicht auf Gleitverlust? Wir haben hier:

$$A = \frac{B\,n}{m} = \frac{20 \cdot 800}{110} = 145 \text{ cm}.$$

Auf einer Welle mit 200 Umdrehungen sitzt eine Scheibe von 80 cm Durchmesser, dieselbe treibt eine Gegenscheibe von 30 cm. Wieviel Touren macht letztere?

$$n = \frac{A \cdot m}{B} = \frac{80 \cdot 200}{30} = 533.$$

Es kann auch vorkommen, daß man bei der Übertragung aus besonderen Gründen noch ein Zwischenvorgelege benutzen muß.

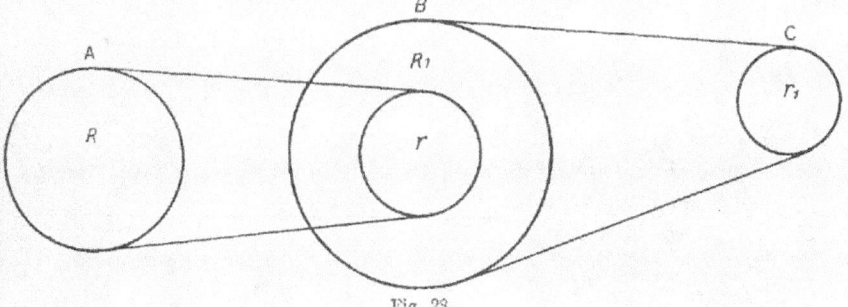

Fig. 28.

Ist A die treibende Scheibe, B das Zwischenvorgelege und C die angetriebene Scheibe, so haben wir:

$$R\,n = r\,m, \quad \frac{R\,n}{r} = m,$$

$$\frac{R\,n}{r} \cdot R_1 = r_1\,x; \quad \frac{R \cdot R_1\,n}{r\,r_1} = x.$$

Eine Transmission macht 100 Umdrehungen; es soll von ihr durch ein Vorgelege mit $R_1 = 60$ cm und $r = 30$ cm eine Zentrifuge mit einer Antriebsscheibe von $r_1 = 20$ cm so angetrieben werden, daß sie 800 Touren macht. Wie groß muß R der Antriebsscheibe sein? Wir haben:

$$\frac{R \cdot R_1\, n}{r\, r_1} = x \text{ und hieraus:}$$

$$\frac{x \cdot r \cdot r_1}{R_1\, n} = R \qquad \frac{800 \cdot 30 \cdot 20}{60 \cdot 100} = 80\ \text{cm.}$$

Die Rolle.

Die Rolle ist eine kreisrunde Scheibe, die sich um eine durch ihren Mittelpunkt gehende feste Achse drehen kann und die an der Peripherie für das Laufen eines Seiles oder einer Kette hergerichtet ist. An einem Ende der letzteren wirkt die Kraft und am anderen die Last, und zwar tangential zur Rolle.

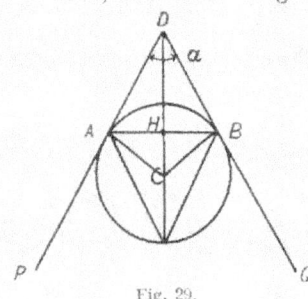

Fig. 29.

An der festen einfachen Rolle müssen, da die Hebelarme AC und AB gleich sind, auch P und Q gleich sein; sie ist daher nicht geeignet, eine Kraftverringerung herbeiführen zu können.

Da bei der einfachen festen Rolle Q und P gewöhnlich parallel wirken, so ist der Zapfendruck die Summe beider.

Wirken Q und P nicht parallel, so ermittelt man den Zapfendruck, indem man PA und QB bis zum Schnittpunkt verlängert und von der Spitze mit P und Q ein Parallelogramm bildet, dessen Resultierende dem Zapfendruck entspricht.

Bezeichnet man die Resultierende mit R, den Winkel von P und Q bei D mit α, so ist $\dfrac{R}{2} = DH = P \cdot \cos\dfrac{\alpha}{2}$, $R = 2\, P \cdot \cos\dfrac{\alpha}{2}$.

Die nichtparallelen Wirkungen von Q und P hat man auch bei einer festen und einer losen Rolle, bei denen Q an der losen Rolle hängt.

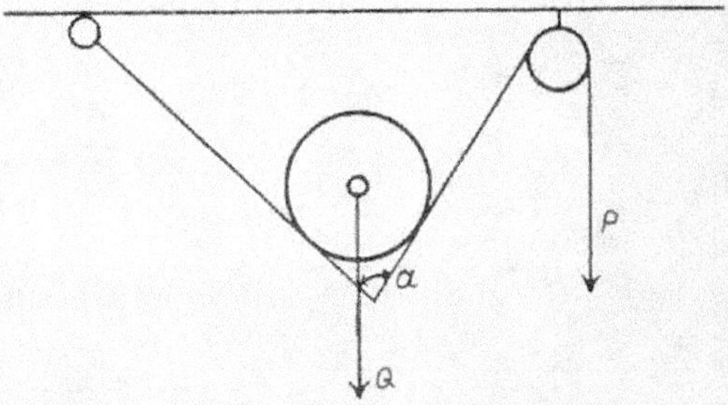

Bei den einzelnen Rollen hat man hier genau das Verhältnis wie oben bei der einfachen festen Rolle; nur was dort der Zapfendruck ist, das ist hier bei der losen Rolle die Lage der Last Q. Wir haben daher auch hier:

$$Q = 2\, P \cdot \cos\frac{\alpha}{2}.$$

Fig. 30.

Da in obiger Figur CAD und AHD rechte Winkel sind, so ist CAH gleich ADH gleich $\dfrac{\alpha}{2}$ und $\cos\dfrac{\alpha}{2} = \dfrac{AH}{r}$. Da nun $AH = HB$

die halbe Sehne ist, so hat man auch $\cos\frac{a}{2}=\frac{1/2\,s}{r}=\frac{s}{2\,r}$ und dieses

in obige Gleichung gesetzt: $Q=2\,P\cdot\frac{s}{2\,r}=P\cdot\frac{s}{r}$, woraus hervorgeht,

daß: $P:Q=r:s$, d. h. es findet Gleichgewicht statt, wenn sich die Kraft zur Last verhält wie der Halbmesser der Rolle zu der von den beiden Seitenenden bestimmten Sehne.

Um mit geringer Kraft eine größere Last heben zu können, bedient man sich eines Systems von festen und losen Rollen, wie sie in den sogenannten Flaschenzügen eine häufige und nützliche Anwendung finden.

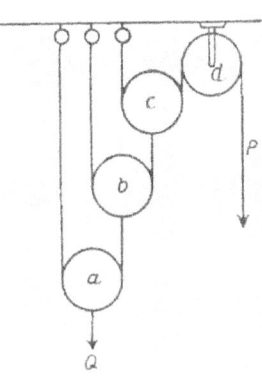

In nebenstehender Fig. 31 hat man ein System von drei beweglichen und einer festen Rolle. Es wird ohne weiteres verständlich sein, daß an a die ganze Last, an b die halbe, an c die Hälfte von b und an d die Hälfte von c hängt. Wir haben also bei d für P nur $\frac{Q}{2\cdot2\cdot2}$ oder $\frac{Q}{2^3}$. Hat man 4 Rollen, so bedarf man für P nur $\frac{Q}{2\cdot2\cdot2\cdot2}$ oder $\frac{Q}{2^4}$ und für n Rollen $P=\frac{Q}{2^n}$.

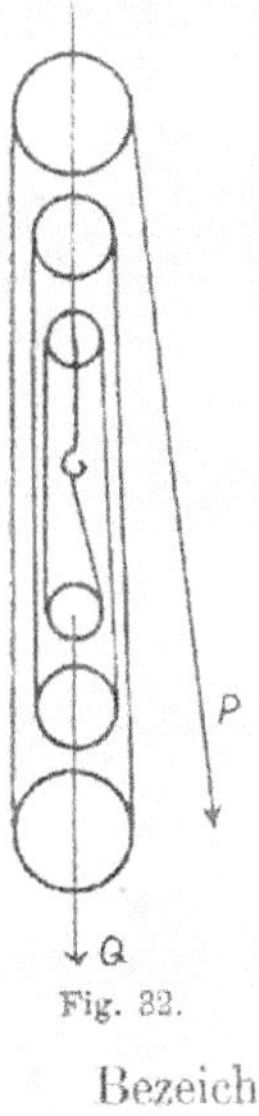

Fig. 31.

In nebenstehender Fig. 32 haben wir ein System von mehreren festen und losen Rollen, die zu zwei sogenannten Flaschen vereinigt sind. Die Flasche mit den oberen drei Rollen ist als fest anzusehen, während diejenige mit den unteren beweglich ist. Die Rollen in den beiden Flaschen können auch nebeneinander angebracht werden, in welcher Form man es mit dem gewöhnlichen Flaschenzug zu tun hat.

Es wird ohne weiteres verständlich sein, daß sich die Last gleichmäßig auf die 6 Rollen verteilt, man hat deshalb

$$P=\frac{Q}{6}, \text{ und bei } n \text{ Rollen } P=\frac{Q}{n}.$$

Da man bei dem gewöhnlichen Flaschenzug wegen großer Reibungsverluste die Anzahl der Rollen nicht beliebig erhöhen kann, so hat man für große Lasten einen Ausweg im Differentialflaschenzug gefunden, dessen Prinzip in Fig. 33 skizziert ist.

Fig. 32.

Bezeichnet man den Radius der größeren Rolle mit R und der kleineren mit r, so haben wir:

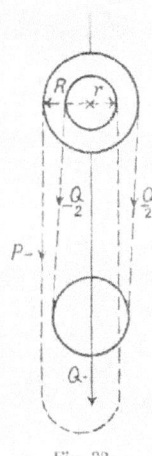

Fig. 33.

$$P \cdot R = \frac{Q}{2} \cdot R - \frac{Q}{2} \cdot r$$

$$P \cdot R = \frac{Q}{2}(R - r)$$

$$P = Q \cdot \frac{R - r}{2R}$$

$$Q = P \cdot \frac{2R}{R - r}.$$

Beispiele.

Wieviel Männer sind ohne Berücksichtigung der Reibung notwendig, um mit einem Flaschenzug von 6 Rollen eine Last von 900 kg hochziehen zu können, wenn jeder Mann einer Last von 50 kg das Gleichgewicht hält?

$$x = \frac{Q}{P n} = \frac{900}{50 \cdot 6} = 3.$$

Die beiden Rollen eines Differentialflaschenzuges haben 20 und 16 cm Durchmesser. Welche Kraft ist erforderlich, um einer Last von 500 kg das Gleichgewicht zu halten.

$$P = Q \cdot \frac{R - r}{2R} = 500 \cdot \frac{20 - 16}{40} = 50 \text{ kg.}$$

Die Reibung.

Die ganzen vorhergegangenen Rechnungen haben wir nur mit den mathematischen Begriffen der Körper vorgenommen. Für die Theorie ist dies notwendig. In der Praxis aber, auf die es für uns ankommt, treten noch Nebenerscheinungen auf, die von großer Wichtigkeit sind und die berücksichtigt werden müssen. Neben dem Eigengewicht der Körper ist es hauptsächlich die Reibung, die bei der Anwendung von einfachen Maschinen wie auch der zusammengesetzten die Leistung derselben wesentlich beeinflußt.

Verursacht wird die Reibung durch die Unebenheit der Körperflächen, die bei der Anwendung der einfachen Maschinen einer starken Pressung ausgesetzt sind. Diese Unebenheiten, die nie ganz zu beseitigen sind, greifen bei der Bewegung ineinander und müssen durch entsprechenden Kraftverbrauch in irgend einer Weise überwunden werden.

Die Reibung ist also ein Widerstand, der die Bewegung hemmt, infolgedessen ihrer Richtung entgegenwirkt, ganz gleich, ob sich der Körper auf horizontaler oder geneigter Fläche bewegt und bei letzterer sowohl auf- als abwärts.

Alle Bestrebungen sowohl bei der Erzeugung als auch bei der Anwendung der Maschinen gehen darauf aus, dieses Hemmnis auf

Tabelle 2.
Reibungskoeffizienten der gleitenden Reibung nach Morin.

Reibende Körper	Lage der Fasern	Zustand der Oberflächen	Reibungskoeffizient der	
			Ruhe $f\,\mathrm{I}$	Bewegung $f\,\mathrm{II}$
Gußeisen auf Gußeisen	.	wenig fett	0,16	0,15
	.	Wasser	—	0,31
Schmiedeeisen auf Gußeisen oder Bronze	.	trocken	0,19	0,18
Schmiedeeisen auf Schmiede-	.	trocken	—	0,44
eisen	.	wenig fett	0,13	—
Bronze auf Gußeisen	.	trocken	—	0,21
Bronze auf Schmiedeeisen . .	.	etwas fettig	—	0,16
Bronze auf Bronze	.	trocken	—	0,20
	╌	trocken	—	0,49
Gußeisen auf Eiche	═	mit Wasser	0,65	0,22
	═	trockene Seife	—	0,19
Schmiedeeisen auf Eiche . . .	═	mit Wasser	0,65	0,26
	═	mit Talg	0,11	0,08
Bronze auf Eiche	═	trocken	0,62	0,62
	═	trocken	0,62	0,48
Eiche auf Eiche	╌	trockene Seife	0,44	0,16
	‖	trocken	0,54	0,34
	‖	mit Wasser	0,71	0,25
	⊥	trocken	0,43	0,19
Holz (mittelhart) auf Eiche .	⊥	trocken	0,55	0,38
Rindsleder auf Eiche	Leder flach	trocken	0,61	—
	flach	trocken	0,43	0,33
	hochkantig	mit Wasser	0,79	0,29
Lederriemen a. Eichentrommel	═	trocken	0,47	0,27
Hanfseil auf Eiche	═	trocken	0,80	0,52
Lederriemen auf Gußeisen . .	flach	trocken	0,28	0,56
	,,	mit Wasser	0,38	0,36
	,,	ohne Schmiere	—	0,56
Rindsleder als Kolbenliderung	,,	mit Wasser	0,62	0,36
	,,	mit Öl, Seife	0,12	0,15
	,,	fett und feucht	—	0,23

Hierin bedeutet ═ , daß die Bewegung in der Richtung der Fasern beider Körper, . daß sie normal gegen die Fasern des gleitenden Körpers erfolgt und ⊥ , daß sich Hirnholz auf Langholz in der Faserrichtung des letzteren bewegt.

ein Minimum zu beschränken, und zwar sowohl durch Auswahl der Stoffe als auch durch Erzeugung möglichst glatter Flächen und Anwendung von Schmiermitteln, die durch eine leichte Verteilbarkeit sich zwischen die Flächen setzten und so eine unmittelbare Berührung letzterer verhindern, wodurch auch anderseits einem schnellen Verschleiß vorgebeugt wird.

Nach der Art der Bewegung unterscheidet man zwischen einer gleitenden, drehenden und wälzenden Reibung. Anderseits hat man auch noch zwischen Reibung der Bewegung und Reibung der Ruhe zu unterscheiden. Unter letzterer ist die Reibung zu verstehen, die erzeugt wird, wenn der Körper aus dem Zustande der Ruhe in den der Bewegung übergeht, wobei die Widerstände erheblich größer sind als bei dauernder Bewegung.

Durch Erfahrung ist ferner festgestellt: 1. daß die Reibung unabhängig von der Geschwindigkeit der reibenden Körper ist, d. h. solange keine Temperaturänderung eintritt; 2. daß die Reibung dem Druck, der rechtwinklig gegen die Reibungsflächen ausgeübt wird, direkt proportional ist; 3. daß die Reibung unabhängig von der Größe der Berührungsflächen ist.

Wird die Größe der Reibung mit R bezeichnet und der Normaldruck mit N, so gibt das Verhältnis $\dfrac{R}{N} = f$ den sogenannten Reibungskoeffizienten, umgekehrt ist

$$R = f . N.$$

Die Größe R, die man erhält, wenn der rechtwinklig zur Berührungsfläche stattfindende Druck mit dem Reibungskoeffizienten multipliziert wird, entspricht der Kraft, die erforderlich ist, den Körper über einen anderen fortzubewegen. Der Reibungskoeffizient ist für die verschiedenartigen Stoffe durch die Erfahrung festgestellt. (Siehe Tabelle 2, S. 31).

Für Triebwerke ist der Gesamtreibungswiderstand f im Mittel 0,05. Er ist z. B. für Schieber gefettet 0,06, mit Wasser geschmiert 0,1 und trocken 0,3. Für Stoffbuchsen mit Baumwolle oder Hanf verpackt 0,06—0,11.

Beispiele.

Wie groß ist die erforderliche Kraft, um einen 1000 kg schweren Block aus Gußeisen auf mit Wasser benetzten eichenen Bohlen fortzuziehen?

Um ihn in Bewegung zu bringen hat man:

$$R = f . n = 1000 . 0,65 = 650 \,\text{kg}.$$

Um ihn in Bewegung zu halten, hat man:

$$R = f . n = 1000 . 0,22 = 220 \,\text{kg}.$$

Würde man dagegen die Bohlen mit Talg einschmieren, so hat man für den ersten Fall: $R = f . N = 1000 . 0,11 = 110 \,\text{kg}$
und für den zweiten $R = f . N = 1000 . 0,08 = 80 \,\text{kg}.$

Die Resultierende aus R und N bildet bei geometrischer Darstellung mit N einen Winkel φ, dessen tg gleich f ist und der infolgedessen als Reibungswinkel bezeichnet wird.

Zerlegt man das Gewicht G des Körpers K in die parallel zur Ebene AB wirkende Zugkraft P und in die senkrecht zu derselben Ebene wirkende Druckkraft N, so hat man:

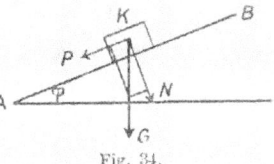

Fig. 34.

$$N = G \cdot \cos \varphi$$
$$P = G \cdot \sin \varphi$$

und da $R = N f = f \cdot G \cdot \cos \varphi$.

Da nun der Sinus mit dem Wachsen der Winkel größer und der Kosinus kleiner wird, so wird beim Größerwerden des Winkels φ einmal der Punkt eintreten, wo R gleich P ist, d. h. wo K an der Grenze ist herabzugleiten. Wir haben dann auch

$$P = G \cdot \sin \varphi = R = f \cdot G \cdot \cos \varphi.$$

woraus weiter folgt:

$$\frac{G \cdot \sin \varphi}{G \cdot \cos \varphi} = f = tg \varphi$$

Zapfenreibung.

Die Zapfenreibung ist nur ein spezieller Fall der gleitenden Reibung, es gilt demnach auch hier die obige Formel

$$R = f \cdot N.$$

Da die Reibung am Umfange des Zapfens der Kraft P entgegenwirkt und von denselben Faktoren abhängig ist, die beim Wellrad in Frage kommen, so haben wir:

$$R r = P a \text{ und für } R = f N$$
$$= f \cdot N \cdot r = P a.$$

N bezeichnet hierbei den Normaldruck

$R = f N$ die Größe der am Umfang wirkenden Reibung

r den Radius des Zapfens

a den Hebelarm = Radius des Rades, an dem

P als Kraft wirkt.

Den Wert $f N r$ bezeichnet man als Reibungsmoment, und dieses ist gleich dem Produkt aus Reibungskoeffizient, dem Normaldruck und dem Zapfenhalbmesser.

Der Reibungskoeffizient ist nach Morin für Zapfen aus Eisen im Bronze- oder Metallager bei ununterbrochener Schmierung für f mit 0,05—0,06 festgestellt worden; hingegen bei periodischer Schmierung nur mit 0,07—0,08. Nach neueren Versuchen ist f aber für den ersten Fall mit 0,01—0,02 und für den zweiten mit 0,02—0,03 ermittelt worden.

Will man den Reibungsverlust in mechanischer Arbeit nach Pferdestärken ausdrücken, so ist zu berücksichtigen, daß diese gleich Widerstand mal Weg ist, also für eine Zapfenumdrehung:

$$W \cdot 2 r \pi = 2 \pi r f N,$$

und wenn n die Umdrehungszahl pro Minute, beträgt für die Sekunde:

$$\frac{2 \pi r f N n}{60} = G \text{ in Meterkilogramm}$$

$$\frac{G}{75} = \frac{\pi}{30 \cdot 75} \cdot r f N n \text{ in P.S.} = 0,0014 \ r f N n$$

Beispiele.

Wie groß ist die Zapfenreibung bei einem Hubrade von 20000 kg, dessen schmiedeeiserne Zapfen in Messinglagern laufen?

$$R = f N = 0,02 \cdot 20000 = 400 \text{ kg.}$$

Wieviel Pferdestärken sind zu überwinden, wenn der Zapfendurchmesser 20 cm beträgt und das Rad 4 Umdrehungen per Minute macht?

Wir haben hier $0,0014 \ r f N n = 0,0014 \cdot 0,1 \cdot 0,02 \cdot 20000 \cdot 4 = 2,24$ P.S.

Die Reibung am Spurzapfen.

Der Druck N wirkt vertikal zur Unterstützungsfläche und verteilt sich gleichmäßig auf diese, so daß auf alle Punkte derselben die gleichen Parallelkräfte wirken.

Wenn wir nun die Basis des Zapfens in unendlich viel gleichsckenklige Dreiecke zerlegen, so hat jedes dieser seinen Schwerpunkt $\frac{2}{3} r$ von der Spitze, d. h. vom Mittelpunkt des Zapfens, und die ganzen Schwerpunkte liegen in der Peripherie eines Kreises von $\frac{2}{3} r$ des Zapfens. Bei der Drehung wirkt also der Widerstand mit einem Hebelarm von $\frac{2}{3} r$, wir haben daher:

$$R = \frac{2}{3} f N r.$$

Für eine Umdrehung hat man dann:

$$R s = 2 \frac{2}{3} r \pi f N = \frac{4}{3} r \pi f N.$$

Und Arbeit in der Sekunde bei n Umdrehungen in der Minute:

$$\frac{R s n}{60} = \frac{\pi}{45} f n N r \text{ in Meterkilogramm}$$

$$\frac{\pi}{45 \cdot 75} f n N r \text{ in PS} = 0,000931 \ f n N r.$$

Obige Formel gilt aber erfahrungsgemäß nur für neue Spurzapfen. Bei gut eingelaufenen liegt das Reibungsmoment nicht in der Schwerpunktsperipherie, d. h. $\frac{2}{3} r$, sondern in der Peripherie des halben

Radius. Man hat so für das Reibungsmoment $R = {}^1{}_2\,f\,Nr$ und der Arbeitsverlust

$$f N \cdot 2 \frac{r}{2}\, \pi n = \pi f n N r \text{ per Minute, und}$$

$$\frac{\pi}{60} \cdot f n N r \text{ pro Sekunde in Meterkilogramm}$$

$$\frac{\pi}{75 \cdot 60} f n N r = 0{,}0007 \cdot f n N r \text{ in P.S.}$$

Beispiele.

Eine Zentrifugentrommel wiegt mit Inhalt 500 kg und macht 800 Umdrehungen per Minute auf einem Spurzapfen von 2 cm Durchmesser. $f = 0{,}1$. Wenn der Zapfen noch neu ist, haben wir:

$$0{,}000931\, f n N r = 0{,}000931 \cdot 0{,}1 \cdot 800 \cdot 500 \cdot 0{,}01 = 0{,}37 \text{ P.S.}$$

Bei gut eingelaufenen Zapfen hingegen:

$$0{,}0007\, f n N r = 0{,}0007 \cdot 0{,}1 \cdot 800 \cdot 500 \cdot 0{,}01 = 0{,}28 \text{ P.S.}$$

Da aus obigem zu ersehen ist, daß der Verlust durch Reibung dem Reibungskoeffizienten, der Tourenzahl und dem Zapfendurchmesser direkt proportional ist, so liegt es nahe, diese Größe so gering wie irgend angängig zu bemessen. Da bei der Reibung aber auch noch unvorhergesehene Fälle in Frage kommen können, so zieht man den Reibungsverlust für einfache Maschinen mit 10—15 und für zusammengesetzte mit 15—20 % der Gesamtleistung in Rechnung.

Die Arbeit der Reibung kann auch vermittels passender Vorrichtungen dazu benutzt werden, die Nutzarbeit einer Welle oder Maschine festzustellen. Eine solche Vorrichtung ist das Bremsdynamometer, das nach seinem Erfinder auch Pronyscher Zaum genannt wird.

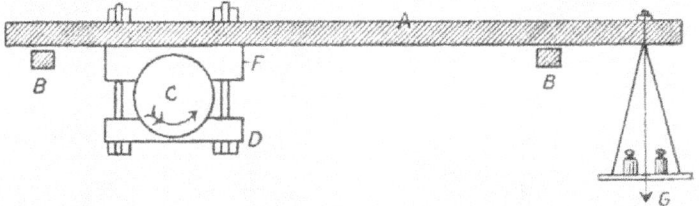

Fig. 35.

Der Apparat wird so auf die Welle C gesetzt, daß diese das Bestreben hat, bei der Bewegung den belasteten Hebel emporzuheben. Indem die Welle auf die erforderliche Umdrehungszahl gebracht wird, wird der Hebel bei A derartig belastet, daß er schwebend in horizontaler Lage bleibt. In dieser Lage ist der am Umfange der Welle mit dem Radius derselben wirkende Reibungswiderstand R gleich dem Hebelarm A mit Belastung G.

$$R r = G \cdot A$$

$$R = \frac{G A}{r}$$

Mithin beträgt der Arbeitsverbrauch der Reibung bei einer Umdrehung:

$$2 r \pi R = \frac{G A}{r} \cdot 2 \pi r = G A . 2 \pi$$

und für eine Sekunde $E = \frac{G A 2 \pi n}{60} = \frac{\pi}{30} \cdot G A n.$

Das ist der Nutzeffekt in Meterkilogramm, wenn A in Meter und
G in Kilogramm ausgedrückt wird. Soll der Wert in P.S. ausgedrückt
werden, so hat man obigen Wert noch durch 75 zu dividieren, und
man erhält:

$$\frac{\pi}{30 . 75} \cdot G A n = 0,0014 \; G . A . n$$

Beispiele.

Es soll die Nutzarbeit eines Wasserrades mit 6 Umdrehungen berechnet
werden. Der Hebelarm des Zaumes beträgt 2,5 m und das Gewicht 300 kg.
Wir haben hier:

$$0,0014 . G . A . n = 0,0014 . 300 . 2,5 . 6 = 6,3 \; \text{P.S.}$$

Eine Dampfmaschine arbeitet mit 75 indizierten Pferdekräften. Welche Nutzwirkung hat diese, wenn bei 80 Umdrehungen und einer Hebellänge von 2,5 m
eine Belastung von 220 kg notwendig war? Wir haben hier:

$$0,0014 . G . A . n = 0,0014 . 220 . 2,5 . 80 = 61,6 \; \text{P.S.}$$
$$75 : 61,6 = 100 : x = 82,1 \; \% \; \text{Nutzwirkung.}$$

Die wälzende Reibung.

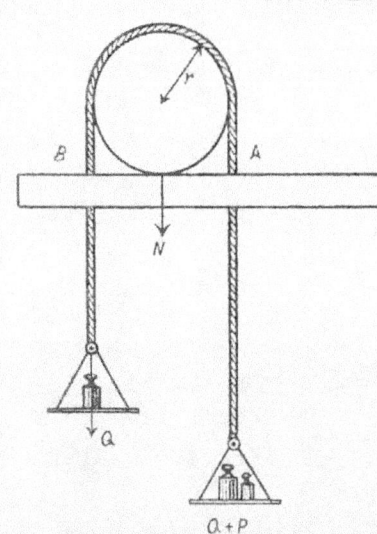

Fig. 36.

Die Werte für die wälzende
Reibung kann man in der Weise
ermitteln, daß man über den rollen-
den Körper eine Schnur legt und
diese an beiden Enden gleichmäßig
mit Q belastet. Gibt man nun auf
der einen Seite soviel Mehrbelastung,
daß sich der Körper in Bewegung
setzt und in dieser gleichmäßig
bleibt, so beträgt das Gesamtgewicht
$N = Q + Q + G + P$, wobei G das
Eigengewicht des Körpers bedeutet.

$$= 2 Q + G + P.$$

Da die Kraft P am Hebelarm r
wirkt und gleich sein muß dem
Gesamtgewicht N mal Reibungskoeffizient f, so hat man

$$Pr = N \cdot f$$

$$f = \frac{Pr}{N} = \frac{Pr}{2\,Q + G + P}$$

$f = 0{,}046$ für Gußeisen auf Gußeisen
$f = 0{,}051$ „ „ „ Schmiedeeisen.

Wenn P senkrecht zur Rollebene wirkt, so haben wir den Hebelarm r und für $P = \dfrac{Nf}{r}$; wirkt P aber horizontal zur Rollebene, so beträgt der Hebelarm $2\,r$, und wir haben für $P = \dfrac{Nf}{2\,r}$.

Die wälzende Reibung kommt hauptsächlich bei allen Transportvorrichtungen wie Fuhrwerken und Eisenbahnen in Frage, bei denen aber anderseits auch die Zapfenreibung noch wesentlich mitspricht.

Ist N Belastung und Eigengewicht der Transportvorrichtung, R der Radius des Rades, r der des Zapfens und f und f_1 die Reibungskoeffizienten für Zapfen- und wälzende Reibung, so haben wir für die Zapfenreibung das Moment $fr N$ und für die wälzende Reibung Nf_1; wir haben daher als Reibungswiderstand für den horizontalen Zug $PR = fr N + f_1 N = N(fr + f_1)$ und für P

$$P = \frac{N}{R} \cdot (fr + f_1).$$

Aus dieser Formel geht hervor, daß P um so geringer wird, je kleiner r und je größer R ist.

Der Einfachheit wegen hat man beide Reibungsarten zusammengefaßt, so daß man die einfache Formel hat:

$$P = N \cdot f.$$

Für Straßenfuhrwerke ist auf:

Asphalt oder Pflaster von behauenen Steinen $f = 0{,}013$
Pflaster aus Holz oder Stein . . . . $f = 0{,}018 - 0{,}023$
Chaussee, trocken . . . . $f = 0{,}015 - 0{,}028$
„ kotig . . . . $f = 0{,}035$
Erdweg, sehr gut . . . . $f = 0{,}045$
„ minder gut . . . . $f = 0{,}08 - 0{,}16$
für Eisen- und Straßenbahnwagen . . . . . $f = 0{,}004$
für Lokomotiven . . . . $f = 0{,}010$

Beispiele.

Welche Kraft ist notwendig, einen Wagen von 5000 kg Gewicht auf horizontaler trockener Chaussee fortzubewegen?
Wir haben hier $P = Nf = 5000 \cdot 0{,}015 = 75$ kg.
Auf kotiger Chaussee haben wir dagegen: $5000 \cdot 0{,}035 = 175$ kg.

Der Stoß.

Wenn zwei in Bewegung befindliche Körper mit verschiedener Richtung oder Geschwindigkeit aufeinanderprallen, so findet zwischen beiden eine Wechselwirkung statt, die sich für beide in einer Richtungs-, Geschwindigkeits- und auch Formveränderung äußern kann. Tritt keine dauernde Formveränderung dabei ein, so nennt man den Körper vollkommen elastisch und umgekehrt vollkommen unelastisch.

Sind beide Körper unelastisch, so dauert ihre Wechselwirkung nur so lange, bis ihre Geschwindigkeiten ausgeglichen sind.

Bewegen sich vor dem Stoß die Körper A und B, deren Massen m_1 und m_2 sind, in gleicher Richtung, und zwar A mit der Geschwindigkeit v_1 und B mit der größeren v_2, so hat man nach dem Stoß die gemeinsame Geschwindigkeit c. A hat den Geschwindigkeitszuwachs $c - v_1$ und B den Verlust $v_2 - c$. Da die Kraft p bei beiden Körpern dieselbe ist, so hat man

$$c - v_1 = m_2\, p \text{ und } v_2 - c = m_1\, p$$

$$\text{und } \frac{c - v_1}{v_2 - c} = \frac{m_2}{m_1}$$

$$c = \frac{v_2\, m_2 + v_1\, m_1}{m_2 + m_1}$$

Im ganzen bleibt beim Stoß unelastischer Körper die algebraische Summe der Bewegungsgrößen unverändert.

Sind beide Massen gleich, so hat man:

$$c = \frac{v_1 + v_2}{2},$$

d. h. die gemeinsame Geschwindigkeit ist das arithmetische Mittel aus beiden Geschwindigkeiten vor dem Stoß.

Befindet sich die eine Masse in Ruhe, so ist v_2 gleich o, und man hat:

$$c = \frac{v_1\, m_1}{m_1 + m_2}.$$

In diesem Falle ist die gleichmäßige Geschwindigkeit gleich der Bewegungsgröße von m_1 dividiert durch die Summe beider Massen. Bei gleichgroßen Massen würde man in diesem Falle

$$c = \frac{v_1}{2} \text{ erhalten.}$$

Ist $v_1 = o$ und m_1 unendlich groß gegen m_2, oder trifft ein kleiner Körper senkrecht gegen eine feste unelastische Wand, so ist $c = o$, d. h. der Körper bleibt in Ruhe. Trifft ein unelastischer Körper in schiefer Richtung gegen eine feste unelastische Wand, so kann die Bewegung in zwei Komponenten zerlegt werden, von denen die eine senkrecht und die andere parallel zur Wand ist. Die erstere wird durch den Widerstand der Wand aufgehoben.

Sind die ursprünglichen Bewegungsrichtungen entgegengesetzt, so hat man $-v_1$ statt $+v_1$ zu setzen.

Sind die zusammenstoßenden Körper vollständig elastisch, so tritt beim Stoß eine molekulare Zusammendrückung ein, die in derselben Größe wieder zurückwirkt. Es wird zuerst eine entsprechende Zu- und Abnahme der Geschwindigkeit erfolgen. Während der Zeit der molekularen Rückwirkung, die so groß ist wie die erste Einwirkung, erfolgt noch einmal dieselbe Geschwindigkeitsänderung für die beiden Massen.

Nimmt man beide Bewegungsrichtungen vor dem Stoß als gleich an und bezeichnet die Massen mit m_1 und m_2, die gemeinsame Geschwindigkeit im Augenblick der größten Annäherung mit c, die Anfangsgeschwindigkeiten mit v_1 und v_2 und die Endgeschwindigkeiten mit c_1 und c_2, so hat man als Geschwindigkeitszunahme für m_1 als mit geringerer Geschwindigkeit als m_2 $2(c-v_1)$ und danach die Endgeschwindigkeit $c_1 = v_1 + 2(c-v_1) = 2c - v_1$.

Setzt man für c den oben gefundenen Wert, so erhält man für

$$c_1 = \frac{2 m_2 v_2 + (m_1 - m_2) v_1}{m_1 + m_2}.$$

Der Geschwindigkeitsverlust bei m_2 ist $2(c_2 - c)$, mithin

$$c_2 = 2c - v_2$$

oder, den obigen Wert von c eingesetzt:

$$c_2 = \frac{2 m_1 v_1 + (m_2 - m_1) v_2}{m_1 + m_2}.$$

Sind die Bewegungsrichtungen vor dem Stoß entgegengesetzt, so ist $-v_1$ statt $+v_1$ zu setzen. Bekommt c_2 ein negatives Vorzeichen, so bewegt sich die Masse m_2 nach dem Stoß entgegengesetzt.

Sind die Massen m_1 und m_2 gleich, so wird $c_1 = v_2$ und $c_2 = v_1$, d. h. beide Massen bewegen sich nach dem Stoß mit vertauschten Geschwindigkeiten. Hieraus folgt ohne weiteres, daß, wenn die Masse m_1 in Ruhe ist, sie nach dem Stoß die Geschwindigkeit von m_2 annimmt, während letzteres in Ruhe bleibt. Ist m_2 gegenüber m_1 so groß, daß m_1 dagegen verschwindet und gleich o gesetzt werden kann, und ist m_2 in Ruhe, d. h. ist seine Geschwindigkeit $v_2 = o$, so hat man:

$$c_1 = \frac{2 m_2 . o + (o - m_2) v_1}{o + m_2} = \frac{-v_1 m_2}{m_2} = -v_1,$$

d. h. der Körper prallt mit derselben Geschwindigkeit zurück. Trifft m_1 die elastische Wand m_2 in schiefer Richtung, so kann man die Bewegung in eine senkrechte und eine parallele Komponente zur Wand zerlegen. Letztere wird durch den Stoß nicht geändert, erstere aber in die entgegengesetzte verwandelt, woraus hervorgeht, daß der Körper unter demselben Winkel von der Wand zurückprallt, unter dem er dieselbe getroffen hat.

Da beim Stoß elastischer Körper die Summe aus den Massen und Geschwindigkeiten nach dem Stoß so groß ist wie vorher, so hat ein Arbeitsgewinn oder -verlust oder, richtiger ausgedrückt, eine Umwandlung von Energien nicht stattgefunden. Da beim Stoß unelastischer Körper eine Formveränderung eintritt, so können wir hieraus folgern, daß eine Umwandlung von Energien, und zwar von mechanischer Arbeit in Wärme, stattgefunden hat, die sich als Verlust an mechanischer Arbeit dadurch nachweisen läßt, daß die Summe aus den Massen und Geschwindigkeiten nach dem Stoß kleiner als vor demselben ist.

Wir haben z. B. oben gefunden:

$$c_1 = 2c - v_1 \qquad \text{und demnach:} \qquad c_1^2 = 4c^2 - 4cv_1 + v_1^2$$
$$c_2 = 2c - v_2 \qquad\qquad\qquad\qquad c_2^2 = 4c^2 - 4cv_2 + v_2^2$$

beiderseits oben mit m_1 und unten mit m_2 als den entsprechenden Massen multipliziert, hat man:

$$c_1^2 m_1 + c_2^2 m_2 = 4c^2(m_1 + m_2) - 4c(m_1 v_1 + m_2 v_2)$$
$$+ m_1 v_1^2 + m_1 v_2^2.$$

Dividiert man die ersten beiden Ausdrücke rechts durch $m_1 + m_2$, so erhält man $4c^2 - 4c\dfrac{m_1 v_1 + m_2 v_2}{m_1 + m_2}$; $\dfrac{m_1 v_1 + m_2 v_2}{m_1 + m_2}$ ist aber, wie wir oben gesehen, gleich c. Man hat also $4c^2 - 4c \cdot c$, d. h. $4c^2 - 4c^2$. Die beiden Ausdrücke sind also gleich und heben sich auf; es bleibt daher in der Gleichung:

$$c_1^2 m_1 + c_2^2 m_2 = v_1^2 m_1 + v_2^2 m_2.$$

Hieraus geht hervor, daß Anfangs- und Endgeschwindigkeit vor und nach dem Stoß dieselben sind. Es hat also kein Energieverlust, d. h. keine Energieumwandlung stattgefunden.

Beispiele.

Ein unelastischer Körper mit einem Gewicht von 200 g und einer Geschwindigkeit c_1 von 5 m wird von einem unelastischen Körper mit einem Gewicht von 100 g, der sich mit einer Geschwindigkeit von $c_2 = 12$ m in derselben Richtung bewegt, gestoßen. Wie groß ist danach die gemeinschaftliche Geschwindigkeit c?

$$c = \frac{m_1 c_1 + m_2 c_2}{m_1 + m_2} = \frac{200 \cdot 5 + 100 \cdot 12}{200 + 100} = 7^{1/3} \text{ m}.$$

Eine elastische Kugel mit einem Gewicht von 100 g und einer Geschwindigkeit von $v_2 = 4$ m, stößt zentral auf eine andere Kugel mit einem Gewicht von 60 g und einer Geschwindigkeit von $v_1 = 2$ m. Wie groß sind die Geschwindigkeiten nach dem Stoß?

$$v_1 = \frac{2\,m_2\,v_2 + (m_1 - m_2)\,v_1}{m_1 + m_2} = \frac{2 \cdot 100 \cdot 4 + (60 - 100)\,2}{60 + 100} = 4,5 \text{ m}$$

$$v_2 = \frac{2\,m_1\,v_1 + (m_2 - m_1)\,v_2}{m_1 + m_2} = \frac{2 \cdot 60 \cdot 2 + (100 - 60)\,4}{60 + 100} = 2,5 \text{ m}.$$

Ein 400 kg wiegender Rammklotz fällt am Schluß aus einer Höhe von 2 m auf einen 50 kg wiegenden Pfahl. Bei den letzten 20 Schlägen ist der Pfahl noch um 2 cm in den Boden eingedrungen, d. h. pro Schlag um 0,001 m. Welche Belastung kann der Pfahl tragen, ohne sich weiter zu senken?

Man muß zuerst die Endgeschwindigkeit des Rammklotzes feststellen, die nach dem Fallgesetz die folgende ist:

$$v = \sqrt{2\,g\,s} = \sqrt{2 \cdot 9,80 \cdot 2} = 3,9 \text{ m}.$$

Wenn kein Widerstand vorhanden, würde die gemeinschaftliche Geschwindigkeit sein: $\quad v = \dfrac{400 \cdot 3,9}{400 + 50} = 3,46$ m.

Die hieraus hervorgehende Arbeit $\dfrac{m\,v}{2\,g} =$ Widerstand . 0,001. Bezeichnet man mit x den Widerstand, so hat man:

$$\frac{450 \cdot 3,46}{2 \cdot 9,81} = x \cdot 0,001$$

$$x = \frac{450 \cdot 3,46}{2 \cdot 9,81 \cdot 0,001} = 79\,400 \text{ kg}.$$

Zentralbewegung.

Die Bewegung eines Körpers bleibt infolge des Beharrungsvermögens geradlinig, wenn ihr nicht durch irgendeine Kraft eine andere Richtung erteilt wird. Rotierende Körper würden sich infolgedessen geradlinig und tangential des Rotationskreises fortbewegen, wenn sie nicht derartig vom Mittelpunkte des Kreises angezogen würden, daß sie sich auf der Kreisbahn bewegen. Das Bestreben der Körper, aus der kreisförmigen in eine geradlinige Bewegung überzugehen, nennt man die Zentrifugalkraft, hingegen diejenige, die sie auf der Kreisbahn festhält, die Zentripetalkraft.

Die Größe der Zentripetalkraft, die das Beharrungsvermögen überwinden muß, findet man durch folgende Betrachtung.

Der Körper durchläuft die Sehne AB, die derartig klein gedacht werden muß, daß sie dem Bogen AB gleich ist, in $\dfrac{1}{n}$ Sekunde mit der Geschwindigkeit v, so daß $AB = \dfrac{v}{n}$. In der nächst gleichen Zeit

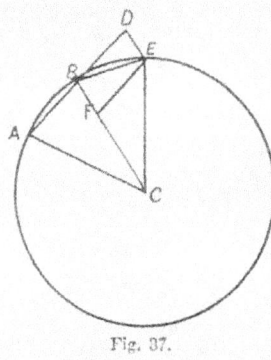

Fig. 37.

würde er die Strecke $BD = AB$ durchlaufen. Infolge der Zentripetalkraft durchläuft er aber die Strecke $BE = BD$. EBD ist gleichschenkelig und $2\,BDE = ABE$, infolgedessen auch $CAB = BDE$. $\triangle ACB$ und $\triangle EBD$ sind also gleichschenklig und ähnlich. AC

$: AB = AB : DE$. Setzt man statt $AB = \dfrac{v}{n}$

und $AC = r$, so hat man $r : \dfrac{r}{n} = \dfrac{v}{n} : DE$ und

$$DE = \frac{v^2}{n^2 r}.$$

Da der Körper die Strecke $DE = BF$ in $\dfrac{1}{n}$ Sekunden durchlaufen soll, so hat man in der Sekunde $n \cdot DE = \dfrac{v^2}{n\,r}$ Geschwindigkeiten, und dieses mit n multipliziert gibt die Geschwindigkeit in der Sekunde: $n^2 DE = \dfrac{v^2}{r}$. Denkt man sich n unendlich groß, so daß die Strecken unendlich klein gleich o werden, so hat man $\dfrac{v^2}{r}$ als Ausdruck für die Zentripetalbeschleunigung in der Sekunde; sie ist also dem Quadrat der Geschwindigkeit direkt und dem Radius des Kreises indirekt proportional.

Bezeichnet T die Umlaufszeit, in der eine kreisförmige Bahn von der Länge $2\pi r$ durchlaufen wird, so ist $v = \dfrac{2\pi r}{T}$ dieser Wert in $g = \dfrac{v^2}{r}$ eingesetzt, hat man $\dfrac{4\pi^2 r}{T^2} = g$.

Hieraus geht hervor, daß, wenn sich ein Körper um seine Achse dreht, alle Kreisbahnen der einzelnen Teile in derselben Zeit durchlaufen werden, wobei die Geschwindigkeit der einzelnen Teile proportional der Entfernung wächst.

Mechanik der flüssigen Körper.

Das mechanische Wesen der flüssigen Körper besteht darin, daß sich ihre Teile durch eine leichte Verschiebbarkeit auszeichnen, so daß irgendwelche Mengen keine eigene bleibende Form haben, sondern diejenige der sie umgebenden festen Masse annehmen, wobei eine freie Oberfläche horizontal ist (Wasserwage). Sobald letzteres der Fall ist, befindet sich die Flüssigkeit im Gleichgewicht.

Infolge der leichten Beweglichkeit der Flüssigkeitsteile pflanzt sich ein Druck auf einen begrenzten Teil der Flüssigkeit gleichmäßig nach allen Richtungen fort. Wenn beispielsweise auf einen Querschnitt von 10 qcm ein Druck von 5 kg pro qcm ausgeübt wird, das sind 50 kg, so werden diese an einer begrenzten Fläche von 400 qcm auch einen Druck von 5 kg pro qcm erzeugen, das sind $400 \times 5 = 2000$ kg. Man kann also auf diese Weise mit geringer Kraft einen großen Effekt erzielen, wie es z. B. bei hydraulischen Pressen und Aufzügen vielfach praktische Anwendung findet.

Wird eine Flüssigkeit einem Druck ausgesetzt, so vermindert sich dabei auch ihr Volumen, das aber beim Nachlassen des Druckes sofort die ursprüngliche Größe annimmt. Die Flüssigkeiten sind daher vollkommen elastisch. Man nennt aber die Flüssigkeitselastizität im Gegensatz zu der Formelastizität fester Körper Volumenelastizität. Die Volumenelastizität ist aber sehr gering, sie beträgt nach Regnault und Grassi bei einem Druck von 1 kg pro qcm für Wasser 50, Alkohol 80 und Quecksilber 3 Milliontel des Volumens. Mit der Temperatur nimmt die Elastizität aber erheblich zu.

Da eine Flüssigkeit, wie oben bemerkt, nur dann im Gleichgewicht ist, wenn ihre freie Oberfläche eine horizontale Fläche bildet und daß sich dieses Gleichgewicht infolge der leichten Verschiebbarkeit der Teilchen von selbst einstellt, so dürfte hieraus hervorgehen, daß die Schwerkraft aller Teile senkrecht zur Oberfläche nach unten wirkt. Bei einem Gefäß mit senkrechten Wänden wirkt daher das ganze Gewicht der Flüssigkeit auf den Boden. Bezeichnet F die Bodenfläche eines Gefäßes mit senkrechten Wänden, h die Höhe der Flüssigkeit in demselben, so ist $F.h$ das Volumen der Flüssigkeit. Ist s das spezifische, d. h. auf Wasser bezogene relative Gewicht, so ist $F.h.s = P$ das Gewicht der Flüssigkeit und gleichzeitig der Bodendruck von F. Denkt man sich ferner durch die Flüssigkeitsmasse zur Oberfläche parallele horizontale Flächen gelegt, so hat jede Fläche den Druck der darüber befindlichen Flüssigkeit. Der Druck, den jede dieser Flächen erleidet, ist proportional seiner Tiefe. d. h. der Druckhöhe, und da sich der Druck gleichmäßig fortpflanzt, so haben die Teile der Wand denselben Druck, wie die in derselben Höhe befindliche Flüssigkeitsschicht.

Um den gesamten Druck auf die Seitenwand oder eine begrenzte Fläche derselben festzustellen, denke man sich die Seitenwand als Bodenfläche mit den parallelen Drücken von h bis o, da, wie oben erklärt, der Druck der Seitenwand der betreffenden Höhe entspricht. so daß bei o Höhe, d. h. an der Oberfläche o Druck an der Seitenwand ist. Bei der Druckhöhe 1 ist auch der Druck der Seiten-

wand 1 usw. bis zu der Druckhöhe $h = h$. Da die Drücke auf die
Seitenwand parallel sind, so ist die Resultierende die Summe dieser
gesamten parallelen Drücke, d. h. also die Summe einer stetig wachsen-
den arithmetischen Reihe von o bis h, gleich $h \cdot \dfrac{h}{2} = \dfrac{h^2}{2}$. Bezeichnet
l die Länge der Fläche der Seitenwand und h die Breite derselben —
d. h. die Druckhöhe der Flüssigkeit — in dcm, s das spezifische
Gewicht der Flüssigkeit und P den Gesamtdruck der Fläche lh, so
haben wir in kg:

$$P = l \cdot \frac{h^2}{2} \cdot s.$$

Bei einer vertikalen rechtwinkligen Seitenwand von 6 dcm Länge
und 8 dcm Wasserstand an derselben haben wir einen Gesamtdruck
bei $s = 1$

$$P = l \cdot \frac{h^2}{2} = 6 \cdot \frac{8^2}{2} = 192 \, \text{kg}.$$

Infolge der leichten Verschiebbarkeit der Flüssigkeitsteile hängt
der Bodendruck nur allein von seinem Querschnitt und der Flüssigkeitshöhe ab, hingegen kommt die Größe und Form der oberen
Schichten nicht in Frage.

In Fig. 38 sei bei beiden Gefäßen der Bodendurchmesser 20 cm,
das ist eine Fläche von 314 qcm und die
Flüssigkeitshöhe 20 cm, so ist der Bodendruck ungeachtet der Gefäßformen bei beiden gleich, und zwar ($s = 1$) gleich 6,28 kg.

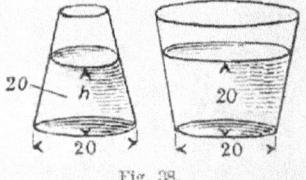

Fig. 38.

Sind zwei Gefäße unterhalb der Oberflächen durch einen Durchfluß verbunden
und mit derselben Flüssigkeit gefüllt, so
befindet sich letztere nur dann im Gleichgewicht, wenn die Flüssigkeit in beiden Gefäßen gleich hoch steht, ungeachtet daß beide in
Größe und Form verschiedene Querschnitte haben.

Enthalten zwei kommunizierende Gefäße Flüssigkeiten von verschiedenem spezifischen Gewicht, so sind die Höhen der Flüssigkeitssäulen
ihrem spezifischen Gewicht indirekt proportional. D. h. einer Wassersäule von 136 cm würde eine Quecksilbersäule von 10 cm das Gleichgewicht halten, da das spez. Gewicht des Quecksilbers gleich 13,6 ist.

Taucht man einen Körper in eine Flüssigkeit, der leichter ist als
die Menge Flüssigkeit, die er verdrängt, so steigt er nach oben; d. h.
es findet in der Flüssigkeit auch ein Druck von unten nach oben
statt, den man Auftrieb nennt, der senkrecht aufwärtsgerichtet ist,
durch den Schwerpunkt der verdrängten Flüssigkeit geht und gleich

ist dem Gewicht der verdrängten Flüssigkeit. Ist der Körper schwerer als die von ihm verdrängte Flüssigkeitsmenge, so sinkt er unter; hingegen schwimmt er, wenn er dasselbe Gewicht hat wie letztere.

Da ein sinkender Körper den von unten kommenden Druck, d. h. das Gewicht der von ihm verdrängten Flüssigkeitsmenge aufheben muß, so wird er so viel von seinem Gewicht verlieren, wie dieses ausmacht. In diesem Satze liegt das Archimedische Prinzip, das vielfach bei der Bestimmung des spezifischen Gewichts sowohl fester als flüssiger Körper Anwendung findet.

Bewegung der flüssigen Körper.

Aus einer Öffnung des Bodens oder der Wand strömt die Flüssigkeit mit einer Geschwindigkeit, die mit der Druckhöhe wächst, die aber von der Dichtigkeit unabhängig ist, solange die Flüssigkeit nicht zähflüssig ist, und zwar hat Torricelli folgenden Satz darüber aufgestellt:

Die Ausflußgeschwindigkeit ist gleich der Endgeschwindigkeit, die ein Körper erlangen würde, wenn er vom Flüssigkeitsniveau bis zur Höhe der Ausflußöffnung frei herabfiele.

Ist also v die Endgeschwindigkeit, h die Höhe und g die Beschleunigungsgröße für den freien Fall, so hat man:

$$v = \sqrt{2gh}$$

Mit anderen Worten: die Endgeschwindigkeit ist der Quadratwurzel aus der Druckhöhe proportional. Bezeichnet ferner w die Größe des Querschnitts der Ausflußöffnung, so ergibt sich für die Ausflußmenge $wv = w\sqrt{2gh}$, d. h. für Wasser mit dem spezifischen Gewicht 1. Bezeichnet noch s das spezifische Gewicht der Flüssigkeit und mit G das Gewicht der Ausflußmenge, so hat man:

$$G = w s \sqrt{2gh}.$$

Diese theoretische Menge ist aber in der Praxis nicht zu erreichen, da beim Ausfluß einerseits verschiedene Widerstände zu überwinden sind und anderseits eine Kontraktion des Flüssigkeitsstrahles eintritt, so daß, wie die Erfahrung gezeigt hat, nur $2/3$ der theoretischen Menge in Rechnung gezogen werden können.

Bei vollständiger Kontraktion ist der Kontraktionskoeffizient 0,64 und bei unvollkommner 0,66—0,70. Für kurze zylindrische und prismatische Ansatzröhren 0,82 und Ausmündungen in der Form des Strahles bis 0,95. Wozu außerdem noch der Geschwindigkeitskoeffizient für den Reibungsverlust mit 0,96 kommt, so daß man insgesamt für vollkommene Kontraktion 0,64 . 0,96 = 0,615 hat.

Beispiel.

Wie groß ist z. B. die Wassermenge, die aus einer Öffnung von 3 qcm bei einer Flüssigkeitshöhe von 4 m während einer Minute fließt?

Wir haben, indem wir qdcm und dem setzen, um kg zu bekommen:

$$G = v \cdot 60 \sqrt{2\,g\,h\,\frac{61,5}{100}} = 0,03 \cdot 60 \sqrt{2 \cdot 9,81 \cdot 40\,\frac{61,5}{100}} = 30,99\,\text{kg}.$$

Mechanik der gasförmigen Körper.

Die gasförmigen Körper haben mit den flüssigen die leichte Verschiebbarkeit der Teile gemein. Sie unterscheiden sich aber dadurch wesentlich von letzteren, daß ihre einzelnen Teile nicht durch Kohäsion zusammengehalten werden, sondern im Gegenteil das Bestreben haben, möglichst weit auseinanderzugehen, so daß sie jeden Raum ausfüllen und einen Druck auf die Wände des Raumes ausüben, der mit der Dichtigkeit der Gase wächst.

Die gasförmigen Körper sind wie die flüssigen vollkommen elastisch, da sie, wenn sie zusammengedrückt werden, das Bestreben haben, wieder in ihre ursprüngliche Lage zu kommen. Während die flüssigen Körper aber sehr wenig zusammengedrückt werden können, ist dieses bei gasförmigen außerordentlich leicht, wobei infolge der leichten Verschiebbarkeit der einzelnen Teile der Druck nach allen Richtungen gleichmäßig fortgepflanzt wird.

Da bei den gasförmigen Körpern keine Kohäsion zu überwinden ist, durchdringen sie leicht poröse Körper, so daß der Druck innen und außen derselbe ist, und es den Eindruck macht, als ginge ihnen die Eigenschaft der Schwere ab. Daß eine Schwere vorhanden ist, kann man nachweisen, wenn man ein Gefäß zuerst mit Gas und dann luftleer wiegt. Auf diese Weise hat man auch festgestellt, daß die auf der Erde lastende Luftsäule im Gewicht gleich ist einer 760 mm langen Quecksilbersäule von gleichem Querschnitt. Nimmt man eine Quecksilbersäule von 1 qcm, so wiegt diese bei 760 mm Länge und einem spez. Gewicht von 13,59 auf Wasser 1,033 kg. D. h. bei einem Barometerstande von 760 mm wiegt die diesem das Gleichgewicht haltende Luftsäule 1,033 kg pro qcm. In der Technik rundet man diesen Wert ab und sagt: der Druck einer Atmosphäre ist gleich dem Gewicht eines Kilogramms pro Quadratzentimeter.

Infolge der Schwere und Elastizität besitzen die gasförmigen Körper, wenn sie zusammengepreßt werden, eine Spannung, die sich als Druck gegen die Gefäßwand äußert, und zwar ist dieser Druck dem Volumen umgekehrt proportional, d. h. wird ein Gas, das das Volumen 1 hat, auf das halbe Volumen zusammengepreßt, so übt es den doppelten Druck auf die Gefäßwand aus. Anderseits ist aber die Dichtigkeit der Spannung direkt proportional. Dieses von Boyle und Mariotte gefundene Gesetz besagt auch, daß das Produkt aus Volumen und Druck bei derselben Gasmenge und derselben Temperatur dasselbe ist. Bezeichnet v das Volumen unter dem Druck p und v_1 das Volumen derselben Gasmasse unter dem Druck p_1, so hat man:

$$v : v_1 = p_1 : p$$
$$v\,p = v_1\,p_1.$$

Bezeichnet man ferner mit d und d_1 die entsprechenden Dichten, so hat man:

$$d : d_1 = p : p_1.$$

Dieses Gesetz gilt auch für die Verdünnung der Gase. Bringt man z. B. eine Gasmenge mit dem Volumen und Druck 1 auf das doppelte Volumen, so hat sie nur noch den Druck $^1/_2$, d. h. die Gasmenge von einem Liter mit dem Druck von 1 kg pro qcm in ein luftleeres Gefäß von 2 Liter gebracht hat nur noch den Druck von 0,5 kg pro qcm.

Auf den Gesetzen des Luftdrucks beruht die Wirkung einer ganzen Menge von einfachen und zusammengesetzten Maschinen wie z. B. der verschiedenen Heber und Pumpen.

Ein luftdicht abgeschlossener Körper verliert in der Luft so viel von seinem Gewicht, wie das Volumen Luft besitzt, das er verdrängt; er ist infolgedessen in der Luft im Gleichgewicht, wenn sein Gewicht gleich dem der Luft ist, die er verdrängt. Ist er dagegen schwerer, so wird er sinken, und ist er leichter, so wird er aufsteigen.

Für die Ausströmungsgeschwindigkeit der Gase gelten dieselben Gesetze wie für die der Flüssigkeiten. Ist v die Ausflußgeschwindigkeit, h die Höhe der Gassäule und g die Beschleunigungsgröße, so hat man auch hier:

$$v = \sqrt{2\,g\,h}.$$

Will man die Gassäule, die gleich der Druckdifferenz zwischen innen und außen ist, durch die Höhe einer entsprechenden Quecksilbersäule $= H$ ausdrücken, so hat man, wenn D die Dichte des Quecksilbers und d diejenige des ausströmenden Gases ist, die Proportion:

$$H : h = d : D,$$

und hieraus für
$$h = \frac{H\,D}{d};$$

dieses in die obige Formel eingesetzt:

$$v = \sqrt{2\,g\,\frac{H\,D}{d}}.$$

Aus dieser Formel ergibt sich das Grahamsche Gesetz: daß die Ausströmungsgeschwindigkeiten verschiedener Gase unter gleichem Quecksilberdruck den Quadratwurzeln aus ihren spezifischen Gewichten umgekehrt proportional sind.

Bezeichnen wir mit f den Querschnitt der Ausflußöffnung und mit M die Ausflußmenge während einer Sekunde, so haben wir:

$$M = f \cdot \sqrt{2 g \frac{H D}{d}}.$$

Wie groß ist z. B. die Menge Luft, die unter einer konstanten Druckdifferenz gleich einer Quecksilbersäule von 760 mm durch eine dünne Bodenöffnung von 100 qcm während einer Minute ausfließt?

$$M = 60 \cdot f \cdot \sqrt{2 g \frac{H D}{d}} = 60 \cdot 0{,}01 \sqrt{2 \cdot 9{,}81 \frac{0{,}76 \cdot 13{,}6}{0{,}0013}} \, 237 \, \text{cbm.}$$

Der Wert entspricht aber nur der theoretischen Menge; in der Praxis hat man genau wie bei den Flüssigkeiten mit Reibungswiderständen und einer Kontraktion zu rechnen. Der Kontraktionskoeffizient der Luft beträgt:

für Öffnungen in dünnen Wänden 0,65
für Öffnungen mit zylindrischen Ansatzröhren 0,93
für wenig konische Ansatzröhren . . . . 0,94.

Obigen Wert von 237 cbm hat man daher noch mit dem Kontraktionskoeffizienten 0,65 zu multiplizieren. $237 \cdot 0{,}65 = 153$ cbm als praktisch erreichbare Menge.

Wird ein Gas aus einem engen in ein weites Rohr geblasen, so wird dadurch in dem weiten Rohr der vorhandenen Gasmenge eine erhöhte Geschwindigkeit mitgeteilt, die eine Verminderung des Druckes verursacht und sich als saugende Wirkung äußert.

Dasselbe findet auch beim Ausströmen von tropfbaren Flüssigkeiten unter denselben Verhältnissen statt. Diese Wirkung findet in der Praxis eine mannigfache Anwendung, wie z. B. bei Dampfstrahlgebläsen, Injektoren u. a.

Zwei Gase, die in einem Gefäß übereinandergeschüttet werden, vereinigen sich nach und nach zu einem vollständig homogenen Gemisch, selbst wenn sich das spezifisch schwerere Gas unten befunden hat. Nimmt man ein Gemisch von Gasen mit verschiedenem spezifischen Gewicht und läßt dieses durch eine poröse Scheidewand hindurchgehen (diffundieren), so sind die Diffusionsgeschwindigkeiten den Quadratwurzeln aus den spezifischen Gewichten umgekehrt proportional. Z. B. ist Sauerstoffgas sechzehnmal schwerer als Wasserstoffgas, infolgedessen ist die Diffusionsgeschwindigkeit von Wasserstoffgas viermal so groß als die von Sauerstoffgas.

Schließlich sei noch bemerkt, daß die festen Körper die Eigenschaft haben, an ihrer Oberfläche die sie umgebenden Gase zu verdichten. Namentlich sind es poröse Körper, die große Mengen von Gasen absorbieren, wie z. B. Holzkohle und Platinschwamm. Letzterer vermag einen Wasserstoffstrom durch seine Oberfläche mit solcher Intensität zu verdichten, daß sich das Wasserstoffgas dabei entzündet.

Auch von Flüssigkeiten werden die Gase in erheblichen Mengen absorbiert, wie z. B. Ammoniak und Salzsäure vom Wasser. Die Menge des absorbierten Gases ist dabei dem Druck, unter dem die Gasmenge dabei steht, direkt proportional, so daß bei doppeltem Druck die doppelte Gasmenge absorbiert wird. Bei Druckverminderung wie auch durch Erhitzen entweichen aber wieder mehr oder weniger große Mengen des absorbierten Gases.

II. ABSCHNITT.

DIE FESTIGKEITSLEHRE.

Die Festigkeitslehre ist der Teil der angewandten Mechanik, der die Verhältnisse umfaßt, in denen sich ein Körper befindet, wenn Kräfte auf ihn einwirken, die ihn in der Form und Struktur verändern wollen und können.

Die Formveränderung kann bis zu einer Zerstörung durch Riß oder Bruch gesteigert werden, wobei der Körper den Kräften durch die innere, d. h. Kohäsionskraft, einen Widerstand entgegensetzt. Bei der Einwirkung einer äußeren Kraft werden die inneren Kräfte aber immerhin aus ihrem Gleichgewicht gebracht, und der Widerstand, den sie hierbei leisten, wird als Spannung bezeichnet.

Solange bei der Einwirkung einer äußeren Kraft der Widerstand nicht überwunden ist, wird beim Aufhören der Einwirkung das ursprüngliche Gleichgewicht der inneren Kräfte wiederhergestellt. Das Bestreben und die Möglichkeit, nach der Einwirkung wieder das ursprüngliche Gleichgewicht der inneren Kräfte zu haben, wird als Elastizität des Körpers bezeichnet.

Haben die äußeren Kräfte aber derartig auf den Körper gewirkt, daß das Gleichgewicht der inneren Kräfte nicht wieder hergestellt wird, so ist die Elastizität des Körpers überschritten, und der Punkt, an dem dieses geschehen, ist die Elastizitätsgrenze.

Die Elastizitätsgrenze ist schon überschritten, wenn der Körper verlängert, verkürzt, verbogen oder verdreht ist, ohne daß er gerissen oder gebrochen ist. Wirken die äußeren Kräfte aber derartig ein, daß letzteres eintritt, so ist auch die Festigkeitsgrenze überschritten.

Außer der Elastizitäts- und Festigkeitsgrenze gibt es auch noch eine Proportionalitäts- und Streck- oder Fließgrenze. Die Proportionalitätsgrenze ist diejenige, bis zu welcher sich der Körper proportional der Belastung ausdehnt, und die Streckgrenze, bis zu welcher er sich sehr rasch und bleibend ausdehnt.

Körper, bei denen beide Grenzen nahe aneinanderliegen, bezeichnet man als spröde, hingegen wo sie mehr oder weniger entfernt sind, als zähe.

Die Spannungen, die in einem Körper bei der Einwirkung äußerer Kräfte auftreten dürfen, müssen aber nicht nur ganz erheblich unter der Festigkeitsgrenze, sondern auch unter der Elastizitätsgrenze liegen, da man eine dauernde Sicherheit verlangt. Diese Spannungen heißen zulässige Spannungen, und ihre Ermittelung ist von großer Wichtigkeit in der angewandten Mechanik, da es hier hauptsächlich darauf ankommt, festzustellen, wie weit man z. B. mit der Belastung von Trägern, Balken, Wellen usw. gehen kann.

Je nach der Art und Weise, wie die äußeren Kräfte auf die inneren wirken, unterscheidet man fünf Arten von Festigkeit, und zwar:

1. Zugfestigkeit. Bei dieser wirken die äußeren Kräfte in der Längsachse und versuchen den Körper zu verlängern und zu zerreißen (Seile, Ketten, Riemen usw.).

2. Druckfestigkeit. Auch bei dieser wirken die äußeren Kräfte in der Längsachse; sie versuchen aber den Körper umgekehrt zu verkürzen oder bei genügender Länge zu verbiegen und zu verknicken (Säulen, Mauern usw.).

3. Scher- oder Schubfestigkeit. Bei dieser versuchen die äußeren Kräfte die Teile eines Körpers seitlich zu verschieben (Bolzen, Keile, Schraubengewinde u. a.).

4. Biegungsfestigkeit. Bei dieser wirken die äußeren Kräfte transversal zum Stützpunkt, d. h. der Körper ist an einer oder mehreren Stellen gestützt und die Kräfte wirken ziehend oder drückend außerhalb der Stützpunkte (Träger, Zahnräder, Zapfen u. a.).

5. Torsions- oder Drehungsfestigkeit. Bei dieser wirken die äußeren Kräfte transversal zum Stützpunkt, aber nicht in einer bestimmten Richtung, sondern bewegend und fortlaufend sich entgegengesetzt (Transmissionswellen u. a.).

Zug- und Druckfestigkeit.

Die Erfahrung hat gezeigt, daß bei Zug- und Druckbeanspruchung die Belastung gleichmäßig über den ganzen Querschnitt verteilt ist, infolgedessen ist die Zug- und Druckfestigkeit dem Querschnitt direkt proportional.

Bezeichnet man die zulässige Spannung mit K (kg auf 1 qcm), den Querschnitt mit F und die Kraft mit P, so hat man

$$P = F \cdot K$$

$$F = \frac{P}{K}$$

$$K = \frac{P}{F}.$$

Die zulässige Spannung oder Beanspruchung K nennt man den Festigkeitskoeffizient; derselbe ist ungefähr die Hälfte von dem, was die Elastizitätsgrenze beansprucht, welch letztere wie auch die Festigkeitsgrenze durch die Erfahrung festgestellt sind.

Tabelle 3.
Koeffizienten der Zug-, Druck- und Schubfestigkeit.

Material	Zug		Druck		Schub		Elastizitäts-modul	
	Zulässige Belastung K	Festigkeits-grenze	Zulässige Belastung K	Festig-keits-grenze	Zulässige Belastung K	Festig-keits-grenze	Zug und Druck	Schub
in kg auf den qcm								
Schmiedeeisen	750	3800	750	3800	600	3000	20000	8000
Stahl	1200-1500	6000	1200	6000	1000	4800	21500	8600
Gußeisen . . .	300	1250	500	6000	240	1000	10000	4000
Eisenblech . .	750	3500	—	—	600	2800	20000	8000
Eisendraht . .	1000	6000	—	—	800	4800	20000	8000
Kupferblech, gehämmert .	750	3000	—	—	600	2400	11000	4500
Kupferdraht .	600	4200	400	4000	480	3360	11000	4500
Messing	250	1200	150	730	200	960	—	—
Holz, hart: Esche, Eiche und Buche.	100	800-1000	80	660	80	800	1000	100
Holz, weich: Kiefer . . .	70	480	60	450	60	400	1200	70
Kalkstein . . .	—	—	25-35	250-350	—	—	—	—
Sandstein . . .	—	—	20-30	200-300	—	—	—	—
Granit.	—	—	45	450	—	—	—	—
Ziegel, gut . .	—	—	10	100	—	—	—	—
„ schlecht	—	—	6	60	—	—	—	—
Beton	0—2	—	15	—	—	—	—	—
Guter Baugrund . . .	—	—	2—3	—	—	—	—	—

Der durch die Erfahrung festgelegte Wert K in der Tabelle gilt nur für den Fall, daß das Material des Körpers von gleichmäßiger Beschaffenheit ist und keiner schnellen materiellen Veränderung, wie beispielsweise durch Faulen und Rosten, wie auch starker Abnutzung ausgesetzt ist.

Bei Bauten kann man für Schweißeisen eine Belastung von $K = 1000$ und Flußeisen $K = 1200$ nehmen, wenn 1. eine Materialprüfung stattgefunden hat und wenn 2. die Bauten keinen Erschütterungen und starken Belastungswechseln ausgesetzt sind.

Bei starken Belastungswechseln und Erschütterungen nehme man nur die Hälfte des Wertes K der Tabelle; ebenso, wenn die Zerstörung weittragende Folgen mit sich bringt.

Einige Beispiele aus der Praxis.

Welche zulässige Belastung kann eine Flacheisenstange von $4 \times 0,5$ cm tragen?

$$P = F . K$$
$$F = 4 . 0,5 = 2 \text{ qcm}$$
$$K = 750$$
$$P = 2 \times 750 = 1500 \text{ kg.}$$

Bei welcher Belastung zerreißt diese Stange?

$$P = F . K$$
$$K = 4000$$
$$P = 2 \times 4000 = 8000 \text{ kg.}$$

Welchen Querschnitt muß eine kurze Holzsäule aus Eiche haben, auf der eine Last von 12000 kg ruhen soll?

$$K = 80 \text{ nach der Tabelle.}$$
$$F = \frac{P}{K} = \frac{12000}{80} = 150 \text{ qcm.}$$

Welchen Querschnitt muß ein Säulenfundament aus guten Ziegeln für eine Belastung von 12000 kg haben?

$$K = 10 \text{ nach der Tabelle.}$$
$$F = \frac{P}{K} = \frac{12000}{10} = 1200 \text{ qcm.}$$

Welchen Durchmesser müssen zwei Mutterschrauben haben, mit denen ein Hängelager mit einer Belastung von 6000 kg befestigt werden soll? Auf eine Schraube kommen hierbei 3000 kg.

$$K = 750 \text{ nach der Tabelle.}$$
$$F = \frac{P}{K} = \frac{3000}{750} = 4 \text{ qcm} = 2,3 \text{ cm Durchmesser.}$$

Welchen Durchmesser muß der stählerne Spurzapfen einer Zentrifuge haben, wenn das Gewicht der Trommel mit Inhalt 600 kg beträgt?

$$F = \frac{P}{K} = \frac{600}{1200} = 0,5 \text{ qcm} = 0,8 \text{ cm Durchmesser.}$$

Wie stark muß das Rundeisen einer Kette sein, die eine Last von 2500 kg tragen soll?

Da das Kettenglied in seinen beiden Längsseiten auf Zug beansprucht wird, so hat man für jede Seite 1250 kg.

$$F = \frac{P}{K} = \frac{1250}{750} = 1,66 \text{ qcm} = 1,45 \text{ cm Durchmesser.}$$

Wie stark müssen die 8 Schrauben sein, die den Zylinderdeckel einer Dampfmaschine befestigen sollen, wenn der Zylinderdurchmesser 40 cm beträgt und der Deckel einen Druck von 8 Atm. auszuhalten hat?

Bei 8 Atm. Druck kommen für den Deckel, auf dem der Druck gleichmäßig lastet, 8 kg pro qcm.

Der Gesamtdruck beträgt:

$$\frac{8 . D^2 \pi}{4} = 10048 \text{ kg, das macht:}$$

$$\frac{10048}{8} = 1256 \text{ kg pro Schraube.}$$

$$F = \frac{P}{K} = \frac{1256}{750} = 1,66 \text{ qcm} = 1,45 \text{ cm Durchmesser.}$$

Bei einer Maschine ist aber zu berücksichtigen, daß sie Erschütterungen ausgesetzt ist und daß für sie auch noch unvorhergesehene Fälle eintreten können, infolgedessen gibt man der Deckelbefestigung die doppelte Sicherheit und nimmt für die Schraube einen Querschnitt von 3,33 qcm gleich einem Durchmesser von 2,1 cm an.

Welche Drahtstärke muß man für den Draht eines 42drähtigen Drahtseiles nehmen, das eine Belastung von 2100 kg tragen soll?

$$\frac{2100}{42} = 50 \text{ kg pro Draht}$$

$$F = \frac{P}{K} = \frac{50}{750} = 0,066 \text{ qcm} = 0,29 \text{ cm Durchmesser.}$$

Im allgemeinen ist noch zu bemerken, daß man bei der Zugfestigkeit bei größeren Längen der Körper auch das Eigengewicht zu berücksichtigen hat. Anderseits kommt bei der Druckfestigkeit längerer Körper die Knickung letzterer, der eine Biegung vorhergeht, in Frage. Die Gesetze, die hierbei maßgebend sind, sind nicht gerade einfach, so daß für die Berechnung komplizierte Formeln notwendig sind. Auf die Verhältnisse der Biegung und Knickung kommen wir an geeigneter Stelle noch zurück.

Scher- oder Schubfestigkeit.

Auch bei den Körpern, die auf Scher- oder Schubfestigkeit beansprucht werden, wie Niete, Schrauben. Keile u. a., ist die Festigkeit dem Querschnitt proportional, infolgedessen gilt auch hier die Gleichung:

$$P = F \cdot K.$$

Im Interesse einer größeren Sicherheit nimmt man aber nur 80 % der zulässigen Zugbeanspruchung an, wie die Werte für K betreffs der Schubfestigkeit auch in der Tabelle angegeben sind.

Beispiele aus der Praxis.

Welche Kraft ist erforderlich, um in Kesselblech von 0,8 cm ein Loch von 1,6 cm zu stanzen?

Die Scherfläche ist hierbei der Zylindermantel des Loches und K die Festigkeitsgrenze:

$$P = F \cdot K$$
$$F = 1,6 \cdot \pi \cdot 0,8$$
$$K = 2800$$
$$P = 1,6 \cdot 3,14 \cdot 0,8 \cdot 2800 = 11250 \text{ kg.}$$

Welche zulässige Belastung kann ein Niet von 1,6 cm Durchmesser gegen Abscheren aufnehmen? ($K = 800$.)

$$P = F \cdot K$$
$$P = \frac{1,6^2 \, \pi}{4} \cdot 800 = 1600 \text{ kg.}$$

Bei welcher Belastung wird das Niet zerstört?

$$P = \frac{1{,}6^2\,\pi}{4} \cdot 4800 = 9600 \,\text{kg}.$$

Wie dicht müssen die Nieten eines Kesselblechs 2000×1000 in der Längsnaht sein, wenn die Nieten einen Durchmesser von 2 cm haben und das Blech einem Druck von 5 Atm. ausgesetzt ist?

Das Blech hat eine Fläche von 20000 qcm und eine Belastung von 5 kg pro qcm = 100000 kg Gesamtbelastung.

Ein Niet von 2 cm Durchmesser trägt eine zulässige Belastung von:

$$P = \frac{2^2\,\pi}{4} \cdot 800 = 2500 \,\text{kg}$$

$$\frac{100000}{2500} = 40 \,\text{Niete},$$

die sich auf $2 \cdot 200$ cm Längsnaht verteilen.

$$\frac{2 \cdot 200}{40} = 10 \,\text{cm von Niet zu Niet.}$$

Wenn nun auch in den obigen Fällen die zulässige Belastung reichlich unterhalb der Elastizitätsgrenze liegt, so schließt dieses doch nicht aus, daß sich die Körper bei dauernder Belastung in der Form verändern, eine Tatsache, die namentlich bei der Zugbelastung längerer Körper zu beachten ist, da man diese dementsprechend kürzer nehmen muß.

Da die Verlängerung der Belastung proportional ist, so kann man bei Berechnungen dieser Art das Elastizitätsmodul E benutzen. Letzteres ist die durch die Erfahrung festgelegte Größe für 1 qmm Querschnitt und 1 kg Belastung, d. h. der Körper wird bei diesen Verhältnissen um den $n$ten Teil seiner Länge verlängert. Für Stabeisen beträgt n bei Zugbelastung 20000, d. h. ein Stab von 20 m Länge, 1 qmm Querschnitt und 20 kg Belastung (einschließlich Eigengewicht) hat die Länge L_1:

$$L_1 = L + \frac{L \cdot P}{E} = 20 + \frac{20 \cdot 20}{20000} = 20{,}02 \,\text{m}.$$

Bei 4 qmm Querschnitt würde der Wert für L_1 20,005 m betragen.

Bezeichnet man allgemein den Wert der Ausdehnung mit a, mit F den Querschnitt, so erhält man a nach der folgenden Formel:

$$a = \frac{P \cdot L}{F \cdot E}.$$

Diese Formel gilt auch für die Schubfestigkeit. E hat aber hier, wie die Tabelle zeigt, andere Werte.

Biegungsfestigkeit.

Wenn auf einen Körper außerhalb der Unterstützung Kräfte ziehend oder drückend wirken, so versuchen diese den Körper abzubrechen oder zu verbiegen. Der Widerstand, den der Körper hierbei leistet, ist seine Biegungsfestigkeit.

Die Biegungsfestigkeit hängt aber nicht allein von der Größe des Querschnitts ab, sondern auch von der Form desselben; z. B. wird

ein Balken, der hochkant liegt, den auf ihn wirkenden Kräften mehr
Widerstand entgegensetzen als bei flacher Lage.

Die Kenntnis des Widerstandsmoments, das von großer Wichtigkeit
ist, soll bei einem rechtwinkligen Querschnitt wie folgt erklärt werden:

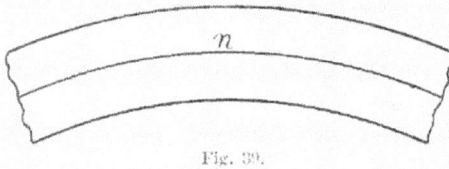

Fig. 39.

Fig. 39 stellt einen Balken
mit rechtwinkligem Querschnitt
dar, auf den an beiden Enden
Kräfte wirken, die ihn zu verbiegen und zu brechen versuchen.

Es ist ohne weiteres klar, daß die Fasern oberhalb der Linie n
in der Fig. 39 bei der Biegung in demselben Maße verlängert werden,
wie die unterhalb derselben verkürzt werden. In der Mitte bei n be-
halten die Fasern ihre ursprüngliche Form. Hier ist deshalb die
neutrale Achse; liegt diese so, daß Zug und Druck gleich groß sind,
so geht die Achse durch den Schwerpunkt des Querschnitts.

Die Spannung in den verschiedenen Teilen des Querschnitts ist,
wie leicht ersichtlich, verschieden, und sie ist um so größer, je weiter
die Fasern von der neutralen Achse entfernt sind, und zwar ist sie
der Entfernung direkt proportional. Infolgedessen ist die Summe
aller Spannungen auch den wirksamen Kräften proportional. Der
Balken wird sich daher nur so weit durchbiegen, bis das Moment aller
Spannungen des Querschnitts dem Moment der äußeren Kräfte gleich
ist, das den Balken abzubrechen imstande ist.

Bei der Biegung wirken die Angriffskräfte, wie gesagt, außerhalb
des Stützpunktes des Körpers, wobei es ersichtlich ist, daß gleiche
Kräfte um so wirksamer sind, je weiter sie vom Stützpunkt entfernt
sind.

Nach dem Gesetz des einarmigen Hebels ist das wirksame Moment
der äußeren Kräfte gleich der Kraft $\times$ Länge.

Wie bemerkt, hat man bei der Biegung in jedem Querschnitt eine
neutrale Zone, von der aus die Spannung der Entfernung proportional
zunimmt.

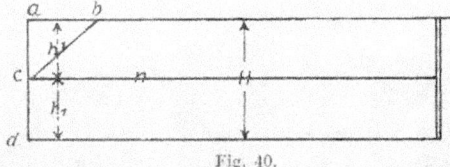
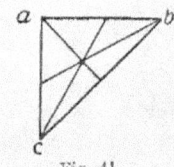

Fig. 40.   Fig. 41.

Bezeichnet man die Spannung mit S, mit h_1 den Abstand der
entferntesten Faser von der neutralen Zone, so erhält man als Wert
für die äußerste Spannung Sh_1, der der Linie ab entsprechen soll.

Da die Spannung an der neutralen Zone gleich 0 ist und von hier aus proportional der Entfernung wächst, so wird sie immer durch die Horizontale ausgedrückt, die sich parallel ab in dem betreffenden Abstande befindet. Bezeichnet man den Abstand mit x und mit y die Horizontale, so hat man $y : x = ab : h_1$, d. h. die Verhältnisse ähnlicher Dreiecke, infolgedessen liegen die Endpunkte aller Horizontalen auf der Linie eb des rechtwinkligen eab. Und es wird jetzt ohne weiteres verständlich sein, daß die Summe aller Spannungen dieser vertikalen Zone gleich dem Inhalt des rechtwinkligen Dreiecks eab ist.

Da ab gleich Sh_1 ist, so hat man als Inhalt des Dreiecks gleich Summe der Spannungen

$$Sh_1 \cdot \frac{h_1}{2} = \frac{Sh_1{}^2}{2}.$$

Da die Spannungen des Dreiecks aber parallel wirken, so haben sie einen gemeinsamen Angriffspunkt, der im Dreieck bekanntlich im Schnittpunkt der drei Transversalen, die sich im Verhältnis von $1 : 2$ teilen, liegt, wie es in Fig. 41 vergrößert gezeichnet ist, so daß nach dem Gesetz der Proportionalität der Linien am Dreieck der Schwerpunkt oder Angriffspunkt in $^2/_3\,h_1$ liegt.

Wir haben also die Summe aller Spannungen, wirksam mit $^2/_3$ der Höhe als Länge.

$$\frac{Sh_1{}^2}{2} \cdot \frac{2}{3} h_1 = \frac{Sh_1{}^3}{3}.$$

Für den Teil unterhalb der neutralen Zone gelten dieselben Verhältnisse, so daß man auch hier hat:

$$\frac{Sh_1{}^3}{3}.$$

Diese Werte gelten aber nur für die senkrechte Einheit; um sie für den gesamten Querschnitt zu erhalten, hat man sie mit der Breite zu multiplizieren, wobei man erhält:

$$b \cdot 2\,\frac{Sh^3}{3} = \frac{2}{3} \cdot b\,Sh_1{}^3.$$

Da nun h_1 gleich $^1/_2\,H$ ist, so hat man auch

$$\frac{2}{3}\,b\,S\left(\frac{H}{2}\right)^3 = \frac{2}{3} \cdot \frac{S\,b\,H^3}{8} = \frac{S\,b\,H^3}{12}.$$

Obiger Wert bezeichnet das Moment der inneren Kräfte, das gleich ist dem der äußeren, ausgedrückt durch Last $\times$ Länge, d. h. $P \cdot l$, und zwar allgemein für einen rechtwinkligen Querschnitt.

$$P \cdot l = S \cdot \left(\frac{b\,H^3}{12} \right).$$

Den eingeklammerten Wert, der nur von der Höhe und Breite abhängt, nennt man das Trägheitsmoment. Mit Hilfe der höheren Mathematik findet man es auf folgende Weise:

Wir haben oben gefunden, daß $y : x = ab : h_1$. Um y in x auszudrücken, kann man auch setzen: $y : ab = x : h_1$, und infolgedessen:

$$y = \frac{x \cdot ab}{h_1}.$$

Bezeichnet man den unendlich kleinen Querschnitt einer Faser im Abstande x von der Mittellinie mit dx, so hat man für $y\,dx$ $= x \cdot dx \dfrac{ab}{h_1}.$ Diesen unendlich kleinen Querschnitt materiell gedacht, wirkt der Schwerpunkt desselben in der Entfernung x von der horizontalen Mittellinie des Rechtecks; man hat daher als Kraftmoment auf diese Mittellinie bezogen:

$$x \cdot x \cdot dx \cdot \frac{ab}{h_1} = x^2 dx \frac{ab}{h_1}.$$

Der Faktor $\dfrac{ab}{h_1}$ ist konstant, der Ausdruck $x^2 dx$ dagegen ist das geometrische Trägheitsmoment für den unendlich kleinen Querschnitt dx. Das Trägheitsmoment des ganzen Querschnitts ist dann die Summe der Trägheitsmomente aller unendlich kleinen Querschnitte der Breite b und der senkrechten Einheit. Letzteres bedeutet die Summe aller Querschnitte der oberen und unteren Höhe von der Mittellinie gerechnet, und zwar bezeichnet man die obere mit $+\,{}^1/_2\,H$ und die untere mit $-\,{}^1/_2\,H$. Man erhält so das Integral:

$$b \int_{-^1/_2 H}^{+^1/_2 H} x^2 dx$$

dieses aufgelöst gibt:

$$\frac{b}{3} \left(\frac{H^3}{8} + \frac{H^3}{8} \right) = \frac{b\,H^3}{12}.$$

Die Trägheitsmomente für nicht rechtwinklige Querschnitte sind überhaupt genau nur mit Hilfe der höheren Mathematik zu berechnen. Sie sind für die meisten Fälle festgelegt, von denen die wesentlichen in der folgenden Tabelle enthalten sind.

Bezeichnet man das Trägheitsmoment mit J und die Spannung mit S, so hat man:

$$P \cdot l = S \cdot J$$

Bezeichnet man die Entfernung der äußersten Faserschicht von der Schwerpunktsachse mit e, so hat man hier für die Spannung:

$$Se.$$

Diese soll aber als zulässige Spannung nur den Wert K betragen, daher:

$$Se = K$$

$$S = \frac{K}{e}.$$

Setzt man diesen Wert in die obige Gleichung, so hat man:

$$P \cdot l = \frac{K}{e} \cdot J = K \cdot \frac{J}{e}.$$

Den Ausdruck $\frac{J}{e}$, der für gleiche Querschnittsformen konstant ist, bezeichnet man mit Widerstandsmoment oder Querschnittsmodul, das kurz mit W bezeichnet wird und in der folgenden Tabelle bei den betreffenden Querschnitten gleich angegeben ist.

Setzen wir nun in die Gleichung:

$$P \cdot l = K \cdot \left(\frac{J}{e} \right)$$

den eingeklammerten Wert durch W, so haben wir:

$$P \cdot l = K \cdot W$$

$$P = \frac{K \cdot W}{l}$$

$$W = \frac{P \cdot l}{K}$$

$$K = \frac{P \cdot l}{W}$$

$$l = \frac{W \cdot K}{P}$$

Bei allen Berechnungen über die Biegungsfestigkeit haben obige Formeln allgemeine Gültigkeit, sie müssen aber immer auf den Querschnitt bezogen werden, in dem die Spannung die größte ist. In bezug auf das Verhältnis der Belastung zu der Unterstützung erleiden die Formeln aber noch einige Abänderungen, wie sie im folgenden zu finden sind.

1. Der Balken ist an einem Ende unwandelbar befestigt und am Endpunkte belastet. — Hier gilt die einfache Gleichung

$$P = \frac{K \cdot W}{l}.$$

2. Der Balken ist an einem Ende unwandelbar befestigt und gleichmäßig auf seiner ganzen Länge belastet. — Durch Reduzierung der ganzen Belastung auf einen Punkt kommt man auf die halbe Länge, so daß man für diesen Fall die Gleichung hat:

$$P = \frac{K \cdot W}{\frac{1}{2}\, l}.$$

3. Der Balken ist an einem Ende unwandelbar befestigt und liegt am anderen Ende frei auf.

a) Die Last greift in der Mitte an:

$$P = \frac{16 \cdot W \cdot K}{3\, l}.$$

b) Die Last ist auf der ganzen Länge gleichmäßig verteilt:

$$P = \frac{8\, W \cdot K}{l}.$$

4. Der Balken liegt mit beiden Enden frei auf.

a) Die Last greift in der Mitte an:

$$P = \frac{4\, W \cdot K}{l}.$$

b) Die Last ist auf der ganzen Länge gleichmäßig verteilt!

$$P = \frac{8 \cdot W \cdot K}{l}.$$

5. Der Balken ist an beiden Enden unwandelbar befestigt.

a) Die Last greift in der Mitte an:

$$P = \frac{8 \cdot W \cdot K}{l}.$$

b) Die Last ist auf der ganzen Länge gleichmäßig verteilt:

$$P = \frac{12 \cdot W \cdot K}{l}.$$

Da die Last der Länge umgekehrt proportional ist, so reduziert man bei einem Balken mit zwei Stützpunkten die Last auf jedem der Stützpunkte, wenn man sie mit der Entfernung zum anderen Stützpunkt multipliziert und mit der ganzen Länge dividiert.

Tabelle 4.
Trägheits- und Widerstandsmomente.

Querschnittsform	J	$W = \dfrac{J}{c}$
	$\dfrac{b h^3}{36}$	$\dfrac{b \cdot h^2}{24}$
	$\dfrac{b h^3}{12}$	$\dfrac{b \cdot h^2}{6}$
	$\dfrac{h^4}{12}$	$\dfrac{h^3}{6}$
	$\dfrac{\pi d^4}{64} = 0{,}0491\, d^4$	$\dfrac{\pi d^3}{32} = 0{,}0982\, d^3$ (abgerundet $0{,}1\, d^3$)
	$\dfrac{b}{12} \cdot (h^3 - h_1^3)$	$\dfrac{b}{6} \cdot \dfrac{(h^3 - h_1^3)}{h}$
	$\dfrac{h^4 - h_1^4}{12}$	$\dfrac{h^4 - h_1^4}{6 h}$
	$\dfrac{\pi}{64} \cdot (D^4 - d^4)$ $\dfrac{\pi}{4} (R^4 - r^4)$	$\dfrac{\pi}{32} \cdot \dfrac{D^4 - d^4}{D}$ $\dfrac{\pi}{4} \cdot \dfrac{R^4 - r^4}{R}$
	$\dfrac{b \cdot h^3 - b_1 h_1^3}{12}$	$\dfrac{b \cdot h^3 - b_1 h_1^3}{6 h}$

Für die am meisten gebräuchlichen Normal-I-Eisen findet man in der folgenden Tabelle neben den Dimensionen auch gleichzeitig das Widerstandsmoment, und zwar nur für die hauptsächlich in Frage kommende vertikale Biegungsebene. In der dann folgenden sind für frei aufliegende Träger gleich die gleichmäßig verteilten Nutzlasten angegeben, aus denen man die letzteren für andere Befestigungen der Träger und andere Verteilung leicht berechnen kann.

Tabelle 5.
I-Eisen.

Normallänge 4—10 m, Maximallänge 14 m.
Die Profil-Nr. entspricht der Höhe h in cm.

Profil-Nr.	Höhe h	Breite b	Steg δ	Flansch t	Fläche	Gewicht pro m	Widerstands-moment W
	mm	mm	mm	mm	qcm	kg	
8	80	42	3,9	5,9	7,6	5,9	19,4
9	90	46	4,2	6,3	9,0	7,0	25,9
10	100	50	4,5	6,8	10,6	8,3	34,1
11	110	54	4,8	7,2	12,3	9,6	43,3
12	120	58	5,1	7,7	14,2	11,1	54,5
13	130	62	5,4	8,1	16,1	12,6	67,0
14	140	66	5,7	8,6	18,2	14,2	81,7
15	150	70	6,0	9,0	20,4	15,9	97,9
16	160	74	6,3	9,5	22,8	17,8	117
17	170	78	6,6	9,9	25,2	19,7	137
18	180	82	6,9	10,4	27,9	21,7	161
19	190	86	7,2	10,8	30,5	23,8	185
20	200	90	7,5	11,3	33,4	26,1	214
21	210	94	7,8	11,7	36,3	28,3	244
22	220	98	8,1	12,2	39,5	30,8	278
23	230	102	8,4	12,6	42,6	33,2	314
24	240	106	8,7	13,1	46,1	35,9	353
25	250	110	9,0	13,6	49,7	38,7	396
26	260	113	9,4	14,1	53,3	41,6	441
27	270	116	9,7	14,7	57,1	44,5	491
28	280	119	10,1	15,2	61,0	47,6	541
29	290	122	10,4	15,7	64,8	50,6	594
30	300	125	10,8	16,2	69,0	53,8	652
32	320	131	11,5	17,3	77,7	60,6	781
34	340	137	12,2	18,3	86,7	67,6	922
36	360	143	13,0	19,5	97,0	75,7	1088
38	380	149	13,7	20,5	107	83,4	1262
40	400	155	14,4	21,6	118	91,8	1459
42½	425	163	15,3	23,0	132	103	1739
45	450	170	16,2	24,3	147	115	2040
47½	475	178	17,1	25,6	163	127	2375
50	500	185	18,0	27,0	179	140	2750
55	550	200	19,0	30,0	212	166	3602

Tabelle 6.

Die zulässige, gleichmäßig verteilte Nutzbelastung der ⊥-Träger auf 2 Stützen.

Größte Beanspruchung: 850 kg/qcm. Größte Durchbiegung: $\frac{1}{600}$ der Stützweite l.

Profil-Nr.	Widerstandsmoment	Zulässige Nutzlast in Tonnen bei der Nutzweite l (in cm)													
		100	150	200	250	300	350	400	450	500	600	700	800	1000	1200
8	19,4	1,31	0,87	0,49	0,30	0,20	0,14	0,10	0,07	0,05	0,02	—	—	—	—
9	25,9	1,75	1,16	0,74	0,46	0,31	0,22	0,16	0,12	0,08	0,04	0,01	—	—	—
10	31,1	2,31	1,51	1,07	0,68	0,46	0,33	0,24	0,18	0,13	0,07	0,03	—	—	—
11	43,3	2,93	1,95	1,45	0,95	0,65	0,46	0,34	0,26	0,20	0,11	0,06	0,02	—	—
12	54,5	3,70	2,46	1,83	1,31	0,90	0,65	0,48	0,37	0,28	0,17	0,10	0,04	—	—
13	67,0	4,54	2,92	2,25	1,75	1,20	0,87	0,65	0,50	0,38	0,23	0,14	0,07	—	—
14	81,7	5,54	3,68	2,75	2,19	1,58	1,15	0,86	0,66	0,51	0,32	0,20	0,12	0,01	—
15	97,9	6,63	4,41	3,29	2,62	2,04	1,48	1,11	0,84	0,67	0,43	0,27	0,17	0,03	—
16	117	7,94	5,28	3,94	3,14	2,60	1,89	1,43	1,10	0,87	0,56	0,36	0,23	0,06	—
17	137	9,29	6,18	4,62	3,68	3,05	2,36	1,78	1,38	1,09	0,71	0,47	0,31	0,10	—
18	161	10,9	7,27	5,43	4,33	3,58	2,96	2,23	1,74	1,38	0,90	0,61	0,41	0,15	0,01
19	185	12,6	8,35	6,24	4,97	4,12	3,51	2,73	2,12	1,69	1,11	0,76	0,52	0,21	0,03
20	214	14,5	9,66	7,23	5,76	4,77	4,07	3,32	2,59	2,06	1,37	0,94	0,65	0,29	0,07
21	244	16,6	11,0	8,24	6,57	5,45	4,64	3,99	3,11	2,49	1,66	1,14	0,80	0,37	0,11
22	278	18,9	12,6	9,39	7,49	6,21	5,29	4,60	3,73	2,98	1,99	1,38	0,98	0,46	0,16
23	314	21,3	14,2	10,6	8,46	7,02	5,98	5,21	4,41	3,53	2,37	1,65	1,18	0,59	0,23
24	353	23,9	15,9	11,9	9,51	7,89	6,74	5,86	5,17	4,16	2,80	1,96	1,41	0,85	0,32
25	396	26,9	17,9	13,4	10,7	8,77	7,56	6,58	5,82	4,89	3,50	2,32	1,68	0,89	0,41
26	441	29,9	19,9	14,9	11,9	9,87	8,42	7,33	6,48	5,66	3,83	2,71	1,96	1,05	0,52
27	491	34,3	22,2	16,6	13,2	10,0	9,28	8,17	7,22	6,56	4,43	3,14	2,29	1,25	0,64
28	541	36,7	24,5	18,3	14,6	12,1	10,3	9,01	7,96	7,12	5,10	3,62	2,65	1,46	0,78
29	594	40,3	26,8	20,1	16,0	13,3	11,4	9,10	8,75	7,83	5,84	4,15	3,05	1,70	0,95
30	652	44,3	29,5	22,1	17,6	14,6	12,5	10,9	9,61	8,60	6,63	4,74	3,49	1,97	1,09
32	781	53,0	35,3	26,4	21,1	17,5	15,0	13,0	11,5	10,3	8,49	6,11	4,52	2,60	1,31
34	922	62,6	41,7	31,2	24,9	20,6	17,7	15,4	13,6	12,2	10,0	7,72	5,73	3,33	1,97
36	1088	73,9	49,2	36,8	29,4	24,4	20,9	18,2	16,1	14,4	11,9	9,70	7,23	4,24	2,57
38	1262	85,7	57,1	42,7	34,1	28,4	24,2	21,1	18,7	16,7	13,8	11,7	8,93	5,30	3,26
40	1459	99,9	66,0	49,4	39,5	32,7	28,0	24,4	21,6	19,4	16,0	13,5	10,9	6,54	4,08
42½	1739	118	78,7	58,9	47,0	39,1	33,4	29,2	25,8	23,1	19,1	16,2	13,9	8,42	5,33
45	2040	139	92,3	69,1	55,2	45,9	39,2	34,2	30,2	27,2	22,4	19,0	16,4	10,6	6,77
47½	2375	161	107	80,5	64,3	53,5	45,7	39,8	35,3	31,7	26,2	22,2	19,2	13,1	9,51
50	2750	187	124	93,2	74,4	61,9	52,9	46,2	40,9	36,7	30,3	25,7	22,3	16,2	10,5
55	3602	245	163	122	97,6	81,1	69,4	60,6	53,7	48,2	39,8	33,8	29,3	22,8	15,6

Tabelle 7.
⌐-Eisen.

Normallänge 4–8 m. Maximallänge 12 m. Die Profilnummer entspricht der Höhe h in cm.

Die mit * bezeichneten Profile sind Normalprofile.

Profil-Nr.	Höhe h mm	Breite b mm	Steg δ mm	Flansch t mm	Fläche qcm	Gewicht pro m kg	Widerstands-moment W
*3	30	33	5	7	5,44	4,24	4,3
*4	40	35	5	7	6,21	4,85	7,1
*5	50	38	5	7	7,12	5,55	10,6
*6½	65	42	5,5	7,5	9,03	7,05	17,7
*8	80	45	6	8	11,0	8,60	26,5
*10	100	50	6	8,5	13,5	10,5	41,1
10½	105	65	8	8	17,3	13,5	54,7
11¾	117,5	65	10	10	22,6	17,6	76,1
*12	120	55	7	9	17,0	13,3	60,7
*14	140	60	7	10	20,4	15,9	86,4
14½	145	60	8	8	19,8	15,4	80,7

Profil-Nr.	Höhe h mm	Breite b mm	Steg δ mm	Flansch t mm	Fläche qcm	Gewicht pro m kg	Widerstands-moment W
*16	160	65	7,5	10,5	24,0	18,7	116
*18	180	70	8	11	28,0	21,8	150
20	200	75	8,5	11,5	32,2	25,1	191
*22	220	80	9	12,5	37,4	29,2	245
23½	235	90	10	12	42,4	33,1	292
*24	240	85	9,5	13	42,3	33,0	300
*26	260	90	10	14	48,3	37,7	371
26	260	90	10	10	41,6	32,5	300
*28	280	95	10	15	53,3	41,6	450
*30	300	100	10	16	58,8	45,8	535
30	300	75	10	10	42,8	33,3	328

Tabelle 8. Über die zulässige, gleichmäßig verteilte Belastung der ⊏-Eisen auf 2 Stützen.

(Die mit * versehenen Eisen sind Normalprofile.)

Größte Beanspruchung: 850 kg/qcm. Größte Durchbiegung $\frac{1}{500}$ der Stützweite l.

Profil-Nr.	Widerstands-moment	Zulässige Nutzlast in Tonnen bei der Stützweite l (in cm)													
		100	150	200	250	300	350	400	450	500	600	700	800	1000	1200
*3	4,26	0,16	0,07	0,03	0,01	—									
*4	7,10	0,36	0,15	0,08	0,05	0,03	0,01	—							
*5	10,6	0,67	0,29	0,16	0,10	0,06	0,04	0,02	0,01						
*6,5	17,7	1,20	0,64	0,35	0,22	0,14	0,10	0,06	0,04	0,02					
*8	26,5	1,79	1,19	0,66	0,41	0,28	0,19	0,14	0,09	0,07	0,02				
*10	41,1	2,78	1,85	1,30	0,82	0,55	0,39	0,28	0,22	0,16	0,08	0,03			
10½	54,7	3,71	2,46	1,81	1,11	0,77	0,55	0,41	0,30	0,23	0,12	0,06	0,01		
11¾	75,1	5,15	3,42	2,55	1,80	1,22	0,77	0,64	0,49	0,37	0,21	0,11	0,04		
*12	60,7	4,11	2,73	2,05	1,46	1,00	0,71	0,53	0,40	0,31	0,18	0,10	0,01		
*11	86,1	5,85	3,89	2,91	2,31	1,67	1,21	0,87	0,69	0,53	0,33	0,20	0,11		
14½	80,7	5,46	3,63	2,71	2,16	1,62	1,17	0,80	0,67	0,52	0,32	0,20	0,11		
*16	116	7,87	5,23	3,91	3,11	2,51	1,87	1,11	1,09	0,85	0,55	0,35	0,22	0,05	
*18	150	10,2	6,77	5,06	4,03	3,33	2,75	2,08	1,62	1,28	1,03	0,56	0,36	0,12	
*20	191	13,0	8,92	6,41	5,13	4,25	3,62	2,96	2,30	1,83	1,21	0,82	0,56	0,24	0,04
*22	245	16,6	11,1	8,27	6,58	5,46	4,65	3,83	3,27	2,61	1,74	1,20	0,94	0,40	0,13
23½	292	19,8	13,2	9,86	7,86	6,52	5,35	4,65	4,18	3,33	2,24	1,66	1,11	0,55	0,22
*24	300	20,4	13,5	10,1	8,08	6,70	5,71	4,97	4,39	3,60	2,36	1,65	1,18	0,59	0,25
*26	371	25,2	16,7	12,5	10,1	8,29	7,07	6,15	5,43	4,75	3,10	2,25	1,63	0,86	0,41
26	360	24,4	13,6	10,1	8,08	6,70	5,72	4,97	4,39	3,88	2,67	1,81	1,30	0,67	0,31
*28	450	30,6	20,3	15,2	12,1	10,1	8,59	7,48	6,61	5,91	4,22	2,98	2,18	1,19	0,62
*30	535	36,3	21,2	18,1	14,1	12,0	10,2	8,51	7,88	7,04	5,43	3,88	2,85	1,60	0,89
30	328	22,3	14,2	11,1	8,84	7,34	6,25	4,45	4,95	4,29	3,30	2,30	1,71	0,93	0,18

Einige Beispiele aus der Praxis.

Wie groß ist das Widerstandsmoment eines Balkens, der 21 cm hoch und 20 cm breit ist?

Nach der Tabelle 4 über Widerstandsmomente haben wir für diesen Fall die Formel:

$$W = \frac{b \cdot h^2}{6} = \frac{20 \cdot 21^2}{6} = 1920.$$

Wie groß darf die Last für solchen Balken sein, wenn er an beiden Enden unwandelbar befestigt ist, seine Länge 4 m beträgt und die Last gleichmäßig auf der ganzen Länge verteilt ist?

Für diesen Fall gilt die Formel b unter 5 auf Seite 60:

$$P = \frac{12 \cdot W \cdot k}{l} = \frac{12 \cdot 1920 \cdot 70}{400} = 4032 \text{ kg}.$$

In eine Wand soll ein ⊥-Eisen eingemauert werden, das am äußersten Ende (das ist in einer Entfernung von 1,2 m) eine Last von 500 kg tragen soll. Welches Profil ist zu nehmen?

Man hat hier die Formel:

$$W = \frac{P \cdot l}{k} = \frac{500 \times 120}{750} = 80.$$

Nach der Tabelle 5 auf S. 62 hat Profil Nr. 14 ein Widerstandsmoment von 81,7, das damit also der Anforderung entspricht.

Vermittels eines Flaschenzuges soll eine Last von 4000 kg hochgezogen werden, wozu ein Ausleger von 1,5 m Länge notwendig ist. Welchen Durchmesser muß letzterer haben, wenn kiefernes Rundholz dazu zur Verfügung steht?

Man hat hier die Gleichung:

$$W = \frac{P \cdot l}{k}.$$

Setzt man für W den Wert $0{,}0982\, d^3$ aus der Tabelle 4 auf S. 61, so hat man:

$$0{,}0982\, d^3 = \frac{P \cdot l}{k} \quad \text{und}$$

$$d^3 = \frac{P \cdot l}{k \cdot 0{,}0982} = \frac{4000 \cdot 150}{70 \cdot 0{,}0982} = 87330$$

beiderseits die Kubikwurzel gezogen, ergibt:

$$d = \sqrt[3]{87330} = 44{,}4 \text{ cm}.$$

Hat man ein Rundholz von diesem Durchmesser nicht zur Verfügung, so kann man zwei oder drei schwächere nehmen, die aber zusammen denselben Querschnitt haben müssen.

Einem Durchmesser von 44,4 entspricht nach Tabelle auf S. 244 ein Flächeninhalt von 1548 cm, die Hälfte hiervon sind 774 und ein Drittel 516 entsprechend einem Durchmesser von 31,4 und 25,6 cm.

In eine Wand soll eine Tür von 2 m Breite gebrochen werden. Das darüber befindliche Mauerwerk, 1½ Stein stark und 6 m hoch, soll durch 2 ⊥-Träger abgefangen werden. Welches Profil ist für die ⊥-Träger zu nehmen?

Mauerwerk, 1½ Stein stark, hat mit beiderseitigem Putz eine Stärke von 40 cm. Wir haben also 6 . 2 . 0,40 = 4,8 cbm Mauerwerk. Da 1 cbm Mauerwerk 2000 kg wiegt, so hat man für P 9600 kg.

Da die Träger an beiden Enden unwandelbar befestigt sind und die Last auf der ganzen Länge gleichmäßig verteilt ist, so gilt die Formel b unter 5 auf S. 60.

$$P = \frac{12 \cdot W \cdot k}{l} \quad \text{und hieraus:}$$

$$\frac{P \cdot l}{12 \cdot k} = W = \frac{9600 \cdot 200}{12 \cdot 750} = 213.$$

In der Tabelle 5 auf S. 62 finden wir $W = 117$ für $NP\,16$, dieses würde also den Anforderungen entsprechen, da wir 2 Stück nehmen wollen.

Nach der Tabelle 6 auf S. 63 müßten wir $NP.\,17$ nehmen; es ist aber hier zu berücksichtigen, daß diese Werte nur bei freier Auflage gelten, bei Einmauerung beider Enden kann man 20% mehr nehmen.

Welche Last bei gleichmäßiger Verteilung vermag ein $\top$-Träger $NP.\,20$ bei 4 m Länge und beiderseits freier Auflage zu tragen?

Wir haben hier die Gleichung:

$$P = \frac{8 \cdot W \cdot k}{b}.$$

Für W finden wir für $NP\,20$ in der Tabelle 5 auf S. 62 214

$$P = \frac{8 \cdot 214 \cdot 750}{400} = 3210.$$

An einem $\top$-Träger, der an beiden Enden in einer Entfernung von 4 m aufliegt, soll eine Last von 5000 kg in der Mitte aufgehängt werden. Welches Profil ist zu wählen?

Für diesen Fall gilt die Formel a unter 4 auf S. 60:

$$P = \frac{4 \cdot W \cdot k}{l}$$

$$W = \frac{P \cdot l}{4 \cdot k} = \frac{5000 \cdot 400}{4 \cdot 750} = 666.$$

Nach der Tabelle 5 auf Seite 62 hat man $W = 652$ für $NP\,30$, man kann aber auch $2 \times NP\,24$ mit je 353 für W nehmen.

Welchen Durchmesser d muß ein Kurbelzapfen aus Schmiedeeisen von 15 cm Länge haben, wenn er einer Belastung von 2000 kg ausgesetzt ist?

Da der Kurbelzapfen an einem Ende unwandelbar befestigt ist und auf der ganzen Länge eine gleichmäßige Belastung hat, so gilt hier der Fall 2 auf Seite 60. Es ist hier aber zu berücksichtigen, daß der Kurbelzapfen durch Lockerung der Lager oder anderer Unregelmäßigkeiten an der Maschine starken Erschütterungen ausgesetzt ist, infolgedessen kann man für k nur die knappe Hälfte seines Wertes der Tabelle 3 auf Seite 52, d. h. für diesen Fall nur 300 nehmen. Für Flußstahl kann man 400, für Gußstahl 250 und für Gußeisen nur 150 nehmen. Man hat also hier:

$$P = \frac{W \cdot k}{\frac{1}{2}\,l} \quad \text{und}$$

$$W = \frac{\frac{1}{2}\,l \cdot P}{k} = \frac{7.5 \cdot 2000}{300} = 50.$$

Nach Tabelle 4 auf S. 61 hat man

$$W = 0{,}0982 \cdot d^3 = 50$$

$$\sqrt[3]{\frac{50}{0{,}0982}} = d = 8 \text{ cm.}$$

Wie stark muß eine Achse oder Welle aus Schmiedeeisen gegen Durchbiegung sein, wenn die Entfernung zwischen zwei Lagern 200 cm und die Belastung in der Mitte ohne Berücksichtigung des Eigengewichts 5000 kg beträgt?

Bis zu welchem Durchmesser können die Zapfen bei einer Länge von 15 cm abgedreht werden?

Für den ersten Fall hat man, da die Welle an beiden Enden unwandelbar befestigt ist und die Last in der Mitte wirkt:

$$P . l = 8 . W . k.$$

Für k nimmt man auch hier, da man mit Schlagen und Erschütterungen rechnen muß, nur 300, man hat also:

$$W = \frac{P . l}{8 k} = \frac{5000 . 200}{8 . 300} = 416$$

$$W = 0{,}1 \, d^3 = 416$$

$$d = \sqrt[3]{\frac{416}{0{,}1}} = 16{,}2 \text{ cm}.$$

Für den Zapfendruck kommt nur die halbe Last in Frage, man hat hier:

$$W = \frac{\tfrac{1}{2} l . P}{k} = \frac{7{,}5 . 2500}{300} = 62{,}5$$

$$W = 0{,}1 \, d^3 = 62{,}5$$

$$d = \sqrt[3]{\frac{62{,}5}{0{,}1}} = 8{,}6 \text{ cm}.$$

Aus diesem Beispiel ist zu ersehen, daß die Spannungen im Querschnitt der Belastungsstelle und denjenigen der Zapfen verschieden ist. Diese Verminderung erfolgt nicht sprungweise, sondern stetig und für jeden Querschnitt proportional der Entfernung.

Liegt die Belastung nicht in der Mitte, so werden die Zapfen ungleich belastet, und zwar ist die Belastung umgekehrt proportional der Entfernung.

Bezeichnet l die ganze Länge der Achse,

       a die Entfernung der Last vom Zapfen A,

       b diejenige vom Zapfen B und

       P die Last, so hat man für den Zapfen A die Belastung:

$$A = \frac{b . P}{l} \quad \text{und für } B,$$

$$B = \frac{a . P}{l}.$$

Bei den Querschnitten zwischen dem Belastungspunkt und den Zapfen verhalten sich die Abmessungen der Querschnitte bei gleicher Form wie die Kubikwurzeln aus den sie beanspruchenden Momenten (das beanspruchende Moment ist Last $\times$ Entfernung).

Für die Berechnung einer unbekannten Querschnittsgröße aus der bekannten an beispielsweise runden Achsen gilt deshalb folgende Proportion, aus der man den unbekannten Durchmesser berechnen kann:

$$d : D = \sqrt[3]{x} : \sqrt[3]{l}$$

$$d = \frac{D \cdot \sqrt[3]{x}}{\sqrt[3]{l}}.$$

d ist in dieser Gleichung der gesuchte Durchmesser der Achse für die Entfernung x, während D der bekannte für die ganze Länge ist.

Im obigen Beispiel hat man für den Belastungspunkt, d. h. bei 100 cm Entfernung vom Zapfen, einen Durchmesser von 16,2 cm festgestellt, wie groß muß hier notwendig der Durchmesser bei einer Entfernung von 64 cm sein?

Wir haben hier nach der Gleichung:

$$d = \frac{16,2 \cdot \sqrt[3]{64}}{\sqrt[3]{100}} = 14 \text{ cm.}$$

Für den Zapfendurchmesser kommt aber in Betracht, daß er mit der Zeit abgenutzt und durch öfteres Nacharbeiten reichlich geschwächt werden kann; man soll ihn deshalb erheblich stärker nehmen. Auch nimmt man die Länge nicht willkürlich an, sondern bei Stahl 1—1,2 und bei Schmiedeeisen 1,2—1,5 des Durchmessers.

Bei Zapfen und Wellen kommt es aber nicht allein auf die Durchbiegung, sondern hauptsächlich auf die Verdrehung an, die im nächsten Abschnitt behandelt werden soll.

Torsions- oder Drehungsfestigkeit.

Durch Drehungskräfte wie Zahnräder und Riemenscheiben wird versucht, die Fasern des betreffenden auf Drehung beanspruchten Körpers schraubenförmig um die Schwerpunktsachse zu verwinden, wobei die von der neutralen Achse entferntesten Fasern im Verhältnis der Entfernung mehr beansprucht werden als die näheren. Es kommt deshalb darauf an, den mittleren Widerstand und hieraus das Widerstandsmoment oder polaren Querschnittsmodul der ganzen Fläche zu finden.

Bezeichnet beispielsweise bei einer runden Welle d den Durchmesser, so liegt die neutrale Achse, in der die Verdrehung gleich 0 ist, im Mittelpunkt; die Entfernung der äußersten Faser vom Mittelpunkt ist $\frac{d}{2}$. Da die Beanspruchung und Widerstand proportional der Entfernung wächst, so hat man als Mittelwert aller Beanspruchung $\frac{d}{4}$; dieses mit der Kreisfläche multipliziert gibt den polaren Querschnittsmodul des Kreises und ferner mit K die zulässige Beanspruchung des Querschnitts.

Man hat also: $F \cdot \frac{d}{4} = \frac{\pi d^2}{4} \cdot \frac{d}{4} = \frac{\pi d^3}{16}$ als den polaren Querschnittsmodul.

Bezeichnet man die Kraft mit P und den Hebelarm, an dem sie wirkt, mit R, so hat man:

$$P \cdot R = \frac{\pi \cdot d^3}{16} \cdot k, \text{ und hieraus:}$$

$$P = \frac{\pi \cdot d^3 \cdot k}{16 \cdot R}$$

$$R = \frac{\pi \cdot d^3 \cdot k}{16 \cdot P}$$

$$d = \sqrt{\frac{16 \cdot P \cdot R}{k \cdot \pi}}.$$

Als zulässige Belastung für k kann man $^4/_5$ des beim Druck Zulässigen setzen, bei starken und schroffen Belastungswechseln jeder Art nehme man aber auch hier nur die Hälfte bzw. ein Drittel.

In der folgenden Tabelle sind auch noch Querschnittsmodule anderer Querschnittsprofile enthalten.

Tabelle 9.	
Querschnittsprofil	Polarer Querschnittsmodul
	$\dfrac{\pi\, d^3}{16}$
	$\dfrac{\pi}{16} \cdot \dfrac{D^4 - d^4}{D}$
	$\dfrac{1}{3 \sqrt{2}} \cdot a^3 = 0.236\, a^3$
	$\dfrac{1}{3} \cdot \dfrac{b^2 \cdot h^2}{\sqrt{b^2 + h^2}}$

Wir haben aber gefunden:

$$P \cdot R = \frac{\pi \cdot d^3 \cdot k}{16}.$$

Für die Praxis ist aber auch von Wichtigkeit, daß

$$P \cdot R = \frac{75 \cdot 60 \cdot N}{2 \cdot \pi \cdot n} = 716,2 \, \frac{N}{n}, \text{ wenn bezeichnet:}$$

P die auf Drehung wirkende Kraft in kg,
R den Hebelarm, an dem P wirkt, in m,
N die Anzahl der zu übertragenden Pferdestärken,
n die Anzahl der Umdrehungen in der Minute,
d den Durchmesser der auf Drehung beanspruchten Welle in mm.

Für glatte Transmissionswellen aus Schmiedeeisen findet man den passenden Durchmesser, wenn man ihn so groß berechnet, daß die Verdrehung der Welle für das laufende m ¼ Grad beträgt; demgemäß erhält man mit Rücksicht auf die Verdrehung in cm:

$$d = 2,32 \sqrt[4]{PR} = 12,0 \sqrt[4]{\frac{N}{n}}.$$

Da die Tabelle 10 obiger Formel entspricht, so kann man die Werte einfacher gleich ablesen.

Tabelle 10.

$\frac{d}{mm}$	$P \cdot R$	$\frac{N}{n}$	$\frac{d}{mm}$	$P \cdot R$	$\frac{N}{n}$	$\frac{d}{mm}$	$P \cdot R$	$\frac{N}{n}$
30	2,79	0,0039	85	180,27	0,2517	140	1326,83	1,8526
35	5,16	0,0072	90	226,61	0,3164	145	1526,79	2,1318
40	8,81	0,0123	95	281,32	0,3928	150	1748,53	2,4414
45	14,18	0,0198	100	345,35	0,4822	155	1993,61	2,7836
50	21,56	0,0301	105	419,84	0,5862	160	2263,55	3,1605
55	31,58	0,0441	110	505,71	0,7061	170	2884,70	4,0278
60	44,76	0,0625	115	604,11	0,8435	180	3625,80	5,0625
65	61,66	0,0861	120	716,20	1,0000	190	4501,10	6,2847
70	82,94	0,1158	125	843,25	1,1774	200	5526,20	7,7160
75	109,29	0,1526	130	986,49	1,3774	210	6717,10	9,4780
80	141,45	0,1975	135	1147,21	1,6018	250	13423,00	18,800

Tabelle 11.

Zur Ermittelung von Wellendurchmesser, Pferdestärken und Umlaufzahl, wenn zwei Angaben vorhanden und die dritte gefunden werden soll.

Die Zahlen in der Mitte geben den Wellendurchmesser.

N	Umlaufzahl in der Minute $= n$														
H.P.	40	60	80	100	120	140	160	180	200	225	250	275	300	350	400
1	50	45	45	40	40	35	35	35	35	35	35	30	30	30	30
2	60	55	50	50	45	45	40	40	40	40	40	35	35	35	35
3	65	60	55	50	50	50	45	45	45	45	40	40	40	40	40
4	70	65	60	55	55	50	50	50	50	45	45	45	45	40	40
5	75	65	60	60	55	55	55	50	50	50	50	45	45	45	45
6	75	70	65	60	60	55	55	55	50	50	50	50	50	45	45
7	80	75	70	65	60	60	55	55	55	55	50	50	50	50	45
8	85	75	70	65	65	60	60	55	55	55	55	50	50	50	50
9	85	75	70	70	65	65	60	60	60	55	55	55	50	50	50
10	85	80	75	70	65	65	60	60	60	55	55	55	55	50	50
11	90	80	75	70	70	65	65	60	60	60	55	55	55	55	50
12	90	85	75	75	70	65	65	65	60	60	60	55	55	55	50
13	95	85	80	75	70	70	65	65	65	60	60	60	55	55	55
14	95	85	80	75	75	70	70	65	65	60	60	60	60	55	55
15	95	85	80	75	75	70	70	65	65	65	60	60	60	55	55
16	100	90	85	80	75	70	70	70	65	65	65	60	60	60	55
17	100	90	85	80	75	75	70	70	65	65	65	60	60	60	55
18	100	90	85	80	75	75	70	70	70	65	65	65	60	60	60
19	100	90	85	80	80	75	75	70	70	65	65	65	65	60	60
20	105	95	85	85	80	75	75	70	70	70	65	65	65	60	60
25	110	100	90	85	85	80	80	75	75	70	70	70	65	65	60
30	115	105	95	90	85	85	80	80	75	75	70	70	70	65	65
35	120	105	100	95	90	85	85	80	80	80	75	75	75	70	70
40	120	110	105	100	95	90	85	85	85	80	80	75	75	70	70
45	125	115	105	100	95	95	90	85	85	85	80	80	75	75	70
50	130	115	110	105	100	95	90	90	85	85	85	80	80	75	75
55	130	120	110	105	100	95	95	90	90	85	85	85	80	80	75
60	135	120	115	110	105	100	95	95	90	90	85	85	85	80	75

N H.P.	Umlaufzahl in der Minute $= n$														
	40	60	80	100	120	140	160	180	200	225	250	275	300	350	400
65	140	125	115	110	105	100	100	95	95	90	90	85	85	80	80
70	140	125	120	110	105	105	100	95	95	90	90	90	85	85	80
75	145	130	120	115	110	105	100	100	95	95	90	90	85	85	80
80	145	130	120	115	110	105	105	100	100	95	95	90	90	85	85
85	145	135	125	120	115	110	105	100	100	95	95	90	90	85	85
90	150	135	125	120	115	110	105	105	100	100	95	95	90	90	85
95	150	135	130	120	115	110	110	105	100	100	95	95	90	90	85
100	155	140	130	120	115	115	110	105	105	100	100	95	95	90	85
105	155	140	130	125	120	115	110	105	105	100	100	95	95	90	90
110	155	140	130	125	120	115	110	110	105	105	100	100	95	90	90
115	160	145	135	125	120	115	115	110	105	105	100	100	95	95	90
120	160	145	135	130	120	120	115	110	110	105	100	100	100	95	90
130	—	150	140	130	125	120	115	115	110	105	105	100	100	95	95
140	—	150	140	135	125	120	120	115	110	110	105	105	100	100	95
150	—	155	145	135	130	125	120	115	115	110	110	105	105	100	95
160	—	155	145	135	130	125	120	120	115	110	110	105	105	100	100
170	—	160	145	140	135	130	125	120	120	115	110	110	105	105	100
180	—	160	150	140	135	130	125	120	120	115	115	110	110	105	100
190	—	160	150	145	135	130	130	125	120	120	115	110	110	105	100
200	—	—	155	145	140	135	130	125	120	120	115	115	110	105	105
220	—	—	155	150	140	135	130	130	125	120	120	115	115	110	105
240	—	—	160	150	145	140	135	130	130	125	120	120	115	110	110
260	—	—	165	155	145	140	135	135	130	125	125	120	120	115	110
280	—	—	165	160	150	145	140	135	135	130	125	120	120	115	110
300	—	—	170	160	150	145	140	140	135	130	130	125	120	120	115
320	—	—	170	165	155	150	145	140	135	135	130	125	125	120	115
340	—	—	175	165	160	150	145	145	140	135	130	130	125	120	120
360	—	—	180	170	160	155	150	145	140	135	135	130	130	125	120

Beispiele aus der Praxis.

Wie groß kann die Kraft für eine runde schmiedeeiserne Welle von 8 cm Durchmesser ohne Rücksicht auf Verdrehung sein, wenn sie durch eine Riemenscheibe von 60 cm Durchmesser auf Drehung beansprucht wird?

Wir haben hier:

$$P = \frac{\pi \cdot d^3 \cdot k}{16 \cdot R} = \frac{3.14 \cdot 8 \cdot 8 \cdot 8 \cdot 600}{16 \cdot 30} = 2010 \text{ kg.}$$

Wie groß muß der Durchmesser einer schmiedeeisernen Welle ohne Rücksicht auf zulässige Verdrehung sein, wenn sie von einer Kraft von 2000 kg mit einer Riemenscheibe von 100 cm Durchmesser auf Drehung beansprucht wird?
Wir haben hier:

$$d = \sqrt[3]{\frac{16 \cdot P \cdot R}{k \cdot \pi}} = \sqrt[3]{\frac{16 \cdot 2000 \cdot 50}{600 \cdot 3 \cdot 14}} = 9,5 \text{ cm}.$$

An welchem Halbmesser einer Riemenscheibe kann bei einem Wellendurchmesser von 10 cm eine Kraft von 3000 kg angreifen, ohne daß die zulässige Beanspruchung auf Drehung überschritten wird?
Wir haben hier:

$$R = \frac{\pi \cdot d^3 \cdot k}{16 \cdot P} = \frac{3,14 \cdot 10^3 \cdot 600}{16 \cdot 3000} = 39 \text{ cm}.$$

Diese letztere Frage kann z. B. in Betracht kommen, wenn eine Arbeitsmaschine langsamer gehen muß, was dadurch erreicht werden soll, daß das Vorgelege durch eine größere Scheibe langsamer geht.
Wie groß muß die Seite einer quadratischen schmiedeeisernen Welle sein, wenn P 2000 und R 40 sind?
Wir haben hier:

$$P \cdot R = 0{,}236 \, a^3 \cdot k$$

$$a = \sqrt[3]{\frac{P \cdot R}{0{,}236 \cdot k}} = \sqrt[3]{\frac{2000 \cdot 40}{0{,}236 \cdot 600}} = 8{,}3 \text{ cm}.$$

Welchen Durchmesser müßte bei denselben Verhältnissen eine runde Welle haben?
Wir haben hier:

$$d = \sqrt[3]{\frac{16 \cdot P \cdot R}{k \cdot \pi}} = \sqrt[3]{\frac{16 \cdot 2000 \cdot 40}{600 \cdot 3{,}14}} = 8{,}8 \text{ cm}.$$

Vergleicht man beide Querschnittsflächen, so findet man bei der runden die kleinste; sie ist also betreffs Materialverbrauchs die vorteilhafteste.
Wie stark muß eine schmiedeeiserne runde Welle sein für die Übertragung von 40 Pferdekräften bei 80 Umdrehungen in der Minute, wenn auf die zulässige Verdrehung Rücksicht genommen wird?
Wir haben hierfür die Formel:

$$d = 12 \sqrt[3]{\frac{N}{n}}$$

$$\frac{N}{n} = 0{,}5$$

Um die Tabelle 47 benutzen zu können, nehme man erst die Quadratwurzel = 0,70, und hieraus wieder die Quadratwurzel = 0,84.

$$0{,}84 \cdot 12 = 10{,}1 \text{ cm}.$$

Aus der Tabelle 11 auf S. 72 finden wir nach oben abgerundet 10,5 cm.
Wieviel Umdrehungen muß eine runde Welle von 12 cm Durchmesser machen, wenn sie 100 Pferdekräfte übertragen soll?
Wir haben hier die Formel:

$$d = 12 \sqrt[4]{\frac{N}{n}} \quad \text{und daraus}$$

$$n = \frac{N}{\left(\dfrac{d}{12}\right)^4} \cdot 100.$$

welchen Wert wir auch in der Tabelle 11 auf S. 73 finden.

Wieviel Pferdekräfte kann eine schmiedeeiserne runde Welle von 8 cm Durchmesser bei 200 Umdrehungen übertragen?

Wir haben hier:

$$N = \left(\frac{d}{12}\right)^4 \cdot n = 39.$$

Im allgemeinen ist über Wellen für Transmissionen noch zu bemerken, daß man sie bei einem Durchmesser von 30—45 mm nicht länger als 4—6 m und bei größerem nicht länger als 7 m nimmt.

Um die Wellen so schwach wie möglich nehmen zu können, nehme man eine möglichst hohe Umdrehungszahl. Bei langsamgehenden Arbeitsmaschinen kann man 100—150 und bei schnellaufenden bis 250 und unter Umständen auch bis 400 nehmen.

Bei langen Transmissionen ist gewöhnlich die Übertragung am Ende eine erheblich geringere, infolgedessen kann dort die Welle dementsprechend schwächer genommen werden. Wenn z. B. eine Welle bei 100 Touren 60 Pferdekräfte zu übertragen hat, und zwar am Anfang, in der Mitte und am Ende je 20, so hat man die Welle für den Anfang auf 60, in der Mitte auf 40 und am Ende auf 20 Pferdekräfte zu berechnen, wobei man nach der Tabelle 11 auf Seite 72 Wellendurchmesser von 11, 10 und 8,5 cm erhält.

Die Verbindung solcher Wellenstränge geschieht vermittels Kuppelungen, und zwar am besten in der Weise, daß man die stärkere Welle am Ende auf den Durchmesser der schwächeren abdreht, oder man nehme Reduktionskuppelungen, wobei zu beachten ist, daß die Kuppelung möglichst nahe an einem Lager angebracht wird.

Für die Hauptwelle mit starkem Riemenzug nehme man den Durchmesser etwas größer, als in der Tabelle 11 auf Seite 72 vorgesehen ist, oder man lagere die Welle noch einmal möglichst nahe an der Scheibe, während man im übrigen die Lagerung nach der folgenden Tabelle vornehmen kann. Die Entfernung kann aber um 50 % vergrößert werden, wenn alle Riemenscheiben sich dicht bei den Lagern befinden, wobei aber immer darauf zu sehen ist, daß genügend Raum für die Manipulation mit den Riemen bleibt.

Tabelle 12.

Durchmesser der Welle . . .	30	40	50	60	70	80	90	100	110 mm
Entfernung der Lagermitten	1,70	1,80	1,90	2,00	2,10	2,20	2,30	2,40	2,50 m

Jeder Wellenstrang muß mit mindestens einem Paar Stellringen versehen sein, die eine seitliche Verschiebung der Welle zu verhindern haben und die möglichst am vordersten Lager anzubringen sind.

Zerknickungsfestigkeit.

Die Zerknickungsfestigkeit ist genau genommen nur eine zusammengesetzte Beanspruchung auf Biegung und Druck, die in der Praxis hauptsächlich bei Säulen und Pfeilern eine große Rolle spielt.

Ein auf Zerknickung beanspruchter Körper wird um so widerstandsfähiger sein, je größer der Widerstand des Materials gegen Formveränderung ist, d. h. je größer sein Elastizitätsmodul und je größer das Trägheitsmoment ist. Umgekehrt wird er um so weniger widerstandsfähig sein, je größer seine Länge ist.

Für die Art und Weise der Beanspruchung kommen, wie in folgenden Figuren ersichtlich, vier Fälle in Frage.

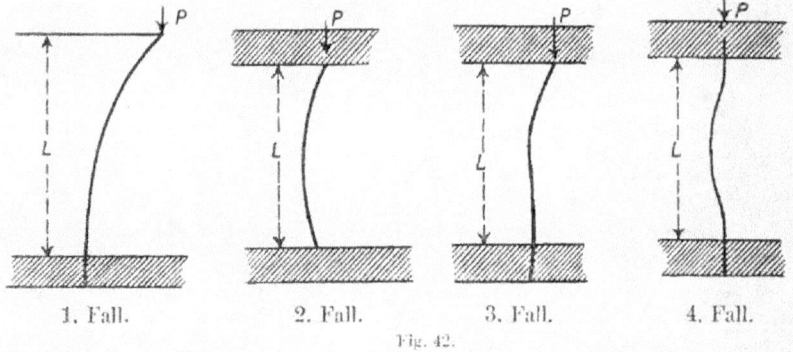

1. Fall.   2. Fall.   3. Fall.   4. Fall.

Fig. 42.

In den folgenden Formeln, die sich in elementarer Weise nicht ableiten lassen, bedeutet:

$P =$ Bruchbelastung in kg,
$J =$ Trägheitsmoment,
$E =$ Elastizitätsmodul,
$L =$ Länge des Körpers in mm.

1. Fall. Der Körper ist unten befestigt und kann oben ausweichen. Der gefährliche Querschnitt liegt an der Befestigungsstelle:

$$P = \frac{\pi^2}{4} \cdot \frac{JE}{L^2}.$$

2. Fall. Der Körper ist an beiden Enden frei beweglich, ohne daß die Enden ausweichen können. Der gefährliche Querschnitt liegt

hierbei in der Mitte, so daß man hier, genau genommen, nur den ersten Fall mit halber Länge hat. Die Formel ist dementsprechend:

$$P = \pi^2 \cdot \frac{J E}{L^2}.$$

3. Fall. Der Körper ist unten befestigt und oben lose, ohne aber ausweichen zu können:

$$P = 2 \pi^2 \cdot \frac{J E}{L^2}.$$

4. Fall. Der Körper ist an beiden Enden befestigt:

$$P = 4 \pi^2 \cdot \frac{J E}{L^2}.$$

Die in den vier Fällen erhaltenen Werte hat man aber noch durch einen Sicherheitskoeffizienten zu dividieren, der für Gußeisen 8—10, für Schmiedeeisen und Stahl 5—6 und für Holz 10—12 beträgt. Nach Prüfung des Querschnitts für die Zerknickung hat man auch noch nachzurechnen, ob derselbe genügend groß für die Druck-belastung ist.

Bei Körpern, die je nach Achsenrichtung verschiedene Trägheits-momente haben, nehme man für J bei der Zerknickung das kleinste.

Z. B. nehme man bei einem länglichen Rechteck für $J = \dfrac{b H^3}{12}$ die kleinere Seite als Höhe H und die größere als Breite b.

Beispiel.

Welche Durchmesser muß eine gußeiserne Hohlsäule haben, die 4000 mm lang sein muß und eine Last von 50000 kg zu tragen hat?
Für die Zerknickung kommt der 2. Fall in Frage:

$$P = \pi^2 \frac{J E}{L^2}$$

J ist für eine Ringfläche nach der Tabelle 4 auf Seite 61.

$J = \dfrac{\pi}{64} \cdot D^4 - d^4$, diesen Wert eingesetzt, hat man:

$$P = \frac{\pi^2 \cdot \frac{\pi}{64} \cdot (D^4 - d^4) E}{n \cdot L^2},$$ in welcher Formel n noch einen Sicherheits-

koeffizienten von 10 und E das Elastizitätsmodul nach der Tabelle 3 auf Seite 52 von 10000 bedeutet.
Für die Druckbelastung ist aber auch:

$$P = \frac{\pi (D^2 - d^2)}{4} \cdot k;$$

k ist nach der Tabelle 3 auf Seite 52 mit 5 pro qmm einzusetzen.

Dividiert man die erste Formel durch die zweite, so erhält man:

$$\frac{P}{P'} = 1 - \frac{\dfrac{\pi^3 \cdot (D^4 - d^4) \cdot E}{64 \cdot n \cdot L^2}}{\dfrac{\pi (D^2 - d^2) k}{4}} = \frac{4 \pi^3 (D^4 - d^4) E}{64 \cdot n \cdot L^2 \cdot \pi \cdot (D^2 - d^2) k}$$

$$1 - \frac{\pi^2 (D^2 + d^2) E}{16 \cdot k \cdot n \cdot L^2} \text{ und hieraus } D^2 + d^2 = \frac{16 \, k \cdot n \cdot L^2}{\pi^2 \cdot E};$$

Anderseits ist $P = \dfrac{\pi (D^2 - d^2) k}{4}$ und hieraus $D^2 - d^2 = \dfrac{4 \cdot P}{\pi \cdot k}$; beides addiert

ergibt: $2 \, D^2 = \dfrac{16 \cdot k \cdot n \, L^2}{\pi^2 \cdot E} + \dfrac{4 \, P}{\pi \cdot k}$ und hieraus:

$$D = \sqrt{\frac{8 \cdot k \cdot n \cdot L^2}{\pi^2 \cdot E} + \frac{2 \, P}{\pi \cdot k}}$$

Die Werte eingesetzt:

$$D = \sqrt{\frac{8 \cdot 5 \cdot 10 \cdot 4000 \cdot 4000}{3,14 \cdot 3,14 \cdot 10\,000} + \frac{2 \cdot 50\,000}{3,14 \cdot 5}} = 266 \text{ mm.}$$

Dieselben Gleichungen subtrahiert, ergibt:

$$2 \, d^2 = \frac{16 \cdot k \cdot n \cdot L^2}{\pi^2 \cdot E} - \frac{4 \, P}{\pi \cdot k} \text{ und hieraus:}$$

$$d = \sqrt{\frac{8 \cdot k \cdot n \cdot L^2}{\pi^2 \cdot E} - \frac{2 \, P}{\pi \cdot k}}$$

Dieselben Werte eingesetzt, ergibt:

$$d = \sqrt{\frac{8 \cdot 5 \cdot 10 \cdot 4000 \cdot 4000}{3,14 \cdot 3,14 \cdot 10\,000} - \frac{2 \cdot 50\,000}{3,14 \cdot 5}} = 212 \text{ mm.}$$

Die Säule muß also einen äußeren Durchmesser von 266 mm bei 12 mm Wandstärke haben. Da etwas mehr an Eisen bei der Bedeutung der Säulen keine große Rolle spielt, so gehe man bei diesem Durchmesser der Säule nicht unter eine Wandstärke von 18 mm.

Mit Hilfe der folgenden Tabellen kann man die umständliche Ausrechnung vermeiden. Man findet dort z. B. bei obiger Belastung von 5000 kg bei 4 m Länge einen Durchmesser von 250 mm bei 18 mm Wandstärke. Gleichzeitig sind dort auch noch die Gewichte pro m der Säulen in kg angegeben.

Tabelle 13.
Gußeiserne runde Hohlsäulen (Tangerhütte).

Äußerer Durchm. mm	Wand-dicke mm	Gewicht pro m kg	Tragfähigkeit der Säulen in t bei einer Länge in m von:												
			2,0	2,5	3,0	3,5	4,0	4,5	5,0	5,5	6,0	6,5	7,0	7,5	8,0
80	10	17	5,2	3,8	2,6	1,8	1,3	1,0	0,8	0,6	0,5	0,4	0,4	0,3	0,3
80	14	22	6,5	5,0	3,5	2,2	1,7	1,4	1,2	0,8	0,7	0,5	0,4	0,4	0,3
90	10	19	7,4	5,2	3,8	2,9	2,1	1,6	1,3	1,0	0,8	0,7	0,6	0,5	0,4
90	14	25	9,0	6,3	4,9	3,5	2,6	2,6	1,6	1,3	1,1	0,8	0,7	0,6	0,5
100	10	21	10,0	7,0	5,2	4,4	3,1	2,4	1,8	1,4	1,2	1,0	0,8	0,7	0,6

Äußerer Durchm. mm	Wand-dicke mm	Gewicht pro m kg	Tragfähigkeit der Säulen in t bei einer Länge in m von:												
			2,0	2,5	3,0	3,5	4,0	4,5	5,0	5,5	6,0	6,5	7,0	7,5	8,0
100	14	28	12,1	8,9	6,5	5,1	4,0	2,9	2,3	1,8	1,5	1,2	1,0	0,9	0,8
100	18	34	14,3	11,6	7,5	6,1	4,3	3,3	2,6	2,1	1,8	1,3	1,2	1,0	0,8
110	10	23	12,6	8,7	6,9	5,6	4,3	3,4	2,6	2,2	1,8	1,4	1,2	1,0	0,8
110	14	32	16,6	11,7	8,8	6,8	5,4	4,1	3,2	2,6	2,2	1,7	1,4	1,2	1,1
110	18	39	19,2	13,6	10,2	7,9	6,3	4,7	3,7	3,0	2,4	1,9	1,7	1,4	1,2
120	10	31	15,2	13,5	10,1	7,8	6,2	5,2	4,0	3,3	2,6	1,9	1,6	1,3	1,2
120	14	40	21,4	16,5	12,3	10,2	7,7	6,3	4,9	3,9	3,2	2,4	2,0	1,7	1,4
120	18	47	25,4	18,3	14,1	1,1	8,7	7,4	5,5	4,4	3,6	2,7	2,3	2,0	1,7
130	10	29	15,9	13,6	11,0	8,6	6,9	5,6	4,7	3,8	3,1	2,6	2,1	1,8	1,5
130	14	39	22,4	20,0	14,1	11,0	8,9	7,3	5,1	4,8	3,9	3,2	2,7	2,2	1,9
130	18	50	26,4	22,5	16,8	13,1	10,5	8,6	7,1	5,7	4,6	3,7	3,1	2,7	2,3
140	10	31	17,6	16,0	13,5	10,6	8,6	7,0	5,9	5,0	4,1	3,4	2,8	2,4	2,0
140	14	42	23,8	22,3	17,5	13,8	11,0	9,1	7,6	6,4	5,2	4,3	3,5	3,0	2,5
140	18	52	29,3	25,0	20,9	16,1	13,1	11,3	9,1	7,4	6,0	5,0	4,1	3,5	2,9
150	12	41	24,4	22,3	19,8	15,9	13,1	9,8	8,2	6,9	6,0	5,1	4,2	3,5	3,0
150	16	51	29,3	27,8	23,5	18,5	14,9	12,3	10,3	8,8	7,4	6,2	5,1	4,2	3,6
150	20	66	35,3	33,3	27,4	21,5	17,3	14,3	12,0	10,2	8,4	7,1	5,8	4,9	4,2
160	12	42	24,7	23,3	22,6	17,8	13,9	12,1	10,1	8,4	7,4	6,8	5,5	4,6	3,9
160	16	55	31,9	30,3	28,1	22,2	18,0	14,9	12,5	10,6	9,2	8,2	6,7	5,5	4,7
160	20	66	38,7	36,6	32,9	26,0	21,0	17,3	14,6	12,4	10,7	9,2	7,6	6,2	5,4
170	12	44	26,2	26,1	25,9	21,4	17,1	15,5	11,8	10,0	8,1	8,0	7,0	5,7	4,8
170	16	59	35,2	33,7	32,3	26,6	21,4	17,6	14,9	12,8	11,0	10,2	8,7	7,1	6,0
170	20	72	42,4	40,6	38,9	31,0	25,1	20,7	17,4	14,8	12,8	11,9	9,7	8,0	6,8
170	24	83	48,7	46,3	43,9	33,7	28,1	25,0	19,8	16,9	14,3	13,0	10,5	8,7	7,4
180	12	48	29,3	28,2	27,2	24,8	20,3	18,7	14,1	12,1	9,5	9,4	8,5	7,3	6,1
180	16	63	38,0	36,5	35,1	31,5	25,3	21,1	18,7	15,1	13,6	11,9	10,7	9,1	7,6
180	20	76	45,9	43,7	42,4	36,8	29,8	24,7	20,8	17,9	15,4	14,2	12,8	10,6	8,8
180	24	89	52,2	49,1	47,0	40,8	33,2	27,6	23,3	20,9	17,3	15,9	13,8	11,3	9,5
190	12	51	31,4	30,4	29,3	28,4	23,7	19,5	16,5	14,0	12,2	10,8	9,7	8,8	7,6
190	16	66	40,5	39,1	37,8	35,8	29,6	24,6	20,6	17,7	15,3	13,7	12,3	11,1	9,4
190	20	81	49,2	47,4	45,7	42,6	34,7	28,9	24,4	20,7	18,3	16,2	14,6	13,1	10,9
190	24	94	56,4	53,8	51,4	47,7	39,1	32,7	27,4	23,7	20,7	18,7	16,8	14,5	12,1
200	14	62	37,6	36,2	34,9	33,5	30,1	25,1	21,3	18,2	15,8	13,9	12,6	11,4	10,4
200	18	78	47,2	45,5	43,6	41,6	36,7	61,7	25,9	22,2	19,2	17,0	15,3	13,9	12,5

Äußerer Durchm. mm	Wanddicke mm	Gewicht pro m kg	Tragfähigkeit der Säulen in t bei einer Länge in m von:												
			2,0	2,5	3,0	3,5	4,0	4,5	5,0	5,5	6,0	6,5	7,0	7,5	8,0
200	22	93	56,4	54,2	52,0	49,8	42,6	35,4	30,0	25,7	22,3	19,8	17,8	16,1	14,0
200	26	107	64,9	62,3	59,7	57,1	47,7	39,8	33,5	28,8	24,9	22,2	20,0	18,0	15,2
200	30	120	71,9	68,6	65,0	61,0	51,8	43,4	36,8	31,6	27,4	24,4	21,9	19,7	16,3
210	14	65	40,0	38,6	37,2	35,8	34,5	28,6	24,2	22,7	18,1	15,5	14,1	12,8	11,7
210	18	82	55,2	48,4	46,5	44,7	41,9	34,9	29,5	25,1	22,0	19,0	17,2	15,6	14,2
210	22	98	60,0	57,8	55,6	53,5	49,0	40,8	36,3	29,3	25,8	22,7	20,5	18,7	17,0
210	26	114	69,2	66,6	64,1	61,5	55,0	52,8	38,9	33,4	29,0	25,6	23,1	20,9	19,1
210	30	126	73,2	70,3	67,4	64,5	57,7	50,2	41,1	35,3	30,7	28,0	25,3	22,9	20,5
220	14	69	42,2	40,8	39,4	38,0	36,6	32,4	27,5	23,6	20,6	17,4	15,9	14,4	13,2
220	18	86	53,2	51,5	49,7	47,9	46,2	40,0	33,9	29,2	25,5	21,9	20,0	18,2	16,7
220	22	104	63,6	61,0	59,3	57,1	55,0	46,5	39,5	33,9	29,5	25,4	23,1	21,1	19,2
220	26	119	73,5	71,0	68,4	65,8	63,3	52,1	44,4	38,2	33,1	28,5	26,0	23,6	21,6
220	30	134	81,8	78,0	75,0	71,7	68,4	56,6	48,3	41,8	36,2	31,3	28,3	25,8	23,5
230	14	72	44,6	43,3	41,9	40,5	39,1	36,7	31,2	26,9	23,4	19,5	17,9	16,3	14,9
230	18	90	56,2	54,5	52,7	50,3	49,0	45,0	38,2	32,9	28,6	23,7	21,7	19,8	18,1
230	22	108	67,3	65,2	63,1	60,8	58,7	52,9	44,8	42,9	33,5	28,5	26,0	23,7	21,7
230	26	130	77,7	75,2	72,6	70,0	67,5	59,4	50,3	43,4	37,8	32,0	29,2	26,5	24,3
230	30	146	86,6	83,3	79,9	76,5	73,2	64,4	54,8	47,2	41,2	35,1	31,9	29,0	26,4
240	14	75	46,9	45,6	44,2	42,7	41,3	38,7	34,9	30,0	26,2	21,2	19,4	17,8	16,3
240	18	95	59,2	57,5	55,7	53,9	46,0	40,9	37,0	34,2	30,4	26,7	24,5	22,5	20,6
240	22	120	66,3	62,1	57,7	55,5	49,0	44,6	40,7	37,1	33,9	30,9	28,3	25,9	23,7
240	26	140	76,9	72,0	66,9	62,0	56,6	51,7	47,2	43,0	39,3	35,8	32,9	30,1	27,4
240	30	155	86,5	80,7	74,8	68,7	62,7	57,2	52,0	47,3	43,1	39,2	35,8	32,7	29,9
250	14	79	49,2	48,0	46,6	45,2	43,8	42,4	39,1	33,8	29,5	—	21,9	—	18,6
250	18	99	62,0	60,3	58,6	56,7	54,9	53,1	48,0	41,4	36,1	—	26,5	—	22,4
250	22	119	74,6	72,6	70,5	68,2	66,1	63,9	56,7	48,9	42,6	—	31,8	—	26,9
250	26	138	86,3	83,9	81,2	78,6	76,0	73,4	63,8	55,0	47,9	—	35,7	—	30,0
250	30	156	95,0	93,5	92,0	89,0	86,1	82,4	70,9	61,2	53,3	—	40,4	—	34,0
250	34	173	102,4	101,3	100,0	96,0	92,2	87,9	75,6	·65,3	57,4	—	43,4	—	36,2
300	16	108	68,6	67,3	65,3	64,3	62,6	61,0	59,4	57,9	53,7	—	36,1	—	31,3
300	20	133	84,7	83,0	81,3	79,3	77,3	75,3	73,3	71,4	65,2	—	44,5	—	38,5
300	24	157	100,2	98,2	96,1	93,9	91,5	89,1	86,7	84,5	76,0	—	52,6	—	45,0
300	28	181	114,8	112,3	109,6	106,9	104,0	101,1	98,4	94,7	84,5	—	57,7	—	49,8
300	32	198	127,9	125,1	122,1	119,0	115,8	112,6	109,0	105,4	92,4	—	64,9	—	56,0

Tabelle 11.
Säulen aus Quadranteisen (Schmiedeeisen).

Normal-profil Nr.	Wand-stärke mm	Quer-schnitt in qcm	Gew. f. 1 lfd. m Säulen-Schaft in kg	Trägheits-moment bezogen auf cm	Tragfähigkeit in t (1000 kg) bei einer Stützhöhe von:								Nieten-durch-messer	Nieten-abstand
					3 m	4 m	5 m	6 m	7 m	8 m	9 m	10 m		
5	4	29,8	24,1	573	14,5	10,7	8,0	6,1	4,8	3,8	—	—	12	150
	6	39,6	31,7	775	19,5	14,4	10,8	8,3	6,5	5,1	—	—		
	8	49,4	39,3	1004	24,7	18,4	13,8	10,6	8,3	6,6	—	—		
7½	6	54,9	43,8	2046	34,4	27,9	22,3	18,0	14,6	12,0	10,0	8,4	14	200
	8	68,2	54,2	2648	43,3	35,2	28,4	22,9	18,7	15,4	12,7	10,8		
	10	81,5	64,6	3279	52,2	42,7	34,6	28,1	22,9	18,9	15,8	13,4		
10	8	88,1	69,9	5434	62,8	54,0	45,8	38,0	32,6	27,6	23,5	20,2	16	250
	10	104,9	83	6887	75,2	65,0	55,3	46,8	39,6	33,0	28,7	24,7		
	12	121,7	96,1	8017	88,0	76,3	65,1	55,4	46,9	39,9	34,1	29,4		
12½	10	129,3	102,4	11970	99,0	88,7	78,3	68,4	59,6	51,8	45,1	39,5	19	300
	12	149,7	118,4	14070	114,0	103,1	91,1	79,7	68,5	60,5	52,8	46,2		
	14	170,1	134,4	16450	131,1	117,9	104,4	91,6	80,0	69,8	61,0	53,5		
15	12	178,9	141,3	23200	—	131,7	119,5	107,3	95,8	85,2	75,8	67,2	22	350
	14	202,6	160	27220	—	150,1	136,6	123,0	110,0	98,1	87,4	77,9		
	16	226,4	178,5	31200	—	168,5	153,6	138,6	124,2	111,0	99,0	85,3		
	18	250,2	197,1	35470	—	187,1	170,9	154,5	138,8	124,2	111,0	90,2		

Tabelle 15.
Säulen aus vier gleichschenkligen Winkeleisen
(Schmiedeeisen).

Querschnitt				Tragfähigkeit der Säulen in t (1000 kg) bei einer Länge in m von:									
Normal-profil	Dicke d	Zwischen-raum d	Gewicht pro m										
Nr.	mm	mm	kg	3,0	4,0	4,5	5,0	5,5	6,0	6,5	7,0	7,5	8,0
4	6	8	13,9	5,5	3,6	3,0	2,5	2,1	1,8	1,6	1,4	1,2	1,1
5	7	9	20,3	10,5	7,2	6,1	5,1	4,4	3,8	3,3	2,9	2,5	2,3
6	8	10	27,9	17,4	12,5	10,6	9,1	7,9	6,9	6,0	5,3	4,7	4,2
7	9	11	36,8	26,5	19,7	17,1	14,9	13,0	11,4	10,1	9,0	8,0	7,2
8	10	13	46,8	37,4	29,6	25,4	22,4	19,8	17,6	15,7	14,0	12,6	11,3
9	11	14	58,0	50,4	40,3	35,9	32,0	28,6	25,6	23,0	20,7	18,7	17,0
10	12	15	70,4	64,6	52,9	47,7	42,9	38,7	34,9	31,6	28,6	26,0	23,6
11	12	15	77,8	74,9	62,7	57,1	51,8	47,1	42,8	38,9	35,4	32,4	29,6
12	13	16	92,0	92,3	78,8	72,5	66,4	60,9	55,8	51,1	46,8	43,0	39,5
13	14	18	107,5	110,9	96,2	89,0	82,3	75,8	69,9	64,4	59,3	54,7	50,6
14	15	18	124,0	131,8	116,2	108,0	101,0	93,8	87,0	80,6	74,7	69,3	64,4

III. ABSCHNITT.
DAMPFERZEUGUNG UND KESSELHAUS.

Die Dampferzeugung und Dampfmaschinen dienen dazu, für den praktischen Gebrauch Kraft für mechanische Arbeit zu erzeugen. Es geschieht dieses in der Weise, daß durch einen chemischen Prozeß Wärme erzeugt wird, die sich in geeigneter Weise in mechanische Arbeit umsetzen läßt.

Allgemein genommen haben wir hier eine Umwandlung von Energien, und zwar in diesem Falle die Umwandlung von chemischer Energie in Wärmeenergie und letzter in mechanische Energie. Diese Umwandlung von Energien geht aber nur so lange vor sich, als auf der einen Seite ein Überschuß vorhanden ist. Nur dieser Überschuß verwandelt sich. Ist der Überschuß aufgebraucht, so befinden sich beide Energien im Gleichgewichtszustand.

Um also Bewegung zu erzeugen, muß zwischen Bewegungsenergie und einer anderen, die sich in erstere umwandeln läßt, ein gestörtes Gleichgewicht sein. Dieses gestörte Gleichgewicht ist auch vorhanden, und zwar durch einen Überschuß von Wärmeenergie, der von der Sonne stammt und der durch die Erwärmung der Erde durch die Sonne tagtäglich ergänzt wird.

Wenn sich nun auch die Sonnenwärme unmittelbar in mechanische Arbeit umwandeln läßt, indem sie direkt Luft- und Wasserbewegung erzeugt, die in der Technik auch vielfach als Kraftquellen benutzt werden, so kommt für die Dampferzeugung als der heute hauptsächlichen Kraftquelle für die Technik doch ein anderer Weg in Frage.

In der Technik wird hauptsächlich durch einen chemischen Prozeß, „Verbrennung" genannt, Wärme erzeugt. Forscht man nun nach dem Ursprung des chemischen Energieüberschusses, der zur Verbrennung notwendig ist, so wird man finden, daß auch dieser von der Sonnenwärme stammt. Die Sonnenwärme kann nämlich durch einen chemischen Prozeß latent gemacht und aufgespeichert werden, aus welchem Zustande sie nach Belieben hernach wieder freigemacht werden kann.

Latent wird die Wärme dadurch, daß sie die Kohlensäure zu sauerstoffärmeren Verbindungen reduziert, hingegen wird sie wieder frei, wenn die Verbindungen durch Sauerstoff wieder zu Kohlensäure, d. h. zu einer sauerstofffreien Verbindung oxydiert werden.

Genaue Feststellungen haben nun gezeigt, daß die Umsetzung einer Energie in die andere immer unter denselben Bedingungen und in demselben Verhältnis stattfindet, daß z. B. mit derselben Arbeit immer dieselbe Wärme und mit derselben Wärme immer dieselbe Arbeit erzeugt werden kann; und zwar hat der berühmte Heilbronner Arzt Robert Mayer festgestellt, daß man mit der Wärmemenge, die die Temperatur von 1 kg Wasser um 1° C erhöht und die man Wärmeeinheit oder Kalorie nennt, 424 mkg Arbeit erzeugen kann, d. h. man kann mit 1 Kalorie 424 kg 1 m hoch heben oder 1 kg 424 m. Infolge dieser Feststellung nennt man 424 kgm das mechanische Äquivalent der Wärme und den reziproken Wert $1/_{424}$ Kalorie das kalorische Äquivalent der Arbeit.

Anderseits findet auch die Verbrennung immer unter denselben Bedingungen in bezug auf die dazugehörigen Elemente und Verbindungen statt, so daß 12 Gewichtsteile Kohlenstoff immer 32 Gewichtsteile Sauerstoff benötigen und hiermit 44 Gewichtsteile Verbrennungsprodukt = Kohlensäure ergeben. Chemisch wird dieser Vorgang wie folgt ausgedrückt:

$$C + O_2 = CO_2.$$

Da die Umsetzung immer in demselben Gewichtsverhältnis stattfindet, so wird auch hierbei immer dieselbe Wärmemenge erzeugt, und zwar wird bei der Verbrennung von 1 kg Kohlenstoff, um die es sich in der Technik hauptsächlich handelt, eine Wärmemenge von 8080 Kalorien erzeugt. Diese Wärmemenge, die man die Verbrennungswärme nennt, bestimmt den Heizwert des Brennmaterials; sie kann für die verschiedenen Brennmaterialien durch die Analyse, wie auch durch Verbrennung im Kalorimeter bestimmt werden. In der Tabelle 16, S. 85 hat man eine Übersicht der Verbrennungswärmen einiger für die Verbrennung in Betracht kommenden Materialien.

Alle Brennmaterialien gebrauchen zu ihrer Verbrennung Sauerstoff, und die Quelle des Sauerstoffs ist die atmosphärische Luft, die in 100 Volumenteilen 21 und in 100 Gewichtsteilen 23 Teile Sauerstoff enthält. Da auch die Gewichtsverhältnisse bekannt sind, unter denen Wasserstoff und Schwefel mit Sauerstoff verbrennen, so kann die Analyse eines Brennmaterials, das vornehmlich diese drei kalorischen Bestandteile hat, Aufschluß darüber geben, wieviel Luft zur Verbrennung notwendig ist.

Aus der Chemie ist bekannt, daß sich in Gewichtsteilen verbinden:

$$12\ C + 32\ \ O\ \text{zu}\ 44\ \ CO_2,$$

das sind $1\ C + 2^2/_3\ O\ \text{„}\ 3^2/_3\ CO_2$

$$1\ H + 8\ \ O\ \text{„}\ 9\ \ H_2O$$

$$1\ S + 1\ \ O\ \text{„}\ 2\ \ SO_2.$$

Tabelle 16.
Verbrennungswärme.

Verbrennungs-körper	Verbrennung zu	Wärmeeinheiten pro 1 kg
Kohlenstoff	Kohlensäure (CO_2)	8080
Kohlenstoff	Kohlenoxyd (CO)	2403
Wasserstoff	Wasser (H_2O)	34200
Azetylen	$CO_2 + H_2O$ Dampf	9600
Alkohol	$CO_2 + H_2O$ flüssig	6700
Steinkohle	CO_2	6500—7500
Böhm. Braunkohle	CO_2	4000—5500
Koks.	CO_2	7500
Holz (trocken) . .	CO_2	4000—4200
Erdige Braunkohle	CO_2	2400—3500
Briketts	CO_2	4000—5500
Rohpetroleum. . .	CO_2	10000—11000
Leuchtgas	CO_2	9400
Schwefel.	CO_2	2220

1 kg Kohle mit 70 % C, 5 % H, 1 % S und 10 % O würde zur Verbrennung gebrauchen: 1,86 kg O für C, 0,4 kg für H und 0,01 kg für $S = 2,27$ kg. Vorhanden ist 0,1 kg, daher muß mit der Luft zugeführt werden 2,17 kg.

Wie bereits bemerkt, enthält 1 kg Luft 0,23 kg Sauerstoff, es sind daher für die Verbrennung notwendig $1 : 0,23 = x : 2,17$ $x = 9,43$ kg Luft, und da ein Kubikmeter Luft rund 1,3 kg wiegt, so sind notwendig $\frac{9,43}{1,3} = 7,25$ cbm Luft.

Diese Luftmenge bedeutet aber nur die theoretische. In der Praxis würde man hiermit nur eine sehr unvollkommene Verbrennung erzielen, d. h. es würde, wie man durch eine Analyse der Rauchgase feststellen kann, ein erheblicher Teil des Kohlenstoffs nur zu Kohlenoxyd verbrennen. In der Praxis soll man daher das 1,2—1,3 fache des theoretischen bei Braunkohlenfeuerung und das 1,7—2,0 fache für Steinkohlenfeuerung in Rechnung ziehen.

Im ersteren Fall entspricht dieses einem Kohlensäuregehalt der Rauchgase von 15—16 % und im letzten von 10—12 %. Es ist von großer Wichtigkeit, den unbedingt notwendigen Luftüberschuß auf das richtige Maß zu beschränken, da die überschüssige Luft mit angewärmt wird und dadurch, wie Tabelle 17, S. 86 zeigt, ganz erhebliche Wärmeverluste bedingt.

Tabelle 17.

Kohlensäure-gehalt (Vol. %) im Rauchgas	Abgangs-temperatur — Lufttemper.	Temperatur bei der Verbrennung	Luftüberschuß über die theo-retische Menge	Wärmeverlust durch die Rauchgase
18	300° C	2621° C	16%	11,4%
16	300 „	2366 „	31 „	12,7 „
14	300 „	2102 „	50 „	14,3 „
12	300 „	1830 „	75 „	16,4 „
10	300 „	1550 „	110 „	19,3 „
8	300 „	1261 „	162 „	23,8 „
6	300 „	961 „	250 „	31,2 „

In dieser Tabelle sind die Abgangstemperaturen als gleich angenommen. In Wirklichkeit sind sie bei großem Luftüberschuß höher
als bei kleinerem, obwohl die Anfangstemperatur eine erheblich nie-
drigere ist. Der Verlust kommt daher, daß die Zuggeschwindigkeit
eine große ist und daß die Temperaturdifferenz zwischen Kesselinhalt
und Feuergasen eine verhältnismäßig niedrige ist. Eine Steinkohlenfeuerung ergibt z. B. 12% CO_2 in den Feuergasen bei einer Anfangstemperatur von 1830° C und Endtemperatur von 265° bei 15° Lufttemperatur. $1830 : 265 = 100 : x = 13,6$, d. h. wir haben hier einen
Wärmeverlust durch die Abgase von 13,6%, den man bei einer Steinkohlenfeuerung als normal bezeichnen kann. Hätte man hingegen
statt 12 nur 6% CO_2 in den Abgasen bei einer Anfangstemperatur
von 961° C und Endtemperatur von 315° bei 15° Lufttemperatur.
so hat man nach der Tabelle einen Verlust von 31,2%. d. h. eine
Verschwendung von $31,2 - 13,6 = 17,6$%. Ein Verlust, der in Geld
umgesetzt schon bei der kleinsten Anlage erheblich mitspricht und
zeigt, wie wichtig auch für eine kleine Anlage die regelmäßige Unter-
suchung der Rauchgase auf den Kohlensäuregehalt ist. da diese über
die Richtigkeit sowohl der Anlage als auch Betrieb einer Feuerung
allein Aufschluß geben kann.

Es kann aber nicht allein an der Anlage und am Betrieb einer
Feuerungsanlage liegen, wenn diese nicht rationell ausgenutzt wird.
sondern auch am Brennmaterial; infolgedessen ist es notwendig, daß man
Verdampfungsversuche ausführt, indem man für eine bestimmte
Zeit den Verbrauch von Speisewasser wie auch von Brennmaterial
feststellt und auf diese Weise den Verdampfungswert der Kohle ermittelt, aus dem sich, wie wir noch sehen. feststellen läßt, wieviel
Kalorien der verbrannten Kohle bei der Verdampfung nutzbar gemacht sind. Kennt man dann den Heizwert der Kohle. so kann man

sich ein genaues Bild über den technischen Nutzeffekt der Feuerungsanlage machen.

Die Chemie hat festgestellt, daß bei gleichem Druck und gleicher
Temperatur in gleichen Gasvolumen gleichviel Moleküle sind, d. h. in
einem Liter Sauerstoffgas sind bei 760 mm Atmosphärendruck und
20° C genau soviel Moleküle wie in einem Liter Kohlensäure bei demselben Druck und derselben Temperatur. Da nun die Elemente sich
auch isoliert in Molekularform befinden, d. h. der Sauerstoff nicht als
O, sondern als O_2, so kann an Stelle von einem Sauerstoffmolekul
nur ein Kohlensäuremolekül treten. Hätte man z. B. den Kohlenstoff
auch in Gasform, so würde 1 Liter Kohlenstoff und 2 Liter Sauerstoff 2 Liter Kohlensäure ergeben. Im letzteren Falle hätte man
nach der Verbrennung ein anderes Volumen als vor derselben. Da
der Kohlenstoff aber als Verbrennungsstoff vornehmlich in fester und
flüssiger Form in Frage kommt, so bleibt das Volumen trotz chemischer
Veränderung vor und nach der Verbrennung unverändert, und da die
Luft 21 Vol.% Sauerstoff enthält, so könnten nach der Verbrennung
theoretisch höchstens 21 Vol.% Kohlensäure im Rauchgas sein, einen
Gehalt, den man praktisch nicht erreichen kann und will.

Wenn nun auch das Volumen der Verbrennungsgase durch den
chemischen Prozeß nicht verändert wird, so wird es doch um so mehr
durch einen physikalischen Vorgang, d. h. durch Anwärmung verändert,
und zwar erheblich vergrößert.

Wir haben in der Mechanik der luftförmigen Körper im Mariotteschen Gesetz bereits die Beziehungen zwischen Druck, Volumen und
Dichte gefunden, und zwar haben wir festgestellt, daß Druck und
Dichte dem Volumen umgekehrt proportional sind, während Druck
und Dichte selbst direkt proportional sind:

$$v : v_1 = p_1 : p \text{ und } p : p_1 = d : d_1.$$

Hier haben wir nun noch die Beziehungen zwischen Volumen und
Temperatur zu erörtern. Nach Versuchen in dieser Richtung wurde
von dem französischen Physiker Gay-Lussac festgestellt, daß bei Erwärmung einer Gasmenge bei gleichbleibenden Volumen die Spannung proportional der Erwärmung zunimmt und daß anderseits
bei gleichbleibender Spannung umgekehrt das Volumen proportional
der Erwärmung zunimmt.

Gay Lussac hat auch die Größe dieser Zunahme ermittelt und
festgestellt, daß dieselbe für jeden Grad Celsius nur 0,003665 der
ursprünglichen Größe beträgt, d. h. ein Gasvolumen nimmt bei gleichbleibendem Druck für jeden Grad C um $1/273$ des Volumens zu. Ein
Liter Luft bei 0° C unter Atmosphärendruck gemessen, müßte sich,

bis zu 273° C erwärmt, bei demselben Druck derartig ausgedehnt haben, daß zwei Liter daraus geworden sind.

Den Wert 0,003665 oder $^{1}/_{273}$ nennt man den Ausdehnungskoeffizienten mit der allgemeinen Bezeichnung a. Bezeichnet man mit t die Temperatur, mit V das Volumen vor und mit V_1 das Volumen nach der Ausdehnung, so hat man:

$$V_1 = (1 + at)\, V.$$

Bei einer Abkühlung unter 0° C hat man eine entsprechende Verminderung des Volumens, und man hat in obiger Gleichung minus statt plus zu setzen:

$$V_0 = (1 - at)\, V.$$

Setzt man in dieser Formel $t = 273$, so bekommt man für $V_0 = O$, d. h. strenggenommen müßte gar kein Volumen mehr vorhanden sein, was in Wirklichkeit nicht der Fall sein kann, da ein Gas ja eine wägbare Größe ist, wohl aber kann das Gas nicht mehr weiter abgekühlt werden, infolgedessen bezeichnet man mit — 273° C den absoluten Nullpunkt der Gase.

Die zu der Verbrennung notwendige Luft unter Berücksichtigung der Ausdehnung gibt Aufschluß über die Größenverhältnisse der Feuerungsanlage, soweit die Verbrennungsgase für die Verbrennung und nach derselben in Frage kommen. Ein geringes Vakuum in den Zügen verursacht durch die Saugwirkung des Schornsteins, kann für die Praxis unberücksichtigt bleiben.

Wir haben gesehen, daß die Wärmemenge, die mit den Rauchgasen entweicht, aus der Anfangs- und Endtemperatur derselben ermittelt werden kann; sie kann aber auch ermittelt werden, wenn man nur die Abgangstemperatur der Rauchgase und die Menge der letzteren kennt. Letztere kann man aus der Menge des verbrannten Kohlenstoffs und dem CO_2-Gehalt leicht feststellen. Hat man z. B. 1000 kg Steinkohle mit 70 % in einer Stunde verbrannt und einen CO_2-Gehalt von 10,5 % im Rauchgas ermittelt, so ist mit der doppelten Luftmenge gearbeitet. Anderseits sind 1000 kg Steinkohle mit 70 % = 700 kg Kohlenstoff.

1 kg Kohlenstoff benötigt, wie oben erörtert, 2,66 kg Sauerstoff = 11,56 kg Luft, $700 \times 11,56 = 8092$, die doppelte Menge ist entwichen, daher die bei der Verbrennung von 1000 kg Kohle angewärmte Luftmenge = 16184 kg. Die Luft sei nun mit einer Temperatur von 15° C in die Feuerung ein- und mit 315° C ausgetreten, so daß sie eine Erwärmung von 300° angenommen hat.

Hier tritt uns nun die Frage entgegen: Welche Wärmemenge, in Wärmeeinheiten ausgedrückt, hat bei der Erwärmung von 300° C 1 kg Luft angenommen?

Mit Wärmeeinheit oder Kalorie haben wir oben die Wärmemenge bezeichnet, die erforderlich ist, um 1 kg Wasser bei gleichem Druck um 1° C anzuwärmen.

Diese Wärmemenge, die notwendig ist, um 1 kg des betreffenden Körpers um 1° C zu erhöhen, bezeichnet man als die spezifische Wärme, die in Tabelle 18 für die verschiedenen Gase enthalten ist, und zwar ist dieselbe sowohl bei gleichbleibendem Volumen als auch bei gleichbleibendem Druck von Zeuner ermittelt.

Tabelle 18.
Spezifische Wärme.

Substanz	Wasser = 1		Luft = 1
	bei konstantem Volumen	bei konstantem Druck	bei konstantem Druck
Ätherdampf	0,3411	0,4796	2,0194
Alkoholdampf	0,3200	0,4534	1,9001
Atmosphärische Luft .	0,1686	0,2375	1,0000
Kohlenoxyd	0,1736	0,2450	1,0316
Kohlensäure bis 200°	0,1714	0,2396	1,0088
Sauerstoff	0,1551	0,2175	0,9158
Stickstoff	0,1727	0,2438	1,0205
Wasserstoff	2,4128	3,4090	14,3537
Wasserdampf	0,3337	0,4750	2,0000

Aus dieser Tabelle ist zu ersehen, daß die spezifische Wärme der atmosphärischen Luft bei konstantem Druck, der ja hier in Frage kommt, 0,2375 beträgt. D. h. also: unsere oben ermittelte Luftmenge von 16184 kg entführt der Feuerung eine Wärmemenge von:

$$16184 \times 300 \times 0,2375 = 1153116 \text{ Kalorien.}$$

Bei der Verbrennung sind aber freigeworden:

$$700 \times 8080 = 5656000 \text{ Kalorien,}$$

daher $5656000 : 1153116 = 100 : x = 20,38\%$ Verlust.

Dieser Verlust ist aber nicht der einzige bei der Feuerung, sondern man hat auch noch durch unvollkommene Verbrennung, dadurch daß unverbrannte Kohlenteilchen mit der Asche und den Schlacken entfernt werden, sowie durch Strahlung u. a. ganz erhebliche Verluste. Im allgemeinen kann man zufrieden sein, wenn man 65—72% der im Brennmaterial enthaltenen Wärme in Wasserdampf umsetzen kann.

Diese ganz erheblichen Verluste, zu denen noch ungleich größere bei der Anwendung des Wasserdampfes selbst kommen, müßten bald zu Versuchen führen, eine Wärmekraftmaschine auszubilden, bei der die Verwendung des Wasserdampfes und damit die dadurch verursachten Verluste in Fortfall kommen, zumal sich eine solche Anlage durch Fortfall des Kesselhauses auch erheblich billiger stellen muß.

Diese Versuche sind insofern von Erfolg gekrönt, als es wirklich gelungen ist, in den modernen Verpuffungsmaschinen für vergaste, feste und flüssige Brennstoffe Anordnungen durchzubilden, die selbst bei größeren Formen doppelt soviel Wärme des Brennmaterials in mechanische Arbeit umsetzen als gleichgroße Dampfmaschinenanlagen. Es ist aber trotzdem nicht zu verkennen, daß diese Maschinen in der Industrie nur einen ganz beschränkten Wirkungskreis finden können, da in allen Industriezweigen, in denen in irgendeiner Form der ganze Rückdampf ausgenutzt werden kann, sei es nun zur Verdampfung, Anwärmung oder Trocknung, die Dampfmaschinenkraft erheblich wirtschaftlicher ist als diejenige der Verpuffungsmaschinen.

Eine gute Dampfmaschine mit Auspuff gebrauche z. B. 8 kg Dampf pro Pferdekraft und Stunde, und die verbrannte Kohle erzielte eine achtfache Verdampfung, so entspricht der Pferdekraft 1 kg Kohle. Von den 8 kg Dampf kann man noch reichlich 70—75% Rückdampf zur Verdampfung oder anderen Zwecken verwenden, so daß man in Wirklichkeit nur 2 kg, entsprechend 0,25 kg Kohle pro Pferdekraft und Stunde, verbraucht hat. Pro Pferdekraft und Stunde entspricht einem theoretischen Wärmeverbrauch von:

$$\frac{60 . 60 . 75}{424} = 637 \text{ Kalorien.}$$

Bei achtfacher Verdampfung hat die Kohle etwa 7500 Kalorien, von denen 25% für die Pferdekraft und Stunde in Rechnung kommen.

$$\frac{7500 \times 25}{100} = 1875.$$

$$1875 : 637 = 100 : x = 33,9 \%.$$

Also 33,9% technischer Nutzeffekt der Kohle pro Pferdekraft und Stunde. Mag nun ein solcher technischer Nutzeffekt auch bei den allerbesten Wärmekraftmaschinen zu erzielen sein, so ist doch bei dieser Gegenüberstellung der wirtschaftliche Nutzen bei den Dampfmaschinen auf alle Fälle größer, da man bei den Wärmekraftmaschinen bei Erzielung eines hohen technischen Nutzeffekts auch an bestimmte kostspielige Brennmaterialien, wie z. B. Leuchtgas, Anthrazit u. a., gebunden ist.

Die Wärmekraftmaschinen haben aber auch den Dampfmaschinen gegenüber noch andere, schwer ins Gewicht fallende

Nachteile. Zuerst haben die Wärmekraftmaschinen mit sehr hohen Temperaturen zu arbeiten, bei denen an und für sich die einzelnen Teile sehr schnell abgenutzt werden. Es kommt aber noch dazu, daß die hohen Temperaturen sehr schroff mit ganz niederen wechseln, so daß bei dem komplizierten Mechanismus, den diese Maschinen besitzen, ganz abgesehen von einem vollständigen Verschleiß und Betriebsunsicherheit, der Nutzeffekt in kurzer Zeit erheblich nachläßt.

Die Verpuffungsmaschine kommt dort in Frage, wo kein Dampf für andere Zwecke gebraucht wird und nur eine kleine Betriebskraft in Frage kommt. In solchen Fällen ist der Effekt der Wärmeausnutzung bei der Dampfmaschine erheblich niedriger als bei der Verpuffungsmaschine. Während man sich bei einer Dampfmaschine mit 5% Nutzeffekt begnügen muß, erzielt man bei einer gleichgroßen Verpuffungsmaschine noch 20—25%, wozu außerdem noch kommt, daß auch die Anschaffungskosten für eine Dampfanlage erheblich größer sind.

Ferner ist die Verpuffungsmaschine dort angebracht, wo kostenlos nicht vollkommen ausgenutzte Abgase, wie bei den Hoch- und Koksöfen, zur Verfügung stehen.

Dem Feuerungsmaterial nach kann man die Wärmekraftmaschinen in solche für vergaste, feste und flüssige Stoffe unterscheiden. Feste Stoffe sind Anthrazit, Braunkohlenbriketts, Koks und die Brennmaterialien der Hoch- und Koksöfen. Hingegen flüssige: Petroleum, Benzin, Benzol, Paraffinöl und Spiritus.

Hinsichtlich ihrer Arbeitsweise unterscheiden sie sich jedoch im Prinzip nicht, nur daß die Gaserzeugung aus den flüssigen Brennstoffen einfacher ist als aus den festen; dafür sind aber die flüssigen erheblich teurer. In ihrer Bauart sind sie der Dampfmaschine im wesentlichen gleich. Auch sie haben einen Zylinder, in dem der Druck auf einen Kolben wirkt, der dadurch hin und her bewegt wird und diese Bewegung auf eine Welle mit Schwungrad überträgt. Während bei der Dampfmaschine der Druck aber außerhalb der Maschine im Dampfkessel erzeugt wird, und zwar durch Anwärmung von Wasser, besteht das Wesen der Verpuffungsmaschinen darin, daß der Druck im Zylinder der Maschine selbst hergestellt wird, und zwar durch die Verbrennungsgase.

Die Verbrennung erfolgt in der Weise, daß der in den gasförmigen Zustand überführte Brennstoff mit der notwendigen Menge Luft in den Zylinder gepumpt und dort durch eine Entzündung zur Verbrennung gebracht wird. Die Regulierung dieser Entzündung vor und hinter dem Kolben wird vermittels eines Ventilsystems bewirkt, das von einer besonderen Welle aus gesteuert wird.

Infolge der Verbrennung im Zylinder muß dieser wieder abgekühlt werden, wozu nicht unerhebliche Mengen von Kühlwasser erforderlich sind.

Jedenfalls ist die Maschine in allen Teilen sehr empfindlich. Sie ist aber in den letzten Jahren namentlich in der Konstruktion der Dieselmotore derartig verbessert und durchgebildet, daß sie bei sorgfältiger Bedienung bereits einen hohen Grad von Betriebssicherheit besitzt, so daß ihr wohl, wie bereits bemerkt, in Betrieben, in denen es sich ausschließlich um Krafterzeugung handelt, die Zukunft gehört. Das Gebiet der chemischen Industrie, auf dem fast durchweg der Abdampf verwertet werden kann, wird der Dampfmaschine aber auch in Zukunft gehören.

Wenn man mit den Verhältnissen der Dampferzeugung zu rechnen hat, so hat man sich selbstverständlich zuerst über die Menge des notwendigen Dampfes klar zu werden, wobei man immer damit rechnen kann, daß 70—75 % des Maschinendampfes als sogenannter Retourdampf noch zu anderen Zwecken verwendet werden können.

Ein zweiter gegebener Faktor ist die Qualität des vorteilhaftesten Brennmaterials. D. h. da die Frachten beim Heizmaterial eine große Rolle spielen, so wird man im Steinkohlengebiet keine Braunkohle und umgekehrt verfeuern. Anderseits wird man bei gleicher Entfernung Steinkohle beziehen, da man bei demselben Frachtsatz bei ihr die dreifache Heizkraft hat als bei der erdigen Braunkohle.

Wenn man die notwendige Dampfmenge kennt, so ist man sich bei einer Neuanlage auch über die notwendige Heizfläche klar. Da bei einer Neuanlage die Anschaffungskosten für eine entsprechend größere Heizfläche nicht so sehr ins Gewicht fallen als bei einer nachträglichen Vergrößerung, so rechne man nur mit einer äußerst mäßigen Beanspruchung des Kessels, d. h. 15—20 kg Dampferzeugung pro qm Heizfläche und Stunde, denn bei solcher Beanspruchung kann die Kohle am besten ausgenutzt werden, und letzteres ist für eine hohe Nutzwirkung des Kesselhauses unbedingt erforderlich, da die beiden Hauptverlustquellen in unvollkommener Verbrennung des Brennmaterials und, wie bereits erörtert, im Luftüberschuß bei der Verbrennung bestehen. Beide Verlustquellen entstehen aber mehr bei einem forcierten Betriebe, der einmal entsteht, wenn 24—30 kg Dampf pro qm Heizfläche und Stunde erzeugt werden sollen und anderseits 18—24 kg pro qm und Stunde bei Anwesenheit von Kesselstein im Kessel und Ruß und Asche in den Flammrohren und Feuerungskanälen. Da letzteres den Betrieb eines Kesselhauses ganz erheblich beeinträchtigt und verteuert und sich trotz aller Erfindungen noch nicht ganz beseitigen läßt, so nehme man in Hinsicht hierauf die Heizfläche von Anfang an gleich etwas reichlich, ganz abgesehen davon, daß man sie dadurch auch gleich einer Vergrößerung des Betriebes anpaßt.

Anders liegen die Verhältnisse, wenn es sich um eine nachträgliche Vergrößerung handelt. Hier sind dem Gewinn durch Verminderung des Brennmaterials der Verlust durch Amortisation und Verzinsung des Anlagekapitals gegenüberzustellen, namentlich bei billigem Brennmaterial; anderseits ist hierbei auch sehr häufig die Platzfrage für die Vergrößerung von großer Bedeutung.

Nachdem man sich über die Größe der Heizfläche und über die Art des Brennmaterials klar ist, handelt es sich in erster Linie um die Frage des Kesselsystems. Soll mit Braunkohle gefeuert werden, so ist die Frage dadurch erledigt, daß für diese nur ein Flammrohrkessel mit Vorfeuerung auf dem Treppen- oder Muldenrost in Betracht kommen kann. Anders bei Steinkohlenfeuerung, die Innenfeuerung mit Planrost beansprucht. Hier sind mehr oder weniger alle Kesselsysteme brauchbar.

Hinsichtlich ihrer Bau- und Betriebsart lassen sich die Kessel unterscheiden in:

I. Einfache und mehrfache Walzenkessel. Bei diesem System bestreicht die Flamme, wie in Fig. 43 und 44 ersichtlich, den Mantel des Kessels.

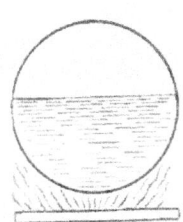 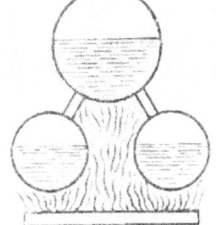

Fig. 43.   Fig. 44.

II. Flammrohrkessel. In einem Walzenkessel sind, wie in Fig. 45—47 ersichtlich, ein oder mehrere an den Enden offene Rohre, die von den Feuergasen passiert werden, eingebaut. Die Rohre können glatt oder gewellt sein. Im letzteren Falle, in dem die Rohre eine größere Heizfläche haben, nennt man die Kessel Wellrohrkessel.

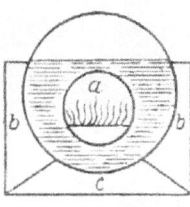 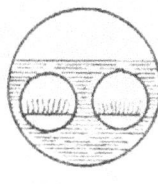 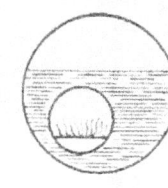

Fig. 45.   Fig. 46.   Fig. 47.

III. Feuerröhrenkessel. Dasselbe Prinzip wie bei den Flammrohrkesseln, nur daß man, wie in Fig. 48 ersichtlich, an Stelle der genieteten Rohre mit großem Durchmesser gezogene oder geschweißte nimmt, wodurch man auf einer kleinen Grundfläche eine verhältnismäßig größere Heizfläche unterbringen kann, und zwar wegen des

Fig. 48.

geringen Durchmessers aus leichteren Rohren, die außerdem den Vorzug haben, die Wärme besser zu leiten als solche aus starken Blechen, so daß der ganze Kessel ein verhältnismäßig leichtes Gewicht hat und hauptsächlich für Lokomobilen und Lokomotiven zur Anwendung kommt.

IV. Wasserrohrkessel. Dieselbe Bauart wie bei dem Feuerröhrenkessel, nur daß hier, wie in Fig. 49 ersichtlich, die Rauchgase nicht durch die Rohre gehen, sondern diese umspülen; hingegen sind die Rohre innen mit Wasser gefüllt.

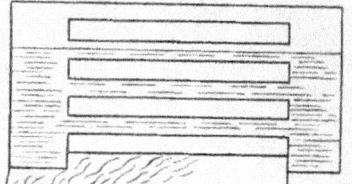

Fig. 49.

V. Kombinierte Kessel. Dieselben entstehen durch Vereinigung zweier Kessel der vorstehenden Systeme, wodurch die Vorzüge eines Systems zur Geltung kommen bei vollständiger Ausschaltung der Nachteile. Bei den Feuerröhrenkesseln ist z. B. neben den oben erörterten Vorzügen der Nachteil, daß die Feuergase nur eine verhältnismäßig kurze Strecke und entsprechend kurze Zeit mit der Heizfläche in Berührung sind, wodurch die Wärmeausnutzung nur eine mangelhafte sein kann. Verbindet man das Feuerröhrensystem mit einem Walzenkessel, so kann dieser Nachteil beseitigt werden, da man dann für die Feuergase wie bei den Flammrohrkesseln einen längeren Weg schaffen kann. Auch der Flammrohrkessel ist halb Walzenkessel, da meistens die Feuergase zuerst durch die Flammrohre, dann, wie in Fig. 45a ersichtlich, durch die Seitenzüge b am Kessel entgegengesetzt und schließlich durch einen Unterzug c nach dem Schornstein geführt werden.

In bezug auf den Wasserraum unterscheidet man die Kessel in Groß- und Klein-Wasserraumkessel. Ferner werden sie unterschieden in feststehende oder stationäre und bewegliche oder mobile, je nachdem sie ihren Aufstellungsort beibehalten oder wechseln.

Als stationäre Kessel sind die mit großem Wasser- und Dampfraum vorteilhafter als solche mit kleinem, namentlich wenn es sich, wie es vielfach der Fall, um ununterbrochenen Tag- und Nachtbetrieb handelt, da hier der dem kleinen Wasserraum gegenüber verhältnismäßig größere Wärmeverlust infolge der nächtlichen Abkühlung nicht vorhanden ist.

Die Vorzüge des großen Wasser- und Dampfraumes bestehen hauptsächlich darin, daß ein großer Wasserraum bei wechselnder Dampfentnahme nicht nur die Druckschwankungen verhütet, sondern auch allein in der Lage ist, plötzlich größere Mengen Dampf abgeben zu können, da die Dampfmengen auch durch Druckentlastung gebildet werden.

Kessel mit großem Wasserraum sind die Walzen- und Flammrohrkessel. Bei ersteren kommt auf 1 qm Heizfläche 0,3—0,4 cbm Wasser und bei letzteren 0,2—0,3. Hingegen haben die Feuer- und Wasserröhrenkessel nur einen kleinen Wasserraum und erstere 0,075, letztere 0,03—0,04 cbm pro Quadratmeter Heizfläche, während man bei den kombinierten bis 0,15 cbm kommt.

Ein großer Dampfraum über einem entsprechend großen Wasserspiegel hat den Vorzug, daß der Dampf sich einerseits nicht so heftig entwickelt und anderseits eine gewisse Zeit hat, das mitgerissene Wasser wieder abzugeben, so daß man es mit möglichst trockenem Dampf zu tun hat. Bei den Walzenkesseln kommt auf 1 qm Heizfläche ½ qm, und bei den Flammrohrkesseln 0,15 bis 0,25 qm Wasserspiegel. Hingegen haben die Feuer- und Wasserröhrenkessel nur bis zu 0,1 qm Wasserspiegel pro Quadratmeter Heizfläche. Der Dampfraum soll das 0,4—0,5fache des Wasserraumes betragen.

Um möglichst trockenen Dampf zu bekommen, haben namentlich die Flammrohrkessel einen Dampfdom, der den Dampfraum nicht allein vergrößert, sondern die Dampfentnahme auch möglichst weit vom Wasserspiegel entfernt.

Betreffend der Platzfrage ist noch zu bemerken, daß der einfache Walzenkessel pro Quadratmeter Heizfläche 1,25 qm Bodenfläche beansprucht, der Flammrohrkessel hingegen nur 0,5 qm und die Feuer- und Wasserröhrenkessel 0,1—0,3 qm.

Außer der Grundfläche des Kessels muß vor letzterem ein Bedienungsraum von mindestens 2 m Tiefe für den Heizer freibleiben, und wenn Kohle vor dem Kessel lagert, muß der Raum noch dementsprechend vergrößert werden. Das Mauerwerk des Kessels kann an einer Längsseite bis auf 100 mm an die Gebäudemauer herantreten, dafür muß aber an der gegenüberliegenden ein Gang von 1—1,5 m Breite bleiben; desgleichen muß hinten ein solcher von 0,75—1,0 m freibleiben. Die Grundfläche des Kessels ist demnach:

Länge des Kesselmauerwerks + mindestens 2,75 m

× Breite „ „ + „ 1,0 + 0,1 m

Schließlich sei als besonderer Nachteil der Wasserröhrenkessel noch erwähnt, daß sich aus seinen Röhren der Kesselstein

sehr schwer entfernen läßt, wodurch nicht nur durch die schlechte
Wärmeleitung der Rohre die Wärmegewinnung aus der Kohle ganz
erheblich beeinträchtigt, sondern auch die Explosionsgefahr bedeutend vergrößert wird. Da die Explosion eines Wasserröhrenkessels
infolge des geringen Wasserraumes bei weitem nicht so gefährlich ist
wie diejenige eines Kessels mit großem Wasserraum, so dürfen die
Wasserröhrenkessel auch unter bewohnten Räumen aufgestellt werden,
wenn — nota bene — ihre Röhren einen geringeren Durchmesser
haben als 100 mm. An und für sich bieten ja Röhren mit solchem
geringen Durchmesser viel mehr Sicherheit, trotzdem ein höherer
Druck zulässig ist, wenn, wie bereits hervorgehoben, für die innere
und äußere Reinheit der Röhren gesorgt werden kann. Ist letzteres
der Fall, so ist ein höherer Druck in dem Falle, wo es sich nur um
Maschinendampf handelt, bedeutend wirtschaftlicher als ein niederer.

Tabelle 19.
Gewichte verschiedener Kessel.

Heiz-fläche	Kessel Länge	Kessel Durch-messer	Gewicht in kg bei 6 Atm.		Durch-messer des Flamm-rohres	Gewicht der Armatur für Kessel und Feuerung
			Kessel mit einem Flammrohr			
10	3000	1000	1800		400	700
12	3500	1200	2600		400	900
15	4000	1250	3100		500	1000
20	4500	1400	4900		500	1200
25	5000	1500	5700		600	1400
30	5500	1600	6500		800	1500
			Kessel mit zwei Flammrohren			
			Gewicht bei 6 Atm.	Gewicht bei 12 Atm.		
30	5000	1700	6000	8700	600	1100
35	5500	1700	6800	9900	600	1300
40	6000	1800	8000	11100	650	1500
45	6500	1800	8600	12300	650	1600
50	7000	1900	10100	13900	700	1700
55	7500	1900	10800	14800	700	1900
60	8000	2000	12000	16000	700	2100
65	8000	2100	13100	18300	750	2300
70	8500	2100	13800	19600	750	2500
75	9000	2200	16500	21500	800	2700
80	9500	2200	17000	22900	800	2800
85	10000	2200	17500	24000	800	3000
90	10500	2200	18400	25200	800	3200
95	11000	2200	19000	26000	800	3300
100	11500	2200	19800	27000	800	3400

Tabelle 20.
Wasserröhrenkessel mit Oberkessel.

Vom Wasser berührte Heizfläche qm	Zahl der Oberkessel	Breite des Kessels inkl. Mauerwerk mm	Länge des Kessels inkl. Mauerwerk mm	Gewicht des Kessels kg
13	1	1620	2550	4900
16	1	1620	3000	5000
21	1	1720	3150	7000
28	1	1720	4100	8800
34	1	1720	4100	9000
40	1	1720	4100	9800
50	1	1930	4100	10000
60	1	2130	4100	11600
80	2	2500	4100	16500
100	2	2950	4100	17800
113	2	2950	4100	20000
136	2	3350	4100	21400
160	2	3750	4100	25000
180	2	3750	4100	26500
215	2	4360	4100	38000
270	3	4770	4100	40000
325	3	4770	4100	45000
360	3	4770	4450	50000

Tabelle 21.
Leinhaas-Kessel
mit zwangläufigem Wasserumlauf mittels Dubiau-Pumpe.

Heizfläche in den Rohren qm	Totale Heizfläche qm	Anzahl der Rohre von 89 mm l. W.	Oberkessel Anzahl	Oberkessel Durchmesser mm	Dampfproduktion kg — Stunde norm.	Dampfproduktion kg — Stunde max.	Mauerwerk mm Länge	Mauerwerk mm Breite	Mauerwerk mm Höhe	Gew. inkl. Armatur und Garnitur, in kg bei Betriebsdruck von: 10 Atm.	12 Atm.	14 Atm.
76	85	56	1	1000	1800	2550	6000	2580	4500	13500	14200	14900
86	96	64	1	1100	2050	2880	6000	2730	4600	14000	14800	15600
97	107	72	1	1100	2420	3210	6000	2880	4600	15000	15800	16600
108	120	80	1	1200	2650	3600	6000	3030	4700	16400	17200	17800
119	130	88	1	1200	2875	3900	6000	3180	4700	18200	19000	19800
130	142	96	1	1300	3100	4200	6000	3330	4800	20100	21000	21900
140	160	104	1	1400	3360	4800	6000	3480	4900	22000	23000	24000
151	170	112	1	1400	3625	5100	6000	3630	4900	22600	23600	24600
162	180	120	1	1500	3900	5400	6000	3780	5000	23300	24300	25300
173	190	128	1	1500	4150	5700	6000	3930	5000	24100	25100	26100
184	204	136	1	1500	4400	6120	6000	4080	5000	25000	26100	27200
194	215	144	1	1600	4650	6450	6000	4230	5100	25700	26800	27900
205	225	152	1	1600	4925	6750	6000	4380	5100	27400	28600	29800
216	235	160	2	1200	5175	7050	6000	4530	4700	29200	30500	31800
237	260	176	2	1300	5700	7800	6000	4830	4800	31500	32900	34300
259	280	192	2	1300	6200	8400	6000	5130	4800	34000	35400	36800
280	305	208	2	1300	6700	9150	6000	5430	4800	37000	38500	40000
292	315	216	2	1300	7000	9450	6000	5580	4800	38700	40200	41700

Tabelle 22.

Kombinierter Flamm- und Feuerrohrkessel.

Heizfläche in qm	Dimensionen des Kessels in mm								Ungefähres Gewicht des Kessels in kg, bei einem Überdruck von Atm.					Grobe Armatur Gewicht in kg
	Unterkessel				Oberkessel									
	Mantel		Flamm-rohre		Mantel		Feuerrohre							
	Durchm.	Länge	Durchm.	Länge	Durchm.	Länge	Durchm.	Anzahl	größte Länge	6	7	8	9	10	
90	1700	4100	600	4600	1700	2700	70	82	3100	9100	9900	10700	11400	12200	2700
105	1800	4400	650	4900	1800	2900	76,5	82	3300	11100	12100	13000	13700	14700	2900
120	1900	4500	675	5000	1900	2950	76,5	92	3400	12900	14000	15000	16000	17100	3200
140	2000	4750	725	5250	2000	3300	82	92	3750	14900	16400	17500	18800	19000	3500
160	2000	5350	725	5850	2000	3850	82	92	4300	16500	18100	19500	20800	21200	3750
180	2100	5500	750	6000	2100	4000	82	102	4500	19000	20400	22000	23000	23500	4000
200	2200	5400	800	5900	2100	3900	87,5	112	4400	20800	22500	23300	25500	26000	4200
220	2200	5900	800	6400	2200	4300	87,5	112	4800	22300	24200	25000	27000	27600	4400

Tabelle 23.

Feuerrohrkessel mit Unterfeuerung.

Laufende Nr.	Kessel		Rohre		Dom		Heizfläche in qm	Ungefähres Kessel-gewicht in kg bei			Kessel- und Feuerarmatur inkl. Stirn-platte
	Durchmesser m	Länge m	Durchmesser mm	Anzahl	Durchmesser m	Höhe m		4	5	6	
								Atmosphären-Überdruck			Gewicht ca. kg
1	1,25	2,5	70	40	0,7	0,7	27,0	2000	2200	2400	1600
2	1,25	3,0	70	40	0,7	0,7	32,0	2300	2500	2800	1700
3	1,25	3,5	70	40	0,7	0,7	37,0	2700	2900	3200	1800
4	1,4	3,0	70	54	0,8	0,8	41,5	2900	3200	3600	1900
5	1,4	3,5	70	54	0,8	0,8	48,1	3200	3600	4000	2000
6	1,4	4,0	70	54	0,8	0,8	54,7	3600	4000	4400	2100
7	1,6	3,5	70	60	0,9	0,9	54,4	3900	4400	4600	2100
8	1,6	4,0	70	60	0,9	0,9	61,9	4300	4800	5100	2200
9	1,6	4,5	70	60	0,9	0,9	69,4	4800	5300	5600	2300
10	1,8	3,5	82	70	1,0	1,0	74,3	5200	5800	6400	2500
11	1,8	4,0	82	70	1,0	1,0	84,5	5800	6400	7100	2700
12	1,8	4,5	82	70	1,0	1,0	94,7	6300	7000	7800	3000
13	2,0	4,0	82	96	1,0	1,0	110,8	7200	7900	8600	3300
14	2,0	4,5	82	96	1,0	1,0	124,3	8000	8700	9400	3600
15	2,0	5,0	82	96	1,0	1,0	137,7	8700	9400	10200	4000

Tabelle 24.
Stehender Wasserrohrkessel, speziell für Aufstellung
unter bewohnten Räumen geeignet.

Heizfläche		Länge	Breite	Höhe	Rohre	
Wasser-berührte	Totale	des Kessels inkl. Mauerwerk und Feuerung			Anzahl	Länge
qm	qm	mm	mm	mm		mm
5,6	8,4	2700	1070	2700	14	2000
8,4	12,6	3050	1070	2700	21	2000
11,2	16,8	3400	1070	2700	28	2000
14,0	21,0	3750	1070	2700	35	2000
16,8	25,2	4100	1070	2700	42	2000

Schließlich sei noch bemerkt, daß man das Gewicht eines
Kessels auch selbst ermitteln kann, wenn man zu dem Gewicht, das
aus den reinen Abmessungen ermittelt ist, noch 20—25 % für Über-
blattungen, Winkeleisen, Laschen, Nietköpfe usw. hinzufügt.

Die Feuerungen der Dampfkessel.

In einer Dampfkesselanlage kann man drei Hauptteile unterscheiden,
und zwar den Kessel, die Feuerung und die Armatur. Nachdem im
obigen die Hauptsachen des Kessels erörtert sind, kommen wir zu der
Feuerung, unter welchem Ausdruck man die Vorrichtung, die zu der
Verbrennung selbst dient: die Feuerzüge und den Schornstein,
zusammenfaßt. Da es, wie bereits oben erörtert, von großer Wichtigkeit
ist, das Brennmaterial mit der richtigen Luftmenge zu verbrennen, so ist
hier schon nach allen Richtungen versucht, Vorrichtungen zu schaffen,
die die vollkommenste Ausnutzung des Brennmaterials gewährleisten.

Bei der Feuerung selbst unterscheidet man Innen-, Vor- und
Unterfeuerung. Bei der Innenfeuerung, wie man sie z. B. bei
Flammrohrkesseln hat, wenn Steinkohle gefeuert wird, liegt der horizontale Rost (Planrost) ganz im Flammrohr, vorn wird der Rost durch
die mit dem Feuerungsgeschränk verbundene Schürplatte begrenzt,
während die hintere Grenze die Feuerbrücke ist. Letztere besteht aus
Schamottesteinen und hat den Zweck, den Gasen eine Prellfläche zu
bieten, an der sie sich stoßen und durcheinandermengen. Die Entfernung
der Oberkante der Feuerbrücke vom Kessel soll nicht unter 250 mm
betragen, da andernfalls leicht die Verbrennung vermindert wird.

Die Länge des Rostes soll höchstens 1800 mm betragen und
die Breite, die bei Flammrohren in mäßigen Grenzen gegeben ist,

7*

soll auch bei anderen Kesseln nicht mehr als höchstens 1300 mm betragen. Müssen die Rostdimensionen entsprechend der benötigten Brennmaterialmenge größer sein, so sind bei reichlich bemessener Heizfläche zwei Roste, und bei knapp bemessener zwei Kessel anzulegen.

Die stündlich auf 1 qm Rostfläche R zu verbrennende Brennstoffmenge kann betragen in kg:

$$\frac{B}{R} = \frac{\text{Brennmaterial}}{\text{Rostfläche}} = \frac{4680\,m \cdot v}{L}.$$

L ist in der Formel die theoretisch benötigte Luftmenge in cbm, v ist die Geschwindigkeit der Luft, die für Steinkohlen 0.75 m/sek. für mäßig und 1,60 m/sek. für stark beanspruchte Feuerungen beträgt. m ist das Verhältnis der freien zur totalen Rostfläche; dasselbe soll betragen:

bei Steinkohlen . . . . $m = 1/4 - 1/2$

„ Braunkohlen . . . . $m = 1/5 - 1/3$

„ Koks . . . . $m = 1/3 - 1/2$

„ Holz und Torf . . . . . $m = 1/7 - 1/5$

Die Verbrennung von Steinkohle stündlich auf 1 qm Rostfläche bei verschiedenartigem Betrieb ist aus folgender Gegenüberstellung ersichtlich:

Tabelle 25.

Betrieb	kg Kohle pro qm Heizfläche und Stunde	kg Kohle pro qm Rostfläche und Stunde	auf 1 qm Rostfläche Heizfläche
sehr langsam . .	1	40—50	50—60
langsam	2	50—70	30—50
normal	3	70—100	25—40
lebhaft	5	100	25

Die Größe der totalen Rostfläche hängt aber auch anderseits von der Kopfstärke der Roststäbe und der Breite der Luftspalten ab, welch letztere wieder der Art des Brennmaterials anzupassen sind. Die gebräuchlichen Abmessungen dafür sind:

Tabelle 26.

Brennstoff	Kopfstärke	Luftspalte
Grus	6 mm	3 mm
Braunkohle, stückig	7 „	4 „
Steinkohle, nicht backend	10 „	5 „
„ backend	10—15 „	10—12 „

Dementsprechend kann man bei normalem Betrieb auf 1 qm Rostfläche bei Innenfeuerung verbrennen:

Steinkohle . . . . 80—90 kg
Steinkohlengrus . . . . 60—70 „
Briketts . . . . 130—150 „
Braunkohle . . . . 150—200 „

Die erdige Braunkohle mit einem Heizwert bis 4000 Kalorien wird aber am besten auf dem Treppenrost oder Muldenrost als Vorfeuerung verbrannt. Der Treppenrost hat dabei als Fortsetzung noch einen kleinen Planrost, unter dem sich Schieber befinden, die zur vollständigen Verbrennung noch unverbrannter Teile und zur Entfernung von Asche und Schlacke dienen. Ferner hat der Treppenrost meistens eine Vorrichtung, die es gestattet, ihm jede beliebige Schräge zu geben. Diese Vorrichtung ist überflüssig, sobald man den Rost dem natürlichen Böschungswinkel der Kohle entsprechend gleich richtig angebracht hat, und zwar so flach, daß, wenn sich nach dem Beschicken mit Kohle der natürliche Böschungswinkel eingestellt hat, dann die Schicht unten 50 mm und oben 120 mm stark ist. Die Schrägstellung, die bei lufttrockener Braunkohle diesen Verhältnissen entspricht, beträgt mit der horizontalen einen Winkel von 29—30⁰. Es ist auf jeden Fall sehr darauf zu sehen, daß der untere Teil des Rostes, auf dem die Verbrennung am lebhaftesten sein soll, nicht von Kohle entblößt ist, da andernfalls die nutzbare Rostfläche verkleinert wird, und anderseits treten schädliche Luftmengen hindurch, die erhebliche Wärmeverluste bedingen.

Die totale Rostfläche soll beim Treppenrost so bemessen sein, daß auf 1 qm stündlich 150—200 kg Braunkohle verfeuert werden. Die Gesamtlänge soll dabei nicht mehr als 1800 mm bei einer größten Breite von 1400 mm betragen. Damit die Roststäbe sich nicht durchbiegen, sind sie nur 500 mm lang zu nehmen bei einer Breite von 100—120 und einer Dicke von 10—15 mm. Der vertikale Abstand soll dabei von Mitte zu Mitte 20—24 mm betragen.

Der Treppenrost hat den Vorzug, daß er, wenn er der Kohle richtig angepaßt ist, nicht so sehr die Geschicklichkeit des Heizers beansprucht wie der Planrost. Hingegen läßt sich die Planrostfeuerung der jeweiligen Dampfentnahme besser anpassen; dagegen hat sie den Nachteil, daß während des Beschickens und Abschlackens kalte Luft in den Verbrennungsraum tritt und daß gleich nach dem Beschicken durch die starke Entgasung des Brennmaterials eine Rauchentwicklung eintritt. Beide Übelstände können schon durch die Geschicklichkeit des Heizers auf ein Minimum reduziert werden; anderseits gibt es auch bereits ganz gut arbeitende Vorrichtungen, die diesen Übelständen erfolgreich entgegenwirken.

Für die Unterfeuerung, die hauptsächlich mit Planrost bei Feuer- und Wasserrohrkesseln in Frage kommt, gelten dieselben Verhältnisse wie bei der Innenfeuerung mit Planrost.

Die Feuerzüge und der Schornstein.

Die Feuerzüge haben den Zweck, die auf dem Rost erzeugten Heizgase mit der Heizfläche des Kessels in Berührung zu bringen, und zwar möglichst dicht, damit die Wärme von der Heizfläche gut aufgenommen wird. Die Kanäle dürfen aber auch nicht zu eng sein, da sie sonst den Durchgang der Heizgase erschweren und dadurch die Verbrennung vermindern. Anderseits müssen sie zwecks Reinigung befahren werden. Die Züge sollen glatte Wände haben, damit die Gase keine unnützen Reibungswiderstände vorfinden; sie können aber durch Kulissen in Entfernungen von 1,5—2,0 m stellenweise etwas verringert werden.

Die Geschwindigkeit in den Zügen soll normal 2—3 m/sek. betragen. Infolgedessen kann man den Querschnitt der Feuerzüge vom Rost nach dem Schornstein hin abnehmen lassen, da das Gasvolumen infolge der Wärmeabgabe abgekühlt und verringert wird. Bei einer Verbrennung von 60—100 kg Brennmaterial pro Quadratmeter Rostfläche nimmt man für die Feuerzüge gewöhnlich die folgenden Größen:

Feuerbrücke und Kulissen   0,10—0,125 der Gesamtrostfläche

     I. Zug . . . . 0,37—0,43   ,,   ,,

     II. ,, ... 0,31—0,37   ,,   ,,

     III. ,, ... 0,25   ,,   ,,

Die Geschwindigkeiten der Gase in den betreffenden Zügen lassen sich nach folgender Formel ermitteln:

Ist $\frac{B}{R}$ die stündlich auf 1 qm Rostfläche verbrannte Kohlenmenge in kg, r der Rauminhalt der aus 1 kg Kohle gebildeten Gasmenge in cbm der zugehörigen Temperatur entsprechend und a das Verhältnis des Zugquerschnitts zur gesamten Rostfläche, so ist rg die Geschwindigkeit der Heizgase in den Zügen in m/sek.

$$rg = \frac{B}{R} \cdot \frac{r}{3600\,a}.$$

Wenn die Züge den Zweck haben, die Heizgase mit der Heizfläche in Berührung zu bringen, so hat der Schornstein den Zweck, durch seine saugende Wirkung die Bewegung der Gase herbeizuführen.

Die Wirkung des Schornsteins beruht auf dem Gesetz des Auftriebs und der kommunizierenden Gefäße. Das Schornsteinrohr ist das eine Gefäß, das vermittels der Züge und des Rostes mit dem anderen, der Atmosphäre in Verbindung steht. Das Gleichgewicht wird dadurch gestört, daß die Luft im Schornstein infolge der Verbrennung eine höhere Temperatur hat und daher spezifisch leichter ist. Der Mehrdruck der Atmosphäre will sich durch den Rost ausgleichen, indem die warme Luft aus dem Schornstein herausgedrückt wird; da die Luft auf dem Rost aber immer wieder angewärmt wird, so ist der Ausgleichsprozeß ein ununterbrochener. Je höher nun der Schornstein ist, um so größer ist die Differenz zwischen dem Gewicht der Luftsäule im Schornstein und einer gleich hohen in der Außenatmosphäre, und je heftiger wird die Ausgleichsbestrebung sein, d. h. die Luft wird mit größerer Geschwindigkeit durch den Rost treten und auch eine entsprechend größere Geschwindigkeit in den Zügen erzeugen.

Man sieht, daß die Zuggeschwindigkeit in erster Linie von der Nutzhöhe des Schornsteins abhängt; letztere ist der lotrechte Abstand von der Oberfläche des Rostes und der Schornsteinausmündung. Anderseits kann die Druckdifferenz zwischen der Gassäule im Schornstein und der Außenluft aber auch durch eine Erhöhung der Schornsteintemperatur vergrößert werden.

Dem Schornstein gibt man gewöhnlich eine runde, achteckige oder quadratische Form. Die runde Form ist die gebräuchlichste, da sie erhebliche Vorzüge gegenüber den anderen besitzt. Da der Kreis bei gleicher Fläche den geringsten Umfang hat, so beansprucht sie bei gleicher Höhe die geringste Menge Baumaterial, wobei allerdings zu berücksichtigen ist, daß nur Formsteine verwendet werden können. Ferner bietet die runde Form die geringeren Reibungswiderstände und die geringere Abkühlung. Vor allen Dingen bietet sie aber dem Winde nicht nur die geringere Druckfläche, sondern nach allen Richtungen dieselbe Form der Druckfläche.

Der kleinste Querschnitt, der sich an der Ausmündung befindet, soll (nach v. Reiche) nicht kleiner sein als $\frac{1}{4}$ der Gesamtrostfläche bei Steinkohle und $\frac{1}{6}$ derselben bei Braunkohle. Die Höhe des Schornsteins soll für gemauerte wie eiserne nicht kleiner als 16 m sein. Vorteilhaft ist es, mit der Höhe nicht unter 20 m zu gehen und bei größerer Rostfläche die Höhe gleich dem 25fachen des kleinsten lichten Durchmessers zu nehmen. Ist

B die Brennstoffmenge für die Anlage in kg/st.,

R die Gesamtrostfläche,

d der kleinste lichte Durchmesser des Schornsteins,

h die Nutzhöhe desselben,

so hat man nach v. Reiche:

$$d = 0,1 \cdot B^{0,4} \quad \text{und} \quad h = 0,00277\left(\frac{B}{R}\right)^2 + 6\,d.$$

Nach diesen Formeln genügen d und h noch für eine Betriebs-vergrößerung um $30\,^0/_0$.

Beispiel.

Ein Dampfkessel soll stündlich 600 kg Dampf mit einer Steinkohle her-stellen, die eine $7^{1}/_{2}$ fache Verdampfung hat.

Wir haben oben gesehen, daß man bei einem rationellen Betriebe nicht mehr als 15 kg Dampf pro qm und Stunde erzeugen soll. Man benötigt also:

$$\frac{600}{15} = 40 \text{ qm Heizfläche.}$$

Bei $7^{1}/_{2}$ facher Verdampfung der Kohle hat man stündlich an Brennmaterial zu verfeuern:

$$\frac{600}{7,5} = 80 \text{ kg Steinkohle.}$$

Bei normalem Betrieb kann man nach obiger Tabelle noch 80 kg Steinkohle auf 1 qm Rostfläche stündlich verbrennen, man benötigt daher 1—1,25 qm Gesamtrostfläche.

Den kleinsten Schornsteindurchmesser finden wir wie oben:

$$d = 0,1\ B^{0,4} = 0,1 \cdot 80^{0,4} = 0,58 \text{ m, gleich } 0,6 \text{ abgerundet.}$$

Die notwendige Höhe berechnet sich daraus:

$$h = 0,00277\left(\frac{B}{R}\right)^2 + 6\,d = 0,00277\left(\frac{80}{1}\right)^2 + 6 \cdot 0,6 = 21,2 \text{ m.}$$

Diese Zahlen haben aber nur für normale Verhältnisse Gültigkeit, d. h. nur so lange, wie die Wärmeübertragung von den Heizgasen nach dem Kesselinhalt eine gleichmäßig gute ist und solange ander-seits die Dampfentnahme nur eine dem Dampf- und Wasserraum entsprechend schwankende ist. Sobald der Betrieb übermäßig forciert werden muß, treten andere Verhältnisse ein, die mit großen Wärme-verlusten verbunden sind. Es ist deshalb vor allen Dingen dafür zu sorgen, daß die Heizfläche auf der einen Seite nicht mit Ruß und Asche und auf der anderen Seite nicht mit Kesselstein bedeckt wird. Beide Übelstände lassen sich nicht ganz vermeiden, sie können aber durch richtige Anlage und richtigen Betrieb auf ein Minimum reduziert werden. Das Ansetzen von Kesselstein zu vermeiden, gibt es ein Universalmittel, nämlich ausschließlich mit ölfreiem Kondenswasser zu speisen. Wieweit dieses möglich ist, hängt von der Art des Be-triebes ab; wo mit mehrfacher Verdampfung gearbeitet wird, läßt sich dieses ohne weiteres durchführen, zumal eine gute Speisepumpe bei fast kochendem Wasser nicht versagt, vorausgesetzt, daß es ihr zuläuft.

Alle anderen angepriesenen Vorrichtungen und Mittel sollen hier nicht beurteilt werden. Wer sich dafür interessiert, muß sich ein vorurteilsloses Urteil von einer Persönlichkeit holen, die Erfahrungen damit gemacht hat.

Vorrichtungen, die unter gewissen Bedingungen zur Verbesserung der Kesselanlage beitragen, sind die Speisewasser-Vorwärmer und die sogenannten Überhitzer.

Den Speisewasser-Vorwärmer kann man nach dem Gegenstromprinzip mit dem Abdampf der Maschine oder durch unmittelbare Vermischung mit Retourdampf benutzen. Gewöhnlich wird aber der Speisewasser-Vorwärmer in den Fuchs eingebaut, und zwar in der Weise, daß man ein System von U-förmigen schmiedeeisernen Röhren, die das Wasser passieren muß, in demselben anbringt.

Bei der Größenberechnung eines Vorwärmers kann bei einem Kohlensäuregehalt der Rauchgase von 6—15% eine Wärmeübertragung $k = 10$—20 für Schmiedeeisen und 5—15 für Gußeisen angenommen werden.

$$ F = \frac{2\,L\,(t_2 - t_1)}{K\,(T_2 + T_1 - t_2 - t_1)}. $$

In dieser Formel bezeichnet F die Heizfläche des Vorwärmers in qm, L die Speisewassermenge in kg, t_2 die Temperatur des Speisewassers nach der Anwärmung, t_1 diejenige vor der Anwärmung, T_2 die Fuchsgastemperatur beim Austritt aus dem Vorwärmer und T_1 diejenige beim Eintritt in letzteren.

Damit im Durchschnitt eine befriedigende Leistung erreicht wird, ist noch zu beachten, daß der Vorwärmer unter Ausschaltung von Ruß und Asche gereinigt werden kann und daß nur kesselsteinfreies Speisewasser verwendet wird.

Bei den Dampfüberhitzern unterscheidet man direkt und indirekt gefeuerte. Erstere sind nur zweckmäßig, wenn der Dampf einen langen Weg bis zur Verbrauchsstelle hat und mehr Wert auf trockenen, heißen Dampf als auf Heizgase mit niedriger Temperatur gelegt wird. Der indirekt, d. h. mit den Abgasen geheizte ist hingegen überall zweckmäßig, wo der Betrieb forciert ist, d. h. wo die Abgase mit hoher Temperatur in den Schornstein gehen und wo eine Vergrößerung des Kesselhauses aus irgendwelchen Gründen nicht angebracht ist.

Die Überhitzer bestehen gewöhnlich aus U-förmigen gebogenen Rohren von 25—30 mm l. W., die, parallel geordnet, mit einem Schenkel in die Dampfkammer für Kesseldampf und mit dem anderen in die für überhitzten Dampf einmünden. Der Überhitzer muß an einer Stelle angebracht werden, an der die Heizgase noch eine Temperatur von 500 bis höchstens 700° C haben. Die Heizfläche kann bis 20 % der Kesselheizfläche betragen. Bei solcher Anordnung wird nicht nur das mitgerissene Wasser verdampft, sondern der Dampf auch um

150—200°C überhitzt. Nimmt man z. B. an, daß 1 kg Dampf im Kessel
eine Wärmemenge von 600 W.E. aufgenommen hat und im Überhitzer
um 200° überhitzt ist. Da die spezifische Wärme für trockenen Dampf
0,47 beträgt, d. h. um 1 kg Dampf um 1° C zuerwärmen, sind 0,47 W.E.
notwendig, so hat man 94 W.E. für die 200° Überhitzung.

$$600 : 94 = 100 : 15,6.$$

Die Wärmeausnutzung der Kohle ist durch den Überhitzer um
mindestens 15% gesteigert, da noch die Verdampfung des mit-
gerissenen Wassers dazukommt. Das Mitreißen von Wasser sollte
aber bei Anwendung eines Überhitzers nach Möglichkeit vermieden
werden, da sich dadurch bei Verwendung harten Speisewassers Kesselstein absetzt, der nicht beseitigt werden kann. Ferner soll ein guter
Überhitzer keine Flanschen innerhalb des Feuerzuges haben, schnell
und sicher ausgeschaltet werden können und sich leicht von Ruß und
Asche reinigen lassen. Außerdem ist für eine gefahrlose Arbeit die
Anbringung eines Sicherheitsventils am Überhitzer selbst erforderlich.

Die Kesselarmatur.

Die Kesselarmatur wird in grobe und feine Armatur unterschieden. Zu ersterer gehört der Rost mit dem Feuergeschränk
und übrigen Zubehörteilen und das Mannloch, das zum Befahren
des Kessels dient; dasselbe hat gewöhnlich eine ovale Form mit einer
Länge von 40—42 cm und einer Breite von 26—30 cm.

Zu der feinen Armatur gehören das Dampfventil, das Speiseventil, das Sicherheitsventil, der Wasserstandsanzeiger, das
Manometer, der Ablaßhahn, die Notpfeife und zuweilen auch
ein Dampfreduzierventil.

Das Dampfventil dient zur Regulierung der Dampfentnahme.
Damit möglichst trockener Dampf entnommen wird, ist es vermittels
eines Stutzens am höchsten Punkt des Kessels angebracht, und zwar
seitlich am Dampfdom, wenn ein solcher vorhanden ist. Man kann
sowohl Durchgangs- als auch Eckventile verwenden, die mit Metall-
spindel versehen sind. Der Durchgang soll derart angeordnet sein,
daß nach dem Abstellen des Ventils der Dampfdruck unter dem
Kegel steht, damit das Ventil während des Betriebes verpackt werden
kann. Die Größe des Ventils läßt sich aus der Menge des Dampfes
bestimmen, die dem Kessel in einer bestimmten Zeiteinheit entnommen
werden soll. Als Dampfgeschwindigkeit kann hierbei 10—15 m in
der Sekunde angenommen werden. In der Regel nimmt man das
Ventil 10% größer als das Sicherheitsventil.

Das Sicherheitsventil hat den Zweck, daß es für einen bestimmten Druck eingestellt ist und sich von selbst öffnet, um Dampf

entweichen zu lassen, sobald im Kessel der eingestellte Druck überschritten ist. Man unterscheidet Sicherheitsventile mit Feder- und
Gewichtsbelastung, und von letzteren sind die gebräuchlichsten die
mit Hebelbelastung. Das Sicherheitsventil wird gewöhnlich am
Dampfdom gegenüber dem Dampfentnahmeventil angebracht und führt
anderseits durchs Dach ins Freie.

Große Ventile sind bei hohem Druck wegen des großen Belastungs-
gewichts zu vermeiden. Die Ventile sollen nicht größer genommen
werden, als höchstens einem Dampfdruck von 600 kg für die Ventil-
größe entspricht, d. h. bei 6 Atmosphären Überdruck soll der Ventil-
querschnitt nicht größer als 100 qcm sein. Sitz und Kegel sind aus
harter Bronze anzufertigen. Der Hebel muß auf Schneiden liegen,
und zwar so, daß Drehpunkt, Druckpunkt des Hebels und Aufhängepunkt in einer Ebene liegen, dabei müssen der Hebel kräftig und die
Schneiden breit sein. Ist die kleinste Entfernung der Schneiden d,
so ist die Höhe des Hebels über der mittleren Schneide $\frac{2}{3} d$ und die
Breite des Hebels $\frac{1}{3} d$. d soll auch gleich dem lichten Durchmesser
des Ventils sein, hingegen die Entfernung von der mittleren Schneide
bis zum Aufhängepunkt des Gewichts gleich 5—8 d. Bezeichnet

p den festgesetzten höchsten Betriebsdruck in Atm.,

G_1 das Gewicht des Ventilkegels und der Spindel,

G_2 das im Schwerpunkt des Hebels angreifende Gewicht des
Hebels, der auszubalancieren ist,

d den lichten Durchmesser des Ventils in cm,

$a_1 = d$ den Abstand der ersten beiden Schneiden in cm,

a_2 den Abstand der mittleren Schneide und Schwerpunkt des
Hebels in cm,

a_3 den Abstand vom Schwerpunkt des Hebels und Aufhängepunkt des Gewichts in cm,

so kann das Gewicht nach folgender Gleichung berechnet werden:

$$\frac{d^2 \pi}{4} \cdot p \, a_1 = G_1 \cdot a_1 + G_2 \, a_2 + G_3 \, (a_2 + a_3).$$

Ist anderseits das Gewicht gegeben, so kann man auch den Aufhängepunkt berechnen.

Den Querschnitt eines Sicherheitsventils ergibt die Formel:

$$f = 15 \sqrt{\frac{r}{p}} \text{ qmm.}$$

f bedeutet hier den Querschnitt in qmm für 1 qm Heizfläche,

p den höchsten Betriebsdruck in Atmosphären,

r das Volumen von 1 kg Dampf bei p in Liter.

Nach dieser Formel sind die Werte für f aus den entsprechenden p und r in der folgenden Zusammenstellung berechnet.

Tabelle 27.

p	1	2	3	4	5	6	7	8	9	10	11	12	13	14
r	896	612	467	379	319	276	244	218	198	181	167	154	144	135
f	449	262	187	146	120	102	89	78	70	64	58	54	50	47

Beispiel.

Für einen Kessel mit 100 qm Heizfläche, der mit einem Betriebsdruck von 8 Atmosphären arbeiten soll, hat man als Querschnitt:

$$100 \times 78 = 7800 = \frac{\pi d^2}{4}; \; d = 100 \text{ mm}.$$

Ein drittes wichtiges Ventil ist das Speiseventil, das nach Abstellen der Speisevorrichtung durch den Druck des Kessels geschlossen werden muß; zu diesem Zwecke wird das Ventil vielfach mit einem Rückschlagventil versehen. Der Hub des Ventils soll nicht über 6 mm betragen, wobei der Führungszapfen des Kegels als Querschnitt den dritten Teil desjenigen des Kegels haben soll.

Das Speiseventil wird am Kessel auf dem Speisestutzen angebracht, an letzterem hängt im Kessel gewöhnlich ein Einhängerohr, das mindestens 100 mm unter den tiefsten Wasserstand reichen muß.

Der lichte Durchmesser des Speiseventils richtet sich nach der stündlichen Dampferzeugung des Kessels. Bezeichnet man den Durchmesser mit d und mit D die stündliche Dampfmenge in kg, so hat man:

$$d = 35 \text{ mm} + 0,02 \, D.$$

Für eine stündliche Leistung von 2000 kg Dampf benötigte man daher einen Durchmesser von $35 + 0,02 \cdot 2000 = 75$ mm.

In neuerer Zeit werden vielfach Wasserstandsregler in die Speiseleitung eingebaut, die den Zweck haben, einmal selbsttätig zu speisen und den Wasserstand unter geringen Schwankungen auf einem bestimmten verhältnismäßig niederen Niveau zu halten. Diese Vorrichtung hat sicher den Vorteil, daß, namentlich bei Kesseln mit kleinem Dampfraum, infolge des niederen Wasserstandes der Dampf den Kessel bedeutend trockener verläßt. Hierauf dürfte es auch wohl in der Hauptsache zurückzuführen sein, daß vermittels eines Wassermessers eine erhebliche Verminderung der Speisewassermenge festgestellt ist. Bei dieser Vorrichtung ist es notwendig, daß die Speisepumpe ununterbrochen im Betriebe ist und daß das überflüssig gepumpte Wasser durch eine Umleitung mit Sicherheitsventil nach der Pumpe zurückgeführt wird.

Damit bei Betriebseinstellung das Wasser aus dem Kessel entfernt werden kann und, noch wesentlicher, damit aus dem Kessel von Zeit zu Zeit der Schlamm entfernt werden kann, ist an der tiefsten Stelle des Kessels ein gewöhnlicher oder ein Stopfbuchsenhahn angebracht, dessen Küken und Gehäuse aus Messing sein müssen. Die lichte Weite soll je nach der Größe des Kessels 30—60 mm betragen. Der Hahn muß leicht zugänglich sein, und es ist im Interesse seiner leichten Beobachtung vorteilhaft, ihn nicht in ein gemeinschaftliches Rohr einmünden zu lassen.

Zur Verhütung einer Explosionsgefahr und noch mehr im Interesse eines geregelten Betriebes ist es notwendig, den Wasserstand im Kessel beobachten zu können. Zu diesem Zweck ist jetzt allgemein ein Wasserstandglas angebracht, das unten mit dem Wasser- und oben mit dem Dampfraum verbunden ist.

Das Glasrohr, in dem nach dem Gesetz der kommunizierenden Rohre das Wasser so hoch steht wie im Kessel, soll eine mindeste Länge von 250 mm haben bei einem äußeren Durchmesser von 16—20 mm. Da das Glasrohr unter dem Kesseldruck steht, anderseits auch hohen Temperaturen ausgesetzt ist, so liegt die Gefahr einer Explosion sehr nahe, infolgedessen werden die Rohre noch mit einer Schutzhülse aus starkem Glase umgeben.

Da sich die Wasserstandstutzen leicht verstopfen können, so ist es erforderlich, daß beide Stutzen wie auch die Rohre bei jedem Schichtwechsel ausgeblasen werden, zu welchem Zwecke sowohl die Stutzen als auch die Rohre nach unten mit Absperrvorrichtungen versehen sind.

Da es trotz aller Vorsichtsmaßregeln vorkommen kann, daß der Wasserstandzeiger versagt, so ist es nicht unwichtig, noch einen sogenannten Speiserufer anzubringen. Dieser besteht in der beliebten Form in einer Dampfpfeife, die mit ihrem unteren Ende bis auf den zulässigen niedersten Wasserstand reicht und unten mit einem Pfropfen aus einer Legierung geschlossen ist, die bei der Temperatur des Kesselwassers nicht schmilzt. Sobald der Pfropfen aber mit dem heißeren Dampf in Berührung kommt, schmilzt er und läßt den Dampf einströmen, so daß die Alarmpfeife sofort ertönt.

Denselben Zwecken in bezug auf den Druck wie der Wasserstandzeiger auf das Wasser dient das Manometer. Dasselbe hat die Aufgabe, dem Heizer jederzeit die Spannung des Kessels vor Augen zu führen. Man unterscheidet hierbei Quecksilber- und Federmanometer. Da das einfache Quecksilbermanometer für hohe Spannungen nicht zu verwenden ist und das Differential-Quecksilbermanometer noch weniger zuverlässig ist als das Federmanometer, so kommt hier nur letzteres in Frage.

Die Federmanometer beruhen auf dem Prinzip, daß in ihrem Inneren der Kesseldruck auf eine elastische Röhre oder Platte wirkt, und zwar derartig, daß die Verbiegung dem Druck proportional ist. Die Verbiegung wird durch ein kleines Hebel- oder Räderwerk auf einen von außen sichtbaren Zeiger übertragen, der jederzeit über den Stand der Spannung unterrichtet.

Das Manometer soll vorschriftsmäßig mit einem Kontrollflansch versehen sein, der es ermöglicht, daß das Manometer jederzeit durch ein richtiggehendes geprüft werden kann. Falls das Manometer versagen sollte, so gibt auch das Sicherheitsventil über den höchsten zulässigen Betriebsdruck durch Abblasen Auskunft und verhütet dadurch eine Explosionsgefahr durch zu starke Druckerzeugung. Es sollte daher nicht versäumt werden, sich täglich von dem richtigen Funktionieren des Sicherheitsventils zu überzeugen.

Wenn für besondere Fälle Dampf von höherer Spannung in solchen von niederer umgewandelt werden soll, so soll man sich dazu nach den Anforderungen der Behörde eines sogenannten Reduzierventils bedienen. Diese Ventile sind verstellbar für jeden beliebigen Druck, und zwar in der Weise, daß ein Kolben mit einem Hebelgewicht belastet wird. Die Ventile müssen mit einem Manometer und einer Kondenswasserableitung versehen sein. Sie sind in der Theorie ganz gut durchdacht, trotzdem versagen sie in der Praxis manchmal, da die durch die hohen Temperaturen verursachte Ausdehnung bei Eisen und Metall eine verschiedene ist.

Die Speisevorrichtungen.

Zu der Speisung des Kessels mit Betriebswasser bedient man sich entweder einer Pumpe oder eines Injektors. Nach den Vorschriften der Behörde müssen für jede Kesselanlage zwei sicher arbeitende Vorrichtungen vorhanden sein, damit, falls die eine versagt, die andere genommen werden kann.

Gewöhnlich nimmt man für kleinere Anlagen eine Speisepumpe für den regelmäßigen Betrieb und einen Injektor als Reservevorrichtung, da letzterer den Vorzug der Billigkeit hat und infolge seiner Einfachheit zuverlässig arbeitet, und da er keine beweglichen Teile hat, auch wenig reparaturbedürftig ist. Für dauernden Betrieb ist er aber nicht zu empfehlen, da ihm, wenn er zuverlässig arbeiten soll, möglichst kaltes Wasser zugeführt werden muß; hierdurch hat man erstens ganz erhebliche Wärmeverluste dadurch, daß man die Kondenswässer nicht benutzen kann, und anderseits kommen mit kaltem

Wasser kesselsteinbildende Körper in das Wasser, die überhaupt jeden anderen Nutzen illusorisch machen. Der Wärmeverlust wird zwar dadurch bereits etwas vermindert, daß man Injektoren baut, die mit Retourdampf bedient werden können, bei denen aber das Wasser zufließen muß und nicht wärmer als 18⁰ sein darf. Da das Wasser mit 70—90⁰ C auf die Kessel kommt, so hat man wohl einen Wärmegewinn bis 10 % aus dem Retourdampf gegenüber der Anwendung von direktem Dampf, man hat dafür aber anderseits 90 % Frisch- und 10 % Kondenswasser (als Retourdampf). Während bei den Injektoren mit direktem Dampf Wasser- und Dampfeintritt denselben Durchmesser haben, ist bei Retourdampf derjenige des Dampfes doppelt so groß als der des Wassers.

Das Prinzip der Injektoren, auch Dampfstrahlpumpen genannt, beruht darauf, wie in Fig. 50 ersichtlich ist, daß der Dampf durch ein konisches Rohr *a* eintritt und bei *b* Wasser mitreißt, das den Dampf teilweise kondensiert und eine solche Geschwindigkeit erhält, daß es einen Druck bis 10 Atm. überwindet und durch *c* in den Kessel einströmt. Die Menge, die *c* nicht verschlucken kann, läuft bei *d* über. Die Injektoren werden für Leistungen bis zu 30 cbm in der Stunde gebaut.

Die Pumpen, die bei der Speisung Verwendung finden, unterscheidet man in solche mit und ohne Schwungrad. Das Prinzip der beiden Systeme soll weiter unten erörtert werden. Hier ist nur zu bemerken, daß die schwung-

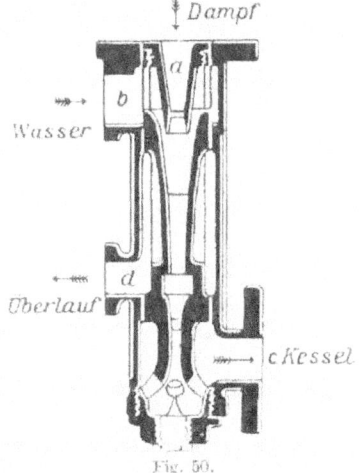

Fig. 50.

radlosen speziell für den Zweck der Kesselspeisung gewisse Vorzüge haben. Wo es sich um größere Pumpen handelt, sind sie schon erheblich billiger und nehmen bedeutend weniger Platz ein. Ihr größter Vorzug besteht aber darin, daß sie bei ununterbrochenem Betrieb, der dem periodischen vorzuziehen ist, ganz langsam gehen können und dadurch in der Lage sind, ohne Schlagen und Stoßen das verhältnismäßig heißeste Wasser zu speisen.

Die Dimensionen solcher Pumpen, wie sie von verschiedenen Firmen geliefert werden, sind in der Tabelle 28, S. 112 enthalten.

Als Nachteil gegenüber den Pumpen mit Schwungrad haben sie einen verhältnismäßig größeren Dampfverbrauch. Bei größeren Maschinen wird der Dampfverbrauch aber schon dadurch verringert, daß sie als Verbundmaschinen gebaut werden, und zwar schon bei einer Leistung von 250 Liter in der Minute.

Man kann die Pumpen schließlich auch von einer Transmission treiben. Es ist dieses aber wenig zu empfehlen, da bei jeder Betriebsstörung, wie auch beim Anfang des Betriebes das Speisen von der Hauptmaschine abhängig ist und zu unliebsamen Folgen führen kann.

In neuerer Zeit werden auch bereits Zentrifugalpumpen zum Speisen der Kessel eingeführt.

Tabelle 28.
Schwungradlose Pumpen.

Zylinder-Abmessungen			Doppelhübe in der Minute	Leistung minutlich	Lichte Weite der Rohre				Ungefähres Gewicht
Dampf-zylinder	Pumpen-zylinder	Hub			Saugrohr	Druck-rohr	Dampf-eingang	Dampf-ausgang	
mm	mm	mm	n	Ltr.	mm	mm	mm	mm	kg
55	30	70	150	25	30	20	10	13	60
70	40	70	150	45	35	25	13	17	70
80	50	80	125	65	40	30	16	19	95
110	60	100	95	90	65	50	19	25	175
110	70	100	93	120	65	50	19	25	180
120	75	120	90	160	65	50	19	25	200
135	90	125	73	200	70	60	20	30	325
150	90	150	70	240	75	65	25	30	385
150	100	150	67	280	90	65	25	30	400
160	110	150	67	340	100	70	25	30	475
180	120	150	67	400	100	70	25	35	585
200	130	150	66	460	100	80	35	45	660
220	140	150	66	540	125	100	40	50	750
220	150	150	66	620	125	100	40	50	780

Der Betrieb des Kesselhauses.

Wenn auch die Anlage mit den richtigen Größenverhältnissen in allen Einzelheiten bis zu der geringsten Kleinigkeit das Haupterfordernis für einen verhältnismäßig billigen Betrieb ist, so ist doch die richtige Bedienung nicht minder wichtig, und diese kann man dauernd nur durch eine regel- und sachgemäße Kontrolle erzielen.

Zu einer sachgemäßen Kontrolle gehören zuerst die regelmäßigen Feststellungen des Kohlensäuregehalts der Abgase und deren Fuchs- resp. Schornsteintemperatur. Der Kohlensäuregehalt soll bei Steinkohlenfeuerung 10—12 % und bei Braunkohlenfeuerung 15—18 % betragen, da man im ersteren Falle das Doppelte der theoretischen Luftmenge und im anderen das 1,3fache nehmen soll. Bei Steinkohlenfeuerung ist der Luftüberschuß notwendig, da man sonst zu hohe Anfangstemperaturen erhält, die in kurzer Zeit alles verschmoren. Die Fuchstemperatur soll dabei 200—300° C betragen.

Ferner ist die Zuggeschwindigkeit festzustellen, welche bei ruhiger Feuerung einer Wassersäule von 12—15 mm im Fuchs entsprechen soll.

Wenn nun auch das eine günstige Resultat das andere bedingt, so soll man es doch nicht unterlassen, alle drei Punkte zu kontrollieren, da man dadurch irgendeine Unstimmigkeit bald herausfinden und beseitigen kann.

Schließlich darf man sich auch auf diese Untersuchungen nicht allein beschränken, sondern man hat auch unausgesetzt seinen Kohlenverbrauch zu kontrollieren; stellt man hierbei dann noch das entsprechend verbrauchte Speisewasser fest, so gibt der daraus resultierende Verdampfungseffekt der Kohle den besten Aufschluß über die Ordnung und Leistungsfähigkeit des Kesselhauses.

Das Speisewasser kann man für eine bestimmte Zeiteinheit durch Messen im Kasten, aus dem die Speisepumpe zieht, feststellen, oder durch einen selbsttätigen Wassermesser, der in die Saugoder Druckleitung eingebaut wird. Diese Apparate werden als Kolben-, Scheiben- und Flügelradmesser gebaut, von denen bis jetzt die Kolbenmesser den besten Ruf als die genauesten haben und auch allen Verhältnissen am besten gerecht werden sollen.

Den Verdampfungswert der Kohle regelmäßig festzustellen, ist auch noch insofern von Wichtigkeit, als er Aufschluß gibt, ob eine notwendige Forcierung der Feuerung davon abhängt, daß im Kesselhaus etwas nicht in Ordnung ist, oder ob der Fehler im Dampfverbrauch liegt. Meistens liegt allerdings der Fehler darin, daß sich, wie bereits bemerkt, Kesselstein auf der wasserbespülten Heizfläche ablagert, der die Wärmeübertragung ganz erheblich beeinträchtigt.

Das beste Mittel, diesen wichtigen Übelstand zu beseitigen, besteht, wie bereits bemerkt, darin, möglichst nur mit Kondenswasser zu speisen. Wo dieses nicht möglich ist, muß man sich darauf beschränken, nach Möglichkeit auf eine Verminderung des Übelstandes hinzuwirken.

Die kesselsteinbildenden Körper sind in der Regel die Sulfate und Karbonate der Erdalkalien, und zwar vornehmlich des

Kalks. Man hat es also hauptsächlich mit schwefelsaurem und kohlensaurem Kalk zu tun, während die gleichen Magnesiaverbindungen dabei nur untergeordnet in Frage kommen. Während schwefelsaurer Kalk bei jeder Temperatur im Wasser löslich ist, ist kohlensaurer Kalk in reinem Wasser überhaupt nicht löslich, wohl aber in kohlensäurehaltigem, und zwar als doppeltkohlensaurer Kalk. Da die Kohlensäure durch Wärme abgespalten und aus dem Wasser ausgetrieben werden kann, so genügt für eine Karbonatausscheidung schon die einfache Erwärmung; anders bei dem schwefelsauren Kalk; dieser muß durch chemische Wechselwirkung zu einer unlöslichen Verbindung umgesetzt werden, und letztere ist auch in diesem Falle der kohlensaure Kalk. In letztere Verbindung kann man den schwefelsauren Kalk umwandeln, wenn man ihn mit kohlensaurem Natron (Soda) kocht. Die Umsetzung geschieht dabei nach folgender Gleichung:

$$2\,CO_3\,Na + SO_4\,Ca = SO_4\,Na_2 + CO_3\,Ca$$

kohlens. Natron + schwefels. Kalk = schwefels. Natron + kohlens. Kalk.

Auch der kohlensaure Kalk wird durch Soda ausgefällt, indem sich doppeltkohlensaures Natron bildet. Letzteres wie auch schwefelsaures Natron sind in Wasser leicht löslich und setzen sich nicht leicht als Kesselstein an. Trotzdem darf man die Konzentration nicht zu weit treiben, da leicht ein mit Stoßen verbundener Siedeverzug eintreten kann. Es ist deshalb unbedingt notwendig, in jeder Woche mindestens einmal die Hälfte des Kesselwassers abzulassen und vielleicht in jedem Monat den Kessel einmal ganz zu entleeren.

An Stelle von Soda kann man auch Ätznatron nehmen, da dieses sich mit der abspaltbaren Kohlensäure des doppeltkohlensauren Kalks zu Soda verbindet, die anderseits sich mit dem schwefelsauren Kalk umsetzt.

Für die Ausscheidung der abspaltbaren Kohlensäure und mit ihr des kohlensauren Kalks kann man auch Ätzkalk verwenden, von dem aber ein Überschuß zu vermeiden ist. Man muß dann aber für die Umsetzung und Ausscheidung des schwefelsauren Kalks noch eine entsprechende Menge Soda zusetzen. Die Anwendung von Ätzkalk und Soda wird vielfach angewandt, da sie billig und sicher ist.

Bei der Behandlung des Speisewassers mit Chemikalien ist es notwendig, daß das Wasser auf eine hohe Temperatur gebracht wird, daß ferner eine richtige Dosierung der Chemikalien und gute Vermischung mit dem Wasser stattfindet und daß die Ausscheidung abfiltriert wird, zu welchem Zweck gewöhnlich Perlkies verwandt wird. Wenn die Sache richtig gehandhabt wird, so lassen sich immer-

hin auf diese Weise 70—80 % der kesselsteinbildenden Körper entfernen.

Wo eine Speisewasserreinigung, wegen deren Details und Anlage
man sich mit einem Spezialingenieur in Verbindung setzen muß, nicht
angeht, kann man eine bemerkenswerte Verminderung des Ansatzes
dadurch erreichen, daß man dem Speisewasser so viel Soda zu-
fügt, daß es andauernd alkalisch ist, d. h. rotes Lackmuspapier blau
färbt, und den ganzen Kessel wöchentlich einmal abbläst und, wenn
tunlich ist, den vorhandenen Schlamm mit warmem Wasser abspült.

Allen anderen Mitteln, namentlich den Geheim- und Anti-
kesselsteinmitteln gegenüber ist die größte Vorsicht am Platze, da
solche oft direkt schädlich sind. Wohl aber ist es angebracht, der
Heizfläche nach dem Reinigen durch Klopfen und Bürsten einen
Anstrich zu geben, wozu man zweckmäßig mit Leinöl ganz dünn
angerührten Graphit verwendet, der mit einer weichen Bürste ganz
schwach aufzutragen ist.

Schließlich ist noch zu bemerken, daß man sich wegen des Kesselhaus-
betriebes auch mit den Vorschriften der Behörden vertraut machen muß.

IV. ABSCHNITT.

DAMPFMASCHINEN, DAMPFTURBINEN, ANWÄRMEN, VERDAMPFEN, TROCKNEN, PUMPEN UND TRIEBWERKE.

Wir haben im vorigen Abschnitt festgestellt, daß dem Kesselhaus die Aufgabe zufällt, Dampf zu erzeugen, der durch die Maschinen in Arbeit umgesetzt wird. Der Dampf wird dort in der Weise erzeugt, daß die durch den Verbrennungsprozeß freigemachte Wärme dem Kesselwasser zugeführt wird, das dadurch angewärmt und schließlich in den gasförmigen Aggregatzustand, d. h. in Dampf umgewandelt wird.

Wir haben an der Anfangs- und Endtemperatur der Heizgase auch gesehen, wieviel Wärme dem Kesselinneren mitgeteilt und dadurch nutzbar gemacht werden kann. Unsere Aufgabe ist es jetzt, festzustellen, wie das Wasser sich dabei verhält und in welcher Weise die aufgenommene Wärme in Arbeit umgesetzt wird.

Mit Wärmeeinheit oder Kalorie wird die Wärmemenge bezeichnet, die notwendig ist, die Temperatur von 1 kg Wasser um einen Grad Celsius zu erhöhen. Wenn dem Wasser so viel Wärme mitgeteilt wird, daß es bei Atmosphärendruck 100° C zeigt, so fängt es an zu sieden, d. h. es verwandelt sich in Dampf. Die weitere Frage ist nun, wieviel Wärme ist notwendig, um 1 kg Wasser bei Atmosphärendruck in Dampf zu verwandeln?

Der französische Physiker Regnault hat durch Versuche festgestellt, daß hierzu 537 Kalorien notwendig sind. Zu der Umwandlung von 1 kg Wasser von 0° C in Dampf bei Atmosphärendruck, d. h. von 100° C, hat er an Wärme gebraucht:

zu der Anwärmung bei 100° . . . . 100 Kalorien,

„ „ Verdampfung 537   „

Zusammen also 637 Kalorien. Regnault hat aber den Wärmeverbrauch auch für andere Temperaturen ermittelt und hierbei gefunden, daß der Wärmeverbrauch sich allgemein nach folgender Formel berechnen läßt:

$$Q = 606,5 + 0,305 \, t.$$

Q bedeutet hier die Gesamtwärme von 1 kg Wasserdampf bei der Temperatur t in Kalorien. Für $t = 100°$ erhält man:

$$606,5 + 0,305 . 100 = 637 \text{ Kalorien.}$$

Die Wärmemenge, die notwendig ist, das bis auf die Siedetemperatur erwärmte Wasser in Dampf zu verwandeln, nennt man die Verdampfungs- oder latente Wärme. Man erhält sie, wenn man von der Gesamtwärme die Eigenwärme des Dampfes abzieht.

$$Q - t = r.$$

Vermittels der folgenden Formel kann man sie für jede Temperatur nach der folgenden Formel direkt berechnen:

$$r = 606,5 - 0,695\, t - 0,00002\, t^2 - 0,0000003\, t^3.$$

Für die Praxis kann man die letzten beiden Glieder fortlassen.

Für $t = 100°$ erhalten wir auch hier: $606,5 - 0,695 . t = 537$ Kal.

$100°$ C als Siedepunkt des Wassers gilt nur für den Atmosphärendruck, den wir als einer Quecksilbersäule von 760 mm gleich gefunden haben, und der für die Technik auf 1 kg pro qcm abgerundet wird.

Bei anderen Druckverhältnissen ist aber nicht nur die Siedetemperatur eine andere, sondern auch das Volumen des entwickelten Dampfes.

Wir haben im vorigen Kapitel bereits die Abhängigkeiten zwischen Druck, Volumen und Dichte im Mariotteschen Gesetz zum Ausdruck gebracht. Nach diesem Gesetz verhalten sich Druck und Volumen umgekehrt und Druck und Dichte direkt proportional.

$$v : v_1 = p_1 : p \text{ und } p : p_1 = d : d_1.$$

Auch die Beziehungen, die wir dort zwischen Volumen und Temperatur für Luft kennen gelernt haben, gelten für Wasserdampf, d. h. aber nur für solchen, der mit der Flüssigkeit nicht mehr in Berührung steht und trocken oder überhitzt ist im Gegensatz zu ersterem, den man mit naß oder gesättigt bezeichnet.

Wir hatten dort gefunden, daß die Gase sich bei Temperaturerhöhung ausdehnen, und zwar proportional der Erwärmung für jeden Grad Celsius um $1/273$ ihres ursprünglichen Volumens. Den Wert $1/273$ bezeichnet man als den Ausdehnungskoeffizienten allgemein mit a. Bezeichnet man ferner mit V_1 das ausgedehnte Volumen, mit V das ursprüngliche Volumen und mit t die Temperatur, so hat man:

$$V_1 = (1 + a\, t)\, V.$$

Für gesättigten Dampf kommen noch andere Faktoren in Frage, so daß hier die Verhältnisse viel komplizierter sind. Für den praktischen Gebrauch sind die Werte in der Tabelle 29 von Fliegner annähernd berechnet und gegenübergestellt.

Tabelle 29.   Nach Fliegner.

| Spannung in Atm. | Temperatur in Graden Celsius | Gesamtwärme | | Gewicht eines cbm Dampf in kg |
		Flüssigkeits-wärme in Kal.	Ver-dampfungs-wärme in Kal.	
0,1	45,58	45,649	574,753	0,0672
0,2	59,76	59,890	564,835	0,1293
0,3	68,74	68,934	558,532	0,1894
0,4	75,47	75,710	553,807	0,2482
0,5	80,90	81,189	549,985	0,3061
0,6	85,48	85,818	546,755	0,3634
0,7	89,47	89,844	543,944	0,4201
0,8	93,00	93,427	541,439	0,4763
0,9	96,19	96,639	539,198	0,5322
1,0	99,09	99,576	537,146	0.5878
1,5	110,76	111,416	528,867	0,8598
2,0	119,57	120,369	522,600	1,1265
2,5	126,73	127,658	517,493	1,3892
3,0	132,80	133,853	513,150	1,6487
3,5	138,10	139,271	509,349	1,9055
4,0	142,82	144,102	505,958	2,1600
4,5	147,09	148,475	502,887	2,4127
5,0	150,99	152,480	500,072	2,6636
5,5	154,59	156,180	497,471	2,9130
6,0	157,94	159,625	495,048	3,1610
6,5	161,08	162,852	492,777	3,4078
7,0	164,03	165,890	490,639	3,6535
7,5	166,82	168,764	488,615	3,8979
8,0	169,46	171,493	486,692	4,1416
8,5	171,98	174,093	484,860	4,3842
9,0	174,38	176,578	483,108	4,6258
9,5	176,68	178,958	481,429	4,8668
10,0	178,89	181,243	479,817	5,1073
10,5	181,01	183,442	478,265	5,3463
11,0	183,05	185,563	476,768	5,5850
11,5	185,03	187,612	475,321	5,8232
12,0	186,94	189,594	473,921	6,0606
12,5	188,78	191,513	472,566	6,2975
13,0	190,57	193,376	471,249	6,5335
13,5	192,31	195,184	469,971	6,7692
14,0	194,00	196,944	468,726	7,0044
15,0	197,24	200,324	466,335	7,4732

Will man das Volumen von 1 kg Dampf in cbm haben, so hat man nach den Verhältnissen der vorstehenden Tabelle

$$v = \frac{1}{g},$$

in welcher Formel g das Gewicht von 1 cbm Dampf bei dem entsprechenden Druck und der Temperatur bedeutet.

Allgemein läßt sich dieses Volumen auch nach der folgenden Formel berechnen:

$$v = 1{,}683 \ \frac{273 + t}{1000 \cdot p} \ \text{cbm pro kg.}$$

Der in der Tabelle verzeichnete Druck ist der absolute Druck, d. h. der einem absoluten Vakuum entspricht. In der Praxis versteht man unter Druck nur den Überdruck über dem Atmosphärendruck, der also immer um 1 Atm. niedriger ist als der absolute.

Wenn nun z. B. 1 kg Dampf von 6 Atm. eine Gesamtwärme von 654 Kalorien besitzt, so muß dasselbe nach dem Gesetz von der Erhaltung der Kraft 551 Kalorien freimachen, um Wasser von 100° zu werden, und die freigemachte Wärme läßt sich durch geeignete Vorrichtungen, wie die Dampfmaschine, teilweise in mechanische Arbeit umsetzen.

Da man nach der mechanischen Wärmetheorie mit einer Kalorie 424 mkg Arbeit leisten kann, so könnte man bei quantitativer Ausnutzung dieser Wärmemenge 234896 mkg Arbeit erzeugen. Da die Arbeit einer Pferdekraft pro Stunde $60 . 60 . 75 = 270000$ mkg beträgt, so entspricht die freie Wärme von 1 kg Dampf mit 6 Atm. Überdruck, in Pferdekraft pro Stunde ausgedrückt, 0,87. Dieses ist die theoretische Möglichkeit, wenn das Kondenswasser unter Atmosphärendruck mit 100° abläuft. Wir werden nun feststellen, was praktisch erreicht wird und nach welchen Prinzipien und mit welchen Vorrichtungen hierbei vorgegangen wird.

In der Hauptsache sind es die Dampfmaschinen, die hierfür in Frage kommen, sie lassen sich nach der Spannung des verwendeten Dampfes in Hoch- und Niederdruckmaschinen unterscheiden. Ferner in solche mit Kondensation oder Auspuff und in Maschinen mit einem Zylinder oder in solche mit mehreren, die man Compound- oder Verbundmaschinen nennt.

Das Wesentliche und allen Maschinen Gemeinsame ist der Dampfzylinder mit dem hin und her gehenden Kolben, der diese Hin- und Herbewegung vermittels Kurbel auf eine rotierende Welle überträgt.

In Fig. 51 ist a der Dampfzylinder, b der in demselben hin und
her gehende Kolben, c die Kurbel, d die Welle, e das Schwungrad,
f der Kurbelzapfen und g der Kreuzkopf.

Die Steuerung des Dampfes, die durch Exzenter von der Welle

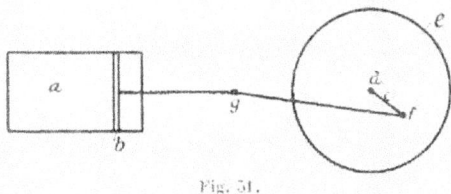

aus getrieben wird, geschieht
in der Weise, daß der Dampf
abwechselnd vor und hinter
den Kolben geführt wird,
während dem Schwungrad
die Aufgabe zufällt, durch

Fig. 51.

aufgespeicherte Kraft den
Kolben über die Endpunkte, das sind die sogenannten toten Punkte,
hinwegzuhelfen.

Um die Wirkung des Dampfes im Zylinder kennen zu lernen,
bedient man sich eines Indikators, der durch eine Drucklinie sowohl
die Füllung des Zylinders als auch die Druckverhältnisse während
einer Strecke des Kolbens graphisch darstellt. Der Druck auf den
Kolben ändert sich während einer Strecke, da der Zutritt des Dampfes
durch einen zweiten Schieber, den man im Gegensatz zum Verteilungs-
schieber Expansionsschieber nennt, vorzeitig abgestellt wird. Dieses
vorzeitige Absperren hat den Zweck, die in der latenten Wärme
liegende Expansionskraft des Dampfes so weit wie irgend möglich in
Arbeit umzusetzen. Der Grad dieser Umsetzung, den der Indikator
in der Aufzeichnung zur Erscheinung bringt und der sich zahlenmäßig darin äußert, wieviel kg pro Pferdekraft und Stunde gebraucht
werden, bedingt die Güte der Maschine. Der Indikator gibt aber
auch Aufschluß, wieviel Gesamtarbeit die Maschine leistet, und zwar
drückt man dieses in Pferdekräften aus, die man im Gegensatz zu
den Nutzpferdekräften indizierte Pferdekräfte nennt. Die Nutzpferdekräfte lassen sich durch Bremsversuche feststellen. Das Verhältnis
von den indizierten zu den Nutzpferdekräften nennt man den Wirkungsgrad der Maschine. Bezeichnet iPS die indizierten Pferdekräfte,
ePS die Nutzpferdekräfte und W den Wirkungsgrad, so hat man:

$$W = \frac{ePS \cdot 100}{iPS}.$$

Der Indikator, der in seinem Prinzip bereits von Watt erfunden
ist, besteht in seiner heutigen von Thompson verbesserten Form, wie
in Fig. 52 ersichtlich ist, aus einem Zylinder a, in dem ein Kolben b
auf eine Feder c drückt, die den Druck auf den Kolben durch das
Hebelwerk e auf eine Feder f überträgt. g ist eine Trommel, an der
das Papier zur Aufnahme des Diagramms vermittels hh befestigt wird.

In *g* befindet sich eine Feder, die nach der Umdrehung der Trommel, entsprechend der Diagrammlänge, diese wieder zurückdreht. *k* mit der Reduktionsrolle *r* ist der Hubverminderer, der den Zweck hat, die Hublänge auf die Diagrammlänge zu reduzieren. Hat z. B. die Rolle *k* einen Umfang von 25 cm, so wird sie sich bei einem Hub von 50 cm zweimal drehen; da sich auch die Reduktionsrolle zweimal dreht, so muß der Umfang derselben bei 50 cm Hub halb so groß sein als die Diagrammlänge. Hingegen bei 100 cm Hub $\frac{1}{4}$ so groß. Jedem Indikator werden gewöhnlich drei Reduktionsrollen für 50, 75 und 100 cm Hub mitgegeben, die für alle Fälle genügen.

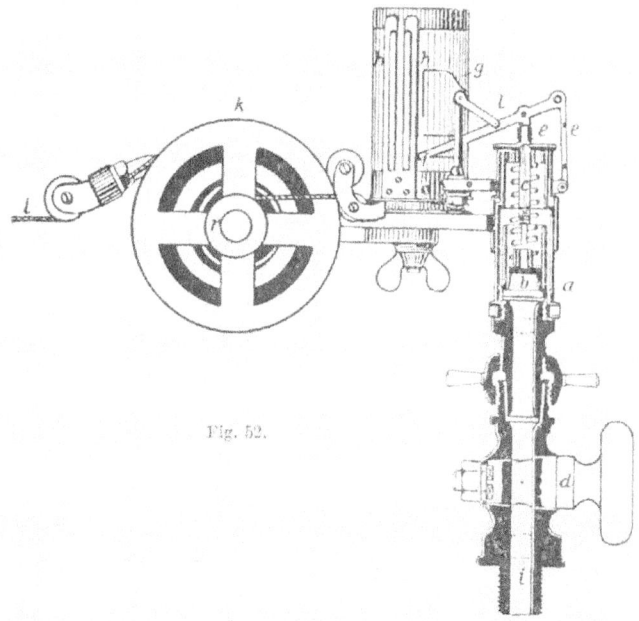

Fig. 52.

Soll ein Diagramm aufgenommen werden, so wird der Indikator mit dem Gewinde *i* vermittels eines Zwischenstücks in die Zylinder- öffnung eingeschraubt. Um unmittelbar hintereinander vor und hinter dem Kolben Versuche zu machen, kann man den Indikator durch einen Dreiweghahn mit beiden Zylinderenden in Verbindung bringen. Nach dem Einschrauben wird der Faden *m* an der Reduktionsrolle und *l* vermittels eines Hakens über einen an der Kolbenstange oder am Kreuzkopf angebrachten Arm derart gehängt, daß der ganze Hub zur Geltung kommt.

Vor dem Anschrauben des Apparats an den Dampfzylinder bringe man erst die richtige Druckfeder über den Indikatorkolben. Diesen

Druckfedern entspricht für jede Atmosphäre Druck eine bestimmte Länge des Zusammendrückens, die auf einem der Feder beigegebenen Maßstab verzeichnet ist, mit dem der Druck auf dem Diagramm festgestellt werden muß. Die Federn entsprechen einem bestimmten Maximaldruck, der mindestens so hoch sein muß wie der Druck des Kessels, aus dem der Maschinendampf entnommen wird.

Hat man den Apparat so hergerichtet und angeschraubt, so lasse man nach Öffnen der Dampfverbindung den Apparat erst einige Male hin und her gehen, damit der Indikatorzylinder nach Möglichkeit angewärmt wird, dann ziehe man ein Blatt Papier auf die Trommel, das bei h und h umgeknickt wird, und drücke schließlich die Schreibfeder f gegen das Papier, die dann den Druckverlauf im Dampfzylinder in der Form einer Kurve wiedergibt, wie sie beispielsweise die Figuren 53 und 54 zeigen.

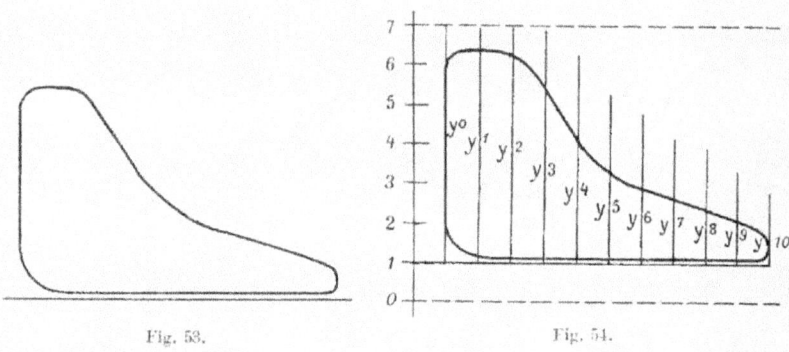

Fig. 53.   Fig. 54.

Um die Leistungsfähigkeit der Maschine aus dem Diagramm zahlenmäßig festzustellen, muß man zuerst den Durchschnittsdruck im Kolben berechnen, das nach der Simpsonschen Formel folgendermaßen geschieht:

$$p = \frac{1}{30}\left\{ y_0 + y_{10} + 4\,(y_1 + y_3 + y_5 + y_7 + y_9) \right.$$
$$\left. + 2\,(y_2 + y_4 + y_6 + y_8) \right\}$$

Die Größen $y_0 - y_{10}$ werden, soweit sie in das Diagramm fallen — d. h. nicht von der geraden Linie aus —, mit Hilfe eines Zirkels nach dem betreffenden Maßstab genau gemessen. In der Figur entspricht eine Höhe von 5 mm einer Atmosphäre, man erhält daher, wovon man sich durch Nachmessen überzeugen kann:

$$p = \frac{1}{30}\left\{ 4{,}2 + 0 + 4\begin{bmatrix} 5{,}4 \\ 4{,}4 \\ 2{,}4 \\ 1{,}6 \\ 1{,}2 \end{bmatrix} + 2\begin{bmatrix} 5{,}2 \\ 3{,}0 \\ 2{,}0 \\ 1{,}4 \end{bmatrix} \right\}$$

$$p = \frac{1}{30}(4,2 + 4.15 + 2.11,6) = 2,91 \text{ kg pro qcm.}$$

Hat hierbei die Maschine einen Zylinderdurchmesser D von 400 mm, einen Durchmesser der Kolbenstange $d = 6$ cm, einen Hub l von 75 cm und $n = 100$ Umdrehungen pro Minute, so erhält man für die indizierte Leistung Ni, wenn f die Druckfläche des Kolbens ist:

$$f = \frac{D^2 \pi}{4} - \frac{d^2 \pi}{4} = \frac{40^2 \pi}{4} - \frac{6^2 \pi}{4} = 1228 \text{ qcm.}$$

$$Ni = \frac{2n}{60.75} \cdot f \cdot p \cdot l = \frac{2.100}{60.75} \cdot 1228 . 2,91 . 0,75 = 119,1 \text{ P.S.}$$

Da von dieser Kraft ein erheblicher Teil für die Überwindung der Widerstände abgeht, so ist die nutzbare oder effektive Leistung dementsprechend geringer; da man mit dieser im Betriebe aber zu rechnen hat, so ist es nicht unwichtig, sie zu kennen. Direkt ermitteln läßt sie sich nur mit Hilfe eines Bremsdynamometers, wie wir ein solches im Pronyschen Zaum kennen gelernt haben.

Die effektive Leistung einer Dampfmaschine läßt sich aber auch mit Hilfe eines Leerlaufdiagramms unter Berücksichtigung eines Koeffizienten für erhöhte Reibung bei voller Belastung rechnerisch feststellen. Das Leerlaufdiagramm wird genau so aufgenommen wie dasjenige bei voller Belastung; es ist aber darauf zu sehen, daß dabei auch der Haupttriemen entfernt ist.

Der Koeffizient der zusätzlichen Reibung ist durch die Erfahrung festgestellt und mit dem Buchstaben u bezeichnet. Bezeichnet man die effektive Leistung mit Nn, diejenige bei voller Belastung mit Ni und die Leerlaufleistung mit No, so hat man die folgende Gleichung für Nn, wobei das Produkt $Nn . u$ die zusätzliche Reibung ausdrückt.

$$Nn = Ni - No - u . Nn \text{ und hieraus:}$$

$$Nn = \frac{Ni - No}{1 + u}.$$

Die Erfahrung hat für u bis zu einem Kolbendurchmesser von 60 cm den Wert

$$u = \frac{12}{60 + D}$$

festgestellt, in dem D den Kolbendurchmesser in Zentimetern bezeichnet. Für einen Kolbendurchmesser von 60 cm hat man für $u = 0,1$.

Hätte man z. B. bei der oben als Beispiel angegebenen Maschine mit einem bei voller Belastung mittleren Druck von 2,91 kg pro qcm

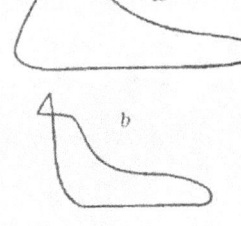

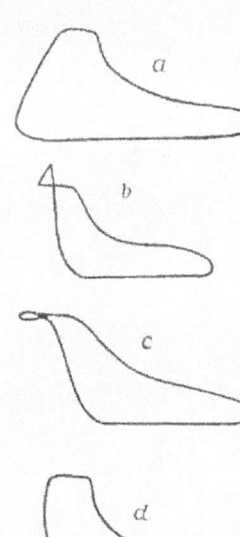

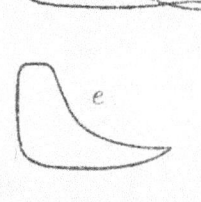

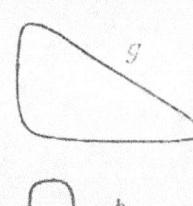

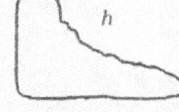

Fig. 55.

aus dem Leerlaufdiagramm einen solchen von 0,42 kg pro qcm festgestellt, so haben wir für No

$$No = \frac{2\,n}{60.75} \cdot f.\,p.\,l = \frac{2 \times 100}{60 \times 75} \times 1228$$

$$\times 0,42 \times 0,75 = 17,2 \text{ P.S.}$$

und für $Nu = \dfrac{Ni - No}{1 + u} = \dfrac{119,1 - 17,2}{1 + 0,12}$

$$= 90,9 \text{ P.S.}$$

Der Wirkungsgrad W berechnet sich hieraus:

$$W = \frac{Nu.100}{Ni} = \frac{90,9 \times 100}{119,1} = 76,1\%.$$

Als brauchbares Verhältnis kann man für die effektive Leistung je nach Güte und Größe 75—85% des indizierten annehmen.

Neben der Feststellung des mittleren Druckes gibt häufig der bloße Augenschein der Diagramme bereits Aufschluß über den Betrieb und die Leistung der Maschine, wie aus den Figuren 55 a—h ersichtlich.

Nach Fig. a strömt der Dampf zu spät ein. Ein Zeichen, daß der Grundschieber nicht richtig steht.

Nach Fig. c beginnt hingegen die Dampfeinströmung zu früh, während bei b die Kompression zu früh eintritt. Beides falsche Grundschieberstellung.

Nach Fig. d ist die Expansion zu weit getrieben, d. h. der Expansionsschieber schließt zu früh.

Nach Fig. e tritt die Ausströmung des Dampfes zu spät ein, es ist deshalb am Ende ein zu großer Gegendruck. Hingegen tritt nach Fig. f die Ausströmung zu spät ein.

Nach Fig. g verlangsamte Spannungsabnahme durch Kolbenundichtigkeit oder Schieberundichtigkeit.

Anderseits kann die Unregelmäßigkeit des Diagramms auch am Indikator liegen, wie z. B. bei Fig. h, das seine Ursache in sehr schnellem Lauf der Maschine oder in einem Festklemmen des Indikators haben kann.

Die indizierte wie auch die Nutzleistung können allein noch kein zuverlässiges Resultat über die Güte der Maschine geben, hierzu fehlt noch ein dritter Faktor, und zwar der Dampfverbrauch, da die Güte einer Maschine sich allein danach beurteilen läßt, wieviel kg Dampf für Pferdekraft und Stunde sie benötigt.

Wenn man den Dampfverbrauch rechnerisch bestimmen will, so ist zu berücksichtigen, daß er, abgesehen von den Kondensationsverlusten in der Zuleitung — für die man 1—4% bei kurzen und das Doppelte bei langen oder schlecht isolierten Leitungen annehmen kann —, aus drei Teilen besteht, und zwar aus dem nutzbaren Dampfverbrauch, ferner aus den Abkühlungsverlusten in der Maschine und schließlich aus den durch Undichtigkeit der Kolben und Schieber resultierenden Verlusten. Für die Stunde und indizierte Pferdekraft sollen diese Größen in kg bezeichnet werden mit:

Si = der stündliche Gesamtdampfverbrauch,

Si_1 = der stündliche Nutzdampfverbrauch,

Si_2 = der stündliche Abkühlungsverlust,

Bezeichnet ferner:

Si_3 = der stündliche Dampfflüssigkeitsverlust.

F = Kolbenfläche in Quadratmeter,

D = Kolbendurchmesser in Meter,

s = Hub in Meter,

pi = der indizierte Durchschnittsdruck in kg pro qcm.

so hat man für Ni:

$$Ni = \frac{10000 . F . s . n \, pi}{30 . 75},$$

oder auch $Ni = \frac{40}{9} . F . s . n \, pi.$

Bezeichnet ferner:

s_1 den Kolbenweg während der Füllungsperiode,

so ist $\frac{s_1}{s}$ der Füllungsgrad; derselbe ist variabel zwischen 0,05—0,7.

Einen günstigen Füllungsgrad zeigt für Auspuffmaschinen die folgende Gegenüberstellung:

Mittlere absolute Dampfspannung in Atmosphären	4	5	6	8	10
Füllungsgrad $\frac{s_1}{s}$	0,35	0,30	0,25	0,20	0,15

Für Kondensationsmaschinen variiert er entsprechend zwischen 0,2—0,1.

Ferner bedeutet:

$g =$ das Gewicht von 1 cbm Dampf in kg bei der mittleren
    indizierten Füllungsdampfspannung,

$m =$ den Koeffizienten des schädlichen Raumes, der für gewöhn-
    liche Maschinen 0,05—0,02 und für Ventilmaschinen 0,035
    bis 0,015 beträgt, und

$s_1 = ms$ die Länge des schädlichen Raumes, d. h. die Länge am
    Ende des Hubes zwischen Kolben und Zylinderdeckel.

Als Volumen für die Füllung findet man hieraus

$$F.(s_1 + ms).$$

Multipliziert man dieses mit g, so hat man als Gewicht des Fül-
lungsdampfes

$$F = (s_1 + ms) g.$$

Bedeutet ferner:

s_2 die Weglänge während des Auspuffs,

$s — s_2$ den Weg des Kolbens während der Kompression und

g_1 das Gewicht von 1 cbm Dampf in kg zu Beginn der Kom-
    pressionsperiode,

so hat man für das Kompressionsdampfvolumen, d. h. bei der indizierten
Gegenspannung

$$F.(s — s_2 + m.s).$$

Multipliziert man dieses der Sicherheit wegen mit $1,10 . g_1$, so hat man

$$F.(s — s_2 + ms).1,10 g_1 \text{ als das Gewicht}$$

des im Zylinder zu Beginn der Kompressionsperiode eingeschlossenen
Dampfes.

Als nützlichen Dampfverbrauch in kg für einen Kolbenweg hat
man hiernach:

$$F.(s_1 + ms) g — F.(s — s_2 + ms).1,10 g_1.$$

Multipliziert man dieses mit der Umdrehungszahl n und mit 2.60
$\cdot 120$ und dividiert durch die indizierten $PS = Ni$, so hat man für
Sn in kg pro indizierte Pferdestärke und Stunde als Nutzdampfverbrauch:

$$Sn = \frac{120 . n}{Ni} \cdot F.(s_1 + ms) g — (s — s_2 + ms).1,10 g_1.$$

Diese Gleichung kann man auch wie folgt schreiben:

$$Sn = \frac{120}{Ni} . F. s . n . \left[\left(\frac{s_1}{s} + m \right) g — 1,10 \left(1 — \frac{s_2}{s} + m \right) g_1 \right].$$

Setzt man für Ni den weiter oben festgestellten Wert

$$\frac{40}{9} \cdot F.s.n.pi,$$

so hat man:

$$Si_1 = \frac{9.120.F.s.n}{40\,F.s.n.pi} \cdot \left[\left(\frac{s_1}{s} + m\right)g - 1,10\left(1 - \frac{s_2}{s} + m\right)q_1\right]$$

$$Si_1 = \frac{27}{pi} \cdot \left[\left(\frac{s_1}{s} + m\right)g - 1,10\left(1 - \frac{s_2}{s} + m\right)q_1\right].$$

Für Abkühlungsverluste hat Hrabák eine Formel angegeben, deren Angabe und Ableitung hier zu weit führen würde, da sie außer den oben angegebenen Werten noch den Expansionsgrad sowie Füllungswinkel und daraus abgeleitete Temperaturen und Drücke berücksichtigt. Wer sich dafür interessiert, muß Spezialwerke über Dampfmaschinen zur Hand nehmen. Für Zwecke der Dampfmaschinenkontrolle genügt untenstehende Formel, deren Werte mit der Erfahrung einigermaßen übereinstimmen:

$$Si_2 = \frac{K}{\sqrt{c}}.$$

c = die Kolbengeschwindigkeit in m/sek. und

K = ein Erfahrungskoeffizient, der beträgt für:

Maschinen mit einfacher Schiebersteuerung . . . . 7 —6,5
Einzylinder-Kondensationsmaschinen mit Dampfmantel 4,5—4
Einzylinder-   „   ohne   „   5,5—5
Zweizylinder-   „   . . . . 4 —3,5
Dreizylinder-   „   . . . . 3,5—3
Zweizylinder-Auspuffmaschine . . . . 4,5—4

Si_2 gilt mit diesen Koeffizienten unter der Voraussetzung, daß der Kolbenhub das Doppelte des Durchmessers ist und daß bei Mehrzylindermaschinen der Hochdruckzylinder einen Dampfmantel besitzt. Treffen diese Voraussetzungen nicht zu, so ist Si_2 noch mit der Formel $\frac{1}{3}\left(\frac{s}{D} + 1\right)$ zu multiplizieren, in der s den Hub und D den Kolbendurchmesser in Meter bezeichnet.

Für den stündlichen Dampflässigkeitsverlust hat man nun noch die Formel:

$$Si_3 = \frac{4,4}{\sqrt{c.Ni}} + \frac{1}{4.c} + 0,15.$$

Dieser Verlust kann bei neuen, sehr gut ausgeführten Dampfmaschinen vielleicht nur halb so groß sein, hingegen kann er bei stark mitgenommenen, namentlich solchen mit unrundem Zylinder über das

Doppelte und noch mehr betragen. Es ist deshalb den Verhältnissen entsprechend eine Korrektur vorzunehmen.

Die Anwendung des Vorstehenden soll zwecks besseren Verständnisses noch an den Daten einer Auspuffmaschine ohne Dampfmantel und mit einem Zylinder erläutert werden.

Abmessungen und Beobachtungen:

D — Kolbendurchmesser . . . . 0,45 m

s — Hub . . . . 0,70 „

d_1 — Durchmesser der Kolbenstange vorn . . . . . . 6,9 cm

F_1 — Querschnitt des Kolbens . . . . 1590,43 qcm

f — Querschnitt der Kolbenstange . . . . 37,39 „

F — Nutzbare Kolbenfläche . . . . 1553,04 „

n — Umdrehungszahl pro Minute 56

c — Kolbengeschwindigkeit $\dfrac{2.56.0,7}{60} =$ . . . . 1,307 m sek.

Aus dem Diagramm ermittelt:

pi = indizierte Spannung . . . . 2,95 kg/qcm

p = Füllungsdampfspannung . . . . 6,00 „

p_1 = indizierte Gegenspannung $\begin{cases} \text{d. h. Spannung beim} \\ \text{Anfang der Kompression} \end{cases}$ 1,5 „

s_1 = Länge des Weges während der Füllung . . . . 0,305 m

$\dfrac{s_1}{s}$ Füllungsgrad 0,436

s_2 — Länge des Weges während des Auspuffs . . . 0,664 m

$\dfrac{s_2}{s}$ Auspuffsverhältnis 0,949

g = Gewicht des Dampfes bei der Spannung p nach der Fliegnerschen Tabelle S. 118 . . . . 3,1643 kg

g_1 = Gewicht des Dampfes bei der Spannung p_1 . . 0,8604 „

s_3 = Länge des Raumes zwischen Kolben- und Zylinderdeckel am Ende des Hubes . . . . . . 0,0315 „

$\dfrac{s_3}{s} = m =$ Koeffizient des schädlichen Raumes . . . 0,045 „

Zuerst ist Ni nach der oben angegebenen Formel zu berechnen:

$$Ni = \frac{40}{9} F s n\, pi = \frac{40}{9} \cdot 0,1553 . 0,7 . 56 . 2,95 = 79,8 \text{ P.S.}$$

Für den Nutzdampfverbrauch haben wir nun die obige Formel:

$$Si_1 = \frac{27}{pi} \cdot \left[\left(\frac{s_1}{s} + m \right) g - 1,10 \left(1 - \frac{s_2}{s} + m \right) g_1 \right]$$

$$Si_1 = \frac{27\,[(0,436 + 0,045)\,3,1643 - 1,10\,(1 - 0,949 + 0,045)\,0,8604]}{2,95}$$

$$Si_1 = \frac{27 \cdot (1,5220283 - 0,0908582)}{2,95} = 13,10\,\text{kg}.$$

Für den Abkühlungsverlust haben wir die Formel:

$$Si_2 = \frac{1}{3}\left(\frac{s}{D} + 1\right) \cdot \frac{K}{\sqrt{c}} = \frac{1}{3}\left(\frac{0,70}{0,45} + 1\right)\frac{6,5}{1,14} = 4,84\,\text{kg}.$$

Und schließlich für den Lässigkeitsverlust haben wir die Formel:

$$Si_3 = \frac{4,4}{\sqrt{c \cdot Ni}} + \frac{1}{4 \cdot c} + 0,15$$

$$Si_3 = \frac{4,4}{\sqrt{1,307 \cdot 79,8}} + \frac{1}{5,228} + 0,15 = 0,77\,\text{kg}$$

$$Si = Si_1 + Si_2 + Si_3 = 13,10 + 4,84 + 0,77 = 18,71\,\text{kg}.$$

Durch Division mit dem Wirkungsgrad erhält man den Dampfverbrauch pro effektive Pferdestärke und Stunde. Hätte man z. B.
einen Wirkungsgrad von 0,8 festgestellt, so hat man $\frac{18,71}{0,8} = 23,38\,\text{kg}$.

Nimmt man ferner noch 5 % für Verlust in der Zuleitung vom
Dampfkessel bis Maschine, so hat man beide Ergebnisse noch mit
1,05 zu multiplizieren, und man erhält als Gesamtdampfverbrauch ab
Kessel

1,05 . 18,71 = 19,64 kg Dampf pro ind. P.S. und Stunde
1,05 . 23,38 = 24,54 „   „   „ eff. „   „   „

Am sichersten ist es aber, wenn man den Verbrauch des
Dampfes dadurch direkt ermittelt, daß man den Verbrauch des
Speisewassers während der Versuchszeit feststellt oder die entsprechende Menge Kondenswasser ermittelt. Es ist hierbei aber zu
beachten, daß bei langer Dampfzuleitung das Kondenswasser der
Dampfleitung vor dem Zylindereintritt abgeleitet und bei der Speise-
wasserermittlung festgestellt und für sich in Rechnung gesetzt wird.
Wie aus den folgenden Tabellen ersichtlich ist, kann die Füllung
um so geringer werden, je höher der Einströmungsdruck ist, und um
so niedriger wird auch die benötigte Dampfmenge pro Pferdekraft
und Stunde. Bei Neuanschaffungen verdienen daher Hochdruck-
maschinen unter allen Umständen den Vorzug, um so mehr als Dampf
von höherer Spannung herzustellen verhältnismäßig wenig Wärme
mehr erfordert als solcher von niedriger Spannung, z. B. hat nach

der Fliegnerschen Tabelle Dampf von 9 Atm. nur 8 Kalorien Wärme mehr als solcher von 4 Atm.

Die Mehrkosten, die bei solcher Anlage an der Festigkeit beansprucht werden, spart man auf der anderen Seite an der Größe. Wenn z. B. eine Dampfmaschine von 100 P.S. bei einem Dampfverbrauch von 16 kg pro P.S. und Stunde einen Dampfkessel von 100 qm beansprucht, so würde bei einem Dampfverbrauch von 8 kg ein solcher von 50 qm genügen. Eine Übersicht über den Dampfverbrauch verschiedener Systeme von Maschinen bietet die folgende Tabelle.

Tabelle 30.
Nutzbarer stündlicher Dampfverbrauch in kg P.S.
a) Einzylindermaschinen mit Kulissensteuerung.

Einströmungsdruck des Dampfes Atm.	Füllungsverhältnis = $\dfrac{\text{Füllungslänge}}{\text{Hub}} = \dfrac{s_1}{s}$						
	0,5	0,4	0,333	0,30	0,25	0,20	0,15
3	18,0	17,2					
3,5	15,9	15,4	15,2				
4	14,7	14,0	13,7	13,7			
5	13,3	12,4	11,9	11,6	11,3		
6	12,4	11,5	10,9	10,6	10,2	9,8	
7	11,9	10,9	10,3	10,2	9,6	9,2	8,8
8	11,5	10,6	10,0	9,6	9,2	8,8	8,5
9	11,2	10,3	9,7	9,4	8,9	8,5	8,2
10	11,0	10,1	9,4	9,1	8,7	8,3	8,0

b) Einzylindermaschinen mit Expansionssteuerung.

Einströmungsdruck des Dampfes Atm.	Füllungsverhältnis $\dfrac{s_1}{s}$							
	0,5	0,4	0,333	0,30	0,25	0,20	0,15	0,10
3	16,3	15,6	15,6	15,6	15,0			
3,5	14,5	13,7	13,3	13,3	13,0			
4	13,5	12,7	12,1	11,9	11,7	11,5		
5	12,2	11,2	10,7	10,4	10,2	10,0	10,0	10,0
6	11,4	10,4	9,9	9,6	9,3	9,0	9,0	9,0
7			9,4	9,1	8,7	8,4	8,2	8,2
8			9,0	8,7	8,3	8,0	7,7	7,7
9			8,7	8,5	8,1	7,7	7,4	7,3
10			8,5	8,2	7,8	7,5	7,1	6,9

c) Einzylindermaschinen mit Kondensation und Dampfhemd.

Einströmungs-druck des Dampfes Atm.	Füllungsverhältnis $\frac{s_1}{s}$							
	0,5	0,4	0,333	0,30	0,25	0,20	0,15	0,10
3	10,3	9,3	8,7	8,4	7,9	7,5	7,1	6,7
3,5	10,1	9,1	8,5	8,2	7,8	7,3	6,9	6,5
4	10,0	9,0	8,4	8,1	7,6	7,2	6,7	6,3
5	9,7	8,8	8,1	7,8	7,4	6,9	6,5	6,1
6	9,5	8,6	8,0	7,7	7,2	6,8	6,4	5,9
7	9,4	8,5	7,9	7,6	7,1	6,7	6,2	5,8
8	9,3	8,4	7,8	7,5	7,0	6,6	6,2	5,7
9	9,2	8,3	7,7	7,4	6,9	6,5	6,1	5,7
10	9,1	8,2	7,6	7,3	6,9	6,5	6,0	5,6

d) Zweizylindermaschinen mit Hochdruckzylinderheizung.

Einströmungs-druck des Dampfes Atm.	Füllungsverhältnis $\frac{s_1}{s}$				
	0,25	0,20	0,15	0,10	0,05
3	7,7	7,2	6,7	6,4	
3,5	7,5	7,0	6,5	6,1	
4	7,3	6,8	6,3	5,9	5,9
5	7,1	6,6	6,0	5,6	5,4
6	7,0	6,5	5,9	5,4	5,1
7	6,9	6,3	5,8	5,2	4,8
8	6,9	6,3	5,7	5,1	4,7
9	6,8	6,2	5,6	5,0	4,6
10	6,7	6,2	5,6	5,0	4,4
11				4,9	4,3
12				4,8	4,2

Auf dem Prinzip, mit hochgespanntem Dampf zu arbeiten, fußen auch die modernen Heißdampflokomobilen, die in ihrer höchsten Vollkommenheit als Verbund- und Kondensationsmaschinen als die günstigsten Wärmekraftmaschinen der Jetztzeit bezeichnet werden können. Den Explosionsmotoren gegenüber haben sie noch den Vorzug, daß ihre Leistungsfähigkeit auch auf die Dauer nicht so stark beeinträchtigt wird, wenn dafür gesorgt wird, daß sie möglichst weiches Betriebswasser haben. — Die Abmessungen und Resultate einer solchen Maschine von R. Wolf, Magdeburg, sind aus einem Versuchsbericht des Herrn Professors Lewicki ersichtlich. Nach diesem hatte die Maschine:

Kesselheizfläche. 31   qm,
Überhitzerheizfläche 20   „
Rostfläche. . . . . 0,85 „
Bohrung des Hochdruck-Zylinders . . . . . 240 mm,
     „   „   Niederdruck-Zylinders. . . . . 450 „
gemeinschaftlicher Hub . . . . 480 „
der Dampfüberdruck hat . . . . 12 Atm.,
die Tourenzahl beträgt . . . . 170 pro Minute,
die Soll-Leistung. . . . . 100 eff. P.S.,
die Kohle hat . . . . 7910 Kalorien,
die Temperatur des gesättigten Dampfes. . 190,5° Celsius,
     „   „   „ überhitzten   „ . 329,6°   „
     „   „   der Fuchsgase. . . . . . . 215,0°   „
die Zugstärke im Schornstein . . . . 12,5 mm Wassersäule,
die indizierte Leistung im Hochdruckzylinder 70 P.S.,
     „   „   „   „ Niederdruckzylinder 48 „.
                                   Summa 118 P.S.
die gesamte effektive gebremste Leistung . 108,5 „

Wirkungsgrad der Maschine . . . . $\dfrac{108,5}{118} = 91,6$.

An Brennmaterial wurde verbrannt pro Stunde . . . 67,123 kg,

daher per effektive Pferdekraft und Stunde $\dfrac{67,123}{108} = 0,62$ „

An Speisewasser wurde stündlich 574 kg verbraucht.

Verdampfungswert der Kohle . . . . $\dfrac{574}{67,123} = 8,5$ kg.

Der Wirkungsgrad des Kessels mit Überhitzer . . . . . 75,33 %.

Der Dampfverbrauch für die ind. P.S. und Stunde $\dfrac{574}{118} = 4,85$ kg.

    „   „   „ „ eff. „   „   „ $\dfrac{574}{108} = 5,29$ „

Der kalorische Wirkungsgrad berechnet sich dabei auf 17,3 %.

Dieses sehr günstige Resultat bezieht sich allerdings auf eine
Maschine mit Kondensation, die immer dort unökonomisch ist, wo der
Rückdampf rationell verwendet werden kann. Selbst wenn man eine
ungünstig arbeitende Auspuffmaschine hat, die beispielsweise 16 kg
Dampf pro indizierte P.S. und Stunde benötigt, so ist, wenn man
davon 75 % als Retourdampf für Zwecke verwerten kann, für die
unbedingt Dampf da sein muß, der Vorzug immer auf Seite der
Auspuffmaschine, da bei der viel schwächeren Beanspruchung ihrer

einzelnen Teile die Leistungsfähigkeit auf die Dauer doch gleichmäßiger bleibt.

Aber auch der Verwendung des Rückdampfes wird bei den Heißdampf-Lokomobilen Rechnung getragen, indem man sie ohne Kondensation und nur mit einem Zylinder baut, wodurch die Maschine einfacher wird. Wenn der Kohlenverbrauch pro P.S. und Stunde hierbei auch bis zum doppelten des obigen gesteigert wird, so kann der Dampfverbrauch immer noch mit dem der besten Auspuffmaschine einen Vergleich aushalten. Sie sind letzteren gegenüber aber dadurch im Nachteil, daß sie nur den Retourdampf zu anderen Zwecken abgeben können. Da sie nur eine verhältnismäßig geringe Heizfläche haben, die für den niedrigen Dampfverbrauch zugeschnitten ist, und letzterer auf die Arbeit mit hoher Spannung basiert, dem auch alles andere angepaßt ist, namentlich ein sehr kleiner Dampfraum, so ist es ausgeschlossen, dem Kessel direkten Dampf für andere Zwecke zu entnehmen, wozu ein Bedürfnis in vielen Betrieben vorhanden ist und welchem auch in den meisten Fällen entsprochen werden muß.

Da bei der Aufstellung einer Dampfkesselanlage häufig auch die Platzfrage eine Rolle spielt, so sollen in der folgenden Übersicht die Größenverhältnisse einer Wolfschen Heißdampf-Hochdruck-Lokomobile gegenübergestellt werden.

Tabelle 31.

Leistungen in gebremsten Pferdestärken			Äußere Abmessungen der Lokomobile in mm			Schwungrad-			
Normalleistung	Äußerste Dauerleistung	Vorübergehende Höchstleistung	Länge	Breite	Höhe bis Oberkante Schwungrad	Anzahl	Umdrehungen pro Minute	Breite mm	Durchmesser mm
38	52	60	4360	2000	2610	2	190	180	1700
46	62	72	4700	2130	2650	2	190	230	1700
58	75	90	5340	2300	2850	2	180	230	1880
75	90	110	5850	2500	3000	2	170	290	1880
95	115	140	6350	2700	3200	2	170	320	2000
115	144	175	6900	2900	3470	2	160	350	2200

Die Dampfturbinen.

Die Dampfturbinen haben mit den Kolbendampfmaschinen gemeinsam, daß in ihnen ein Teil der im Wasserdampf vorhandenen Wärme in mechanische Arbeit umgesetzt wird. Während bei der Kolbendampfmaschine aber die durch den Druck verursachte Expansionskraft, die man mit potentieller Energie des Dampfes bezeichnet, zur Leistung äußerer Arbeit ausgenutzt wird. kommt bei der Dampfturbine die durch Strömung verursachte lebendige Kraft zur Geltung, die man mit kinetischer Energie bezeichnet.

Bei beiden Umwandlungen ist im Dampf ein Überschuß der Energien vorhanden, der durch das Druckgefälle bzw. Geschwindigkeitsgefälle zur Äußerung kommt. Das Geschwindigkeitsgefälle ist aber von einem zugehörigen Druckgefälle derartig abhängig, daß das eine dem anderen äquivalent ist, infolgedessen entspricht beiden ein gleichwertiges Wärmegefälle, so daß bei Kolbendampfmaschine und Dampfturbine bei gleicher Arbeit das gleiche Wärmegefälle zur Ausnutzung gelangt.

Die lebendige Kraft, die in Arbeit umgesetzt werden soll, ist einmal von der Masse und dann von der Geschwindigkeit abhängig.

In der Mechanik haben wir bei den Fallgesetzen gesehen, daß die Geschwindigkeit eines Körpers gleich der Quadratwurzel aus doppelter Höhe mal Beschleunigung ist.

$$v = \sqrt{2gh} \text{ und hieraus}$$

$$\frac{v^2}{2} = gh.$$

Die lebendige Kraft L besteht demnach aus Masse $m \times$ Weg $\times$ Beschleunigung und auch aus Masse $\times$ halben Quadrat der Geschwindigkeit in m/sek. Man hat daher

$$\frac{v^2 m}{2} = ghm = L.$$

Hat man nun dieselbe Masse zuerst mit der Geschwindigkeit v_1 und dann mit der Geschwindigkeit v_2, so hat man:

$$L_1 = \frac{m v_1^2}{2} \text{ und } L_2 = \frac{m v_2^2}{2}.$$

Die Differenz zwischen den beiden lebendigen Kräften ist in eine andere Energieform, und zwar bei der Dampfturbine in Arbeit umgesetzt. Und da die Umsetzung, wie bereits bemerkt, quantitativ und nach bestimmten Gesetzen erfolgt, so hat man, wenn man die Arbeit mit A bezeichnet:

$$A = \frac{m v_1^2}{2} - \frac{m v_2^2}{2}, \text{ ferner: } \frac{m v_1^2}{2} = \frac{m v_2^2}{2} + A$$

$$\text{und } \frac{m v_2^2}{2} = \frac{m v_1^2}{2} - A.$$

Wenn unter entsprechendem Druck stehender Dampf aus einer Öffnung ausströmt, so vollzieht sich dieses, soweit nichts im Wege ist, in gerader Linie. Die Turbine hat nun die Aufgabe, die geradlinige Bewegung und Geschwindigkeit des Dampfes in eine Rotationsbewegung und -geschwindigkeit umzuwandeln. Die Kardinalfrage für den Dampfturbinenkonstrukteur ist infolgedessen, in welcher Weise dieses am vorteilhaftesten geschehen kann.

Aus der Mechanik ist bekannt, daß, wenn zwei Kräfte unter einem bestimmten Winkel auf einen Punkt wirken, die Quantität und Richtung derselben aufgehoben bzw. verändert wird, und zwar unter Entstehen einer dritten Kraft, die man die Resultierende nennt.

Größe und Richtung der Resultierenden sind einmal durch die Größe der Komponenten und dann durch den Winkel, unter dem letztere zusammentreffen, bestimmt, und zwar ist sie die Diagonale des durch die Komponenten gebildeten Parallelogramms. Wie man sie graphisch und rechnerisch findet, haben wir im Abschnitt „Mechanik" ausführlich dargelegt.

Bezeichnet in Fig. 56 S eine gekrümmte Turbinenschaufel, die bei a aus der Düse von einem Dampfstrahl getroffen wird. Gleitet der

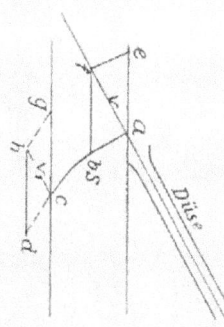

Dampf an der Schaufel entlang bis b, während die Schaufel in der Zeit von a nach c bewegt ist, so ist der Dampf von b nach f gekommen, hat also die Strecke $a-f = r$ zurückgelegt. Am Austritt ist derselbe Dampf von c nach d gleich $a-b$ gekommen, während die Schaufel von c nach $g = a-e$ bewegt ist; der Dampf ist also nach h auf der Strecke $c-h = r_1$ gekommen. Es ist augenscheinlich, daß die Strecke r_1 kürzer ist als r, und da der Dampf dieselbe Zeit gebraucht hat, so hat er eine geringere Geschwindigkeit gehabt; er hat also

Fig. 56.

an Geschwindigkeit verloren, und dieser Verlust ist in Arbeit umgesetzt. Wir haben daher für A nach obiger Gleichung:

$$A = \frac{m\,r^2 - m\,c_1^2}{2}.$$

Da man die Masse eines Körpers in kg ausgedrückt findet, wenn man Gewicht durch Beschleunigung g dividiert, so haben wir für A und 1 kg Dampf:

$$A = \frac{r^2 - r_1^2}{2\,g} \text{ in m/kg pro Sek.}$$

Kennt man das Gewicht des Dampfes pro Sekunde, so hat man
für die Arbeit, in Pferdekräften ausgedrückt:

$$N = \frac{G}{75} \cdot \frac{v^2 - v_1{}^2}{2\,g}.$$

Da die Geschwindigkeit des Dampfes nicht direkt gemessen werden
kann, so kann sie nur aus dem Druckgefälle, von dem sie abhängig
ist, berechnet werden.

Die Dampfgeschwindigkeit hängt aber nicht allein vom Druckgefälle, sondern auch von der Form der Ausflußöffnung ab. Die Erfahrung hat hierbei gezeigt, daß der Dampf aus einer einfachen ver-
jüngten Ausflußöffnung nur eine Höchstgeschwindigkeit von 450 m/sek.
erreichen kann, ganz ungeachtet des Druckgefälles zwischen Dampfraum und Außenraum; und zwar wird diese Höchstgeschwindigkeit
erreicht, sobald der Druck im Dampfraum 1,75 mal so groß ist als
im Außenraum. Diese Tatsache wird darauf zurückgeführt, daß der
Dampf beim Ausfluß sich nach allen Richtungen ausdehnt und hierbei
auch zurückstaut. Nimmt man dagegen eine am Ausfluß erweiterte
Düse, so nimmt die Geschwindigkeit entsprechend dem Druckgefälle
zu. Die nach einer komplizierten Formel berechneten Ausfluß-
geschwindigkeiten betragen z. B. in m/sek.:

Enddruck-Atm.	Anfangsdruck-Atm.			
	1	3	8	12
0,1	820	1000	1140	1190
1,0	—	610	830	920
3,0	—	—	590	710

Aus dieser kleinen Gegenüberstellung ist ohne weiteres ersichtlich,
wie ungemein wichtig die Kondensation für die Dampfturbine ist. Da
nach obiger Formel die lebendige Kraft im Quadrat der Geschwindigkeit zunimmt, so hat man z. B. bei einem Anfangsdruck von 3,0 Atm.
und 0,1 Enddruck 51000 m/kg und bei demselben Anfangsdruck
und 1,0 Enddruck nur 20000 m/kg.

Aus dieser Gegenüberstellung ist aber auch noch ersichtlich, daß
bei guter Kondensation, d. h. bei hohem Vakuum, auch noch Dampf
niedrigerer Spannung vorteilhaft zum Betriebe einer Turbine verwendet
werden kann. Z. B. hat man bei 1,0 Atm. Anfangsdruck und 0,1 Enddruck noch eine Geschwindigkeit von 820 m/sek. Hierauf basieren
die sogenannten Abdampfturbinen, die den Rückdampf anderer Dampfmaschinen noch verwenden können.

Um die hohen Dampfgeschwindigkeiten in der Turbine wirtschaftlich ausnutzen zu können, hat sich als notwendig herausgestellt, daß die Umfangsgeschwindigkeit des Turbinenlaufrades mindestens halb so groß ist als die Dampfgeschwindigkeit; infolgedessen ist den Turbinen entweder ein verhältnismäßig großer Durchmesser oder eine hohe Tourenzahl zu geben. Bei einer Dampfgeschwindigkeit von 800 m/sek. sind bei einem Raddurchmesser von 5,0 m immerhin noch 1500 Umdrehungen in der Minute notwendig. Turbinen mit größerem Durchmesser sind aber in der Herstellung schon sehr kostspielig, da sie infolge der Zentrifugalkraft sehr stark gebaut werden müssen, anderseits bieten sie auch eine große Fläche für Wärmestrahlung und der damit verknüpften hohen Wärmeverluste.

Zur Verminderung der hohen Tourenzahl sind dann auch verschiedene andere Wege eingeschlagen worden. Einmal ist versucht worden, die Tourenzahl durch ein Rädervorgelege zu vermindern. Diese Einrichtung, die die de Lavalschen Turbinen besitzen, läßt sich nur für kleinere und mittelgroße Turbinen ausführen, da für große Leistungen ein Rädervorgelege sehr kostspielig sowohl in der Anschaffung als auch im Betriebe ist. Anderseits dürfte wegen der großen Geschwindigkeit auch die Betriebssicherheit nicht genügend sein.

Ein anderer Weg, die hohe Tourenzahl zu vermindern, besteht darin, daß man die Geschwindigkeit des Dampfes auf eine größere Strecke in mehrere Stufen in der Weise verteilt, daß der Durchmesser des ersten Schaufelrades so groß gewählt wird, daß die Umfangsgeschwindigkeit des Rades der halben Dampfgeschwindigkeit dividiert durch die Stufenanzahl entspricht. Der aus dem Laufrade austretende Dampf hat dann noch so hohe Geschwindigkeit, um durch feststehende Leitschaufeln über die folgende und von dort je nach der Anzahl der Stufen durch Leitschaufeln noch weitergeleitet zu werden, wodurch auf jedes Schaufelrad nur ein entsprechender Teil der in der Geschwindigkeit steckenden lebendigen Kraft abgegeben wird. Anfangs- und Enddruck wie die Ausflußgeschwindigkeit bleiben dieselbe, nur die Weggeschwindigkeit wird durch den längeren Weg verringert.

Ein dritter Weg für denselben Zweck besteht in der Druckabstufung. Bei dieser Anordnung hat man gewissermaßen mehrere Turbinen auf einer Welle sitzen, die vollständig abgedichtet, voneinander getrennt und nur die beiden benachbarten je nach dem Druck und Volumen durch eine Anzahl Kanäle verbunden sind, so daß der Enddruck der einen Stufe der Anfangsdruck der folgenden ist, usw. Hier kann man nun schließlich den Weg noch in der Weise verlängern, daß man eine Druckstufe noch in zwei Geschwindigkeitsstufen zerlegt, so daß man bei großen Leistungen und mäßigem Durchmesser bei der letzteren Kombination bereits auf Geschwindigkeiten gekommen ist, um Dynamos mit einer Turbine auf gleicher Welle anbringen zu können.

Der Dampfverbrauch wie auch die indizierte Leistung läßt sich bei den Dampfturbinen nicht in einer ähnlichen Weise feststellen wie bei den Kolbenmaschinen. Praktisch läßt sich die effektive Leistung durch ein Torsions-Dynamometer, dessen Angabe auf der gegenseitigen Winkelverschiebung zweier Wellenquerschnitte beruht, ermitteln. Bei einem Turbodynamo läßt sich die effektive Leistung natürlich aus der Leistung des Dynamos berechnen, wobei aber der Wirkungsgrad des letzteren zu berücksichtigen ist. Die indizierte Leistung kann dann nur schätzungsweise aus der effektiven ermittelt werden. Desgleichen läßt sich der Dampfverbrauch auch nur am Dampfkessel ermitteln.

Bezeichnen w_e und w_d die Wirkungsgrade für Dampfturbine und Dynamo, so hat man für 1 KW in P.S.:

$$\frac{1000}{736\, w_e \cdot w_d} = \text{P.S.}$$

Der Dampfverbrauch selbst hängt in erster Linie von der Art des Dampfes ab, der in der Turbine zur Verwendung kommt und wieweit derselbe ausgenutzt wird. In dieser Beziehung bieten die Turbinen drei Verschiedenheiten, und zwar gibt es neben der bereits erwähnten Kondensationsturbine, deren eine Abart die sogenannte Abdampfturbine ist, noch die Anzapfturbine und die Gegendruckturbine. Die beiden letzteren sollen den Verhältnissen Rechnung tragen, in denen der Abdampf noch zu Anwärme- und Verdampfzwecken verwendet werden kann.

Von den letzteren beiden Turbinen kann aber nur die Gegendruckturbine mit der Auspuff-Dampfmaschine verglichen werden, da nur bei dieser der Dampf vollständig ausgenutzt werden kann. Der Dampf wird in ähnlicher Weise wie in der Kolbenmaschine bis zu einem Gegendruck von 1 Atm. in der Turbine ausgenutzt und kann dann noch zum Anwärmen und Verkochen verwendet werden. Anders verhält es sich mit der Anzapfturbine; diese ist in ihrer Eigenart eine Turbine mit mehreren Druckstufen und schließlicher Kondensation; sie hat mithin alle Vorzüge der Kondensationsturbine, sie gestattet aber, von jeder beliebigen Stufe Dampf für andere Zwecke zu entnehmen, der dadurch auf einen niederen Druck reduziert ist, daß ein Teil seiner Wärme in Arbeit umgesetzt ist. Inwieweit dieses mit einer Wärmeersparnis verbunden ist, hängt davon ab, wieviel Dampf am Schluß noch kondensiert wird, da die darin enthaltene Wärme vollständig verloren ist.

Obwohl die Dampfturbine noch verhältnismäßig jung ist, hat sie doch bereits einen hohen Grad von Vollkommenheit erreicht, so daß sie den Kampf mit der Kolbendampfmaschine für bestimmte Zwecke schon mit Erfolg aufgenommen und letztere sogar verdrängt hat.

Die Vorzüge der Dampfturbine bestehen einmal schon in der Bauart. Sie ist im Gegensatz zur Kolbenmaschine sehr einfach gebaut, da sie wenig bewegliche Teile hat; sie nimmt infolgedessen auch viel weniger Platz ein und hat ein viel geringeres Gewicht. Für eine Leistung von 1000 P.S. beansprucht eine Turbine nur $1/4 — 1/3$ der Grundfläche wie eine Kolbenmaschine derselben Leistung, während das Gewicht der Turbine nur $1/4 — 1/6$ von dem der letzteren beträgt. Der Preis einer Turbine ist hingegen nicht viel geringer als der einer Kolbenmaschine.

In bezug auf Betrieb kann die Turbine schon insofern nur eine geringe Anwendung finden und kleinere und mittlere Dampfmaschinen nicht verdrängen, als man von ihr wegen der hohen Tourenzahl direkt keine Transmission treiben kann. Ein indirekter Antrieb ist aber mit derartigen Verlusten verknüpft, daß der Wirkungsgrad ganz erheblich herabgemindert wird. Sie findet deshalb auch in der Hauptsache nur Verwendung für den Antrieb rotierender Maschinen, wie Dynamos, Hochdruck-Zentrifugalpumpen, Gebläse u. a. Sie hat auch bereits sehr zur Verbesserung obiger Maschinen beigetragen und anregend gewirkt, überall an Stelle der hin und her gehenden Pumpen rotierende zu setzen; wieweit sie hier noch fördernd wirkt, wird schon die nächste Zukunft lehren.

Die Turbine wird aber auch dort eine beschränkte Anwendung finden, wo Dampf von 0,5—1,0 Atm. zu Anwärme- und Kochzwecken verwendet werden kann, da sie nur einen höheren thermischen Wirkungsgrad hat als die Kolbenmaschine, wenn sie mit vorzüglicher Kondensation arbeitet. Während bei der Kolbendampfmaschine höchstens eine 10—12fache Expansion erreicht werden kann, kommt man bei einer Dampfturbine bis zu einer 140fachen, wobei es noch ihr besonderer Vorzug ist, daß die einzelnen Teile immer gleichmäßig derselben Temperatur ausgesetzt sind, während bei der Kolbenmaschine durch den Hin- und Hergang diese beständig wechselt. Dieser günstige Betrieb ist aber nur bei gleichmäßiger voller Belastung vorhanden. Die Turbine läßt sich wohl regulieren, sie paßt sich aber den Belastungsschwankungen nicht so vollkommen an wie die Kolbenmaschine.

Als Vorzüge der Turbine, die aber nicht so schwer ins Gewicht fallen, sind noch zu erwähnen, daß sie für ihre inneren Teile keiner Schmierung bedarf, infolgedessen erheblich an Öl spart und einen

ölfreien Abdampf liefert; daß sie ferner leicht angeht, da sie keine
toten Punkte zu überwinden hat, und daß sie betriebssicherer für überhitzten Dampf ist als die Kolbenmaschine.

Anwärmen und Verdampfen.

Die chemische Industrie hat wenig Betriebe, in denen Dampf nur
für Kraftzwecke benötigt wird. In diesen ist das Verbund- wie auch
Kondensationssystem der Maschinen und Turbinen durchaus am Platze,
wie es auch zu überlegen ist, ob nicht die weiter oben beschriebenen
Wärmekraftmaschinen als ökonomischer in Frage kommen. Jedenfalls
hat man hier bei den Dampfmaschinen und Dampfturbinen auf einen
äußerst niedrigen Dampfverbrauch pro Pferdekraft und Stunde zu
sehen, da hier der Wärmeverbrauch gleich dem Dampfverbrauch ist.

Anders ist es in Betrieben, in denen man den Abdampf der
Maschinen und Turbinen restlos zu Anwärme- oder Kochzwecken verwenden kann. Wenn auch hier der Dampf der Träger der Wärme
ist, so kann man doch hier nur von einem Wärmeverbrauch in den
Maschinen sprechen, da ja die Wärme des Abdampfes, die den
weitaus größten Teil der Gesamtwärme ausmacht, noch vollständig zu
Koch- und Anwärmezwecken ausgenutzt werden kann.

Immerhin ist auch in letzteren Betrieben die Dampfmaschine die
bessere, die für Pferdekraft und Stunde den wenigsten Dampf verbraucht; anderseits soll die Kraft auch möglichst zentralisiert werden,
da man dadurch ganz erheblich an Leitungen spart und dementsprechend
die nicht unerheblichen Leitungsverluste vermindert. Die Zentralisation
der Dampfkraft hat sich selbstverständlich den besonderen Verhältnissen anzupassen. In großen Betrieben gibt es immer einige Arbeitsmaschinen, die von der Hauptmaschine unabhängig sein müssen, wie
z. B. die Lichterzeugung und Wasserhaltung.

Hat man in Betrieben mit möglichster Kraftzentralisation und
guten Maschinen dementsprechend einen größeren Bedarf an direktem
Dampf, so ist dieses erheblich vorteilhafter, als wenn man Retourdampf an dessen Stelle hätte. Da der direkte Dampf einige Atmosphären höhere Spannung hat, so kommt man mit schwächerer Leitung und geringeren Leitungsverlusten aus. Anderseits hat der direkte
Dampf aber eine erheblich höhere Temperatur, wodurch man bei einfacher Ausnutzung eine größere Temperaturdifferenz zwischen Flüssigkeit und Dampf hat und infolgedessen mit den Heizflächen relativ
mehr leisten kann; hingegen hat man bei mehrfacher Ausnutzung ein
größeres Temperaturgefälle, wodurch einmal die Leitung der Heizflächen erhöht wird und anderseits aber durch Vermehrung der Ausnutzung mit erheblich weniger Dampf dasselbe geleistet werden kann.

Im Anfang dieses Abschnittes haben wir die Formeln kennengelernt, nach denen sich die Gesamt- und latente Wärme des Dampfes für jede bestimmte Temperatur berechnen läßt. Bezeichnet Q die Gesamtwärme, r die latente und t die Temperatur, so hat man:

$$Q = 606,5 + 0,305\, t$$
$$r = 606,5 - 0,695\, t.$$

Da nach dem Gesetz von der Erhaltung der Kraft der Dampf genau soviel Wärme wieder abgeben kann, wie er benötigt hat, um seinen Zustand zu erreichen, so hat man bei der Berechnung über Anwärmung und Verkochung auch von obigen Formeln auszugehen.

Die Anwärmung von Flüssigkeiten kann man in zweierlei Weise vornehmen. Einmal, indem man den Dampf direkt in die Flüssigkeit einströmen läßt, d. h. Anwärmung vermittels Schnatterdampf und anderseits, daß man zwischen Heizdampf und anzuwärmende Flüssigkeit eine die Wärme gut durchlassende Metallwandung bringt, d. h. Anwärmung vermittels Heizflächen.

Die erstere Art der Anwärmung hat den Vorzug, daß man die nicht sehr billigen Heizflächen sowohl in ihrer Anschaffung als auch Instandhaltung spart. Ferner kann man den Dampf in bezug auf Wärme quantitativ ausnutzen, und man hat eine betriebssichere, gut regulierbare, nicht nachlassende Anwärmung. Sie hat aber dort, wo hinterher eine Verdampfung erfolgt, den großen Nachteil, daß sie die Flüssigkeit verdünnt und daß hinterher wieder dasselbe Quantum Dampf aufgewendet werden muß, um das Dampfkondensat zu verdampfen. Da hierdurch die Wärmeausnutzung illusorisch wird, so kommt sie in letzteren Fällen fast gar nicht zur Anwendung.

Die Dampfmenge D in kg zum Anwärmen von n kg Flüssigkeit bestimmt man für die Anwärmung vermitels Heizflächen nach folgender Formel:

$$D = \frac{n \cdot s \cdot (t_2 - t_1)}{606,5 + (0,305\, t_d) - t_w}.$$

Hier und in den folgenden Gleichungen bezeichnet s die spezifische Wärme der Flüssigkeit, t_2 die Temperatur der Flüssigkeit nach der Anwärmung, t_1 dieselbe vor der Anwärmung, t_d die Temperatur des Dampfes und t_w die Temperatur des Kondenswassers. Für Anwärmung mit Schnatterdampf gilt dieselbe Formel, man hat nur statt $t_w =$ die Temperatur des Kondenswassers $t_2 =$ diejenige der Flüssigkeit nach der Anwärmung zu setzen.

Hat man z. B. stündlich 3000 kg Flüssigkeit mit einer spezifischen Wärme von 0,8 von 40 auf 100°C mit Schnatterdampf von 200°C anzuwärmen, so benötigt man dazu an Dampf:

$$D = \frac{3000 \cdot 0.8 \cdot (100 - 40)}{606.5 + (0.305 \cdot 200) - 100} = 254 \text{ kg}.$$

Unter spezifischer Wärme oder Wärmekapazität versteht man die Wärmemenge, die notwendig ist, um 1 kg der Substanz um 1° C zu erwärmen. Da man für Wasser eine Kalorie gebraucht, so bezeichnet man diese als Einheit.

Soweit die spezifische Wärme nicht in untenstehender Gegenüberstellung verzeichnet ist, läßt sie sich für besondere Fälle sehr leicht feststellen, daß man in einem gut isolierten Gefäß, dessen spezifische Wärme man kennt, die auf eine höhere Temperatur erwärmte Substanz mit der gleichen Gewichtsmenge Wasser zusammenbringt und die dadurch erfolgte Erhöhung der Temperatur des Wassers feststellt. Bringt man z. B. 1 kg Eisenfeilspäne, auf 100° C erwärmt, mit 1 kg Wasser von 0° zusammen, so wird man eine Erwärmung des Wassers auf 10,2° feststellen. Um also 1 kg Wasser um 10,2° C zu erhöhen, hat 1 kg Eisen 89,8° abgegeben. Die spezifische Wärme des Eisens berechnet sich hieraus

$$\frac{10{,}2}{89{,}8} = 0{,}114.$$

Die Substanz darf sich dabei aber nicht lösen, da sonst die Lösungswärme ein falsches Bild gibt. Statt Wasser kann man auch jede beliebige Flüssigkeit nehmen, deren spez. Wärme man kennt; das Verhältnis ist dann sehr leicht auf Wasser umzurechnen.

Tabelle 32.

Spezifische Wärme.

Eisen .	0,114	Stärke	0,270	Jodkalium . .	0,082
Kupfer .	0,095	Kalkhydrat . . .	0,200	Methylalkohol	0,613
Messing	0,094	Strontianhydrat	0,150	Alkohol	0,615
Blei . .	0,031	Soda	0,272	Ameisensäure	0,536
Zink . .	0,095	Potasche	0,206	Essigsäure . .	0,508
Glas . .	0,193	Kochsalz	0,219	Äther	0,517
Ziegel .	0,200	Chlorkalium . .	0,173	Schwefelsäure	0,335
Holz . .	0,570	Chlorcalcium .	0,164	Benzol	0,450
Zucker .	0,301	Chlorbarium . .	0,090		

Für Lösungen kann man in der Praxis die mittlere Kapazität zwischen Substanz und Lösungsmittel annehmen. Dieselbe läßt sich nach folgender Formel leicht berechnen:

$$s = \frac{n \cdot s_1 + (100 - n) s_2}{100},$$

In dieser Formel bezeichnet n den Prozentsatz der Substanz, s_1 die spezifische Wärme derselben und s_2 die spezifische Wärme des Lösungsmittels. Hat man z. B. einen 10%-Zuckersaft, so erhält man als spezifische Wärme:

$$s = \frac{10 \cdot 0{,}301 + (100 - 10)\,1}{100} = 0{,}93.$$

Bei der Anwärmung vermittels Heizflächen kommt es in erster Linie auf das Leitungsvermögen der Heizflächen an. Obwohl die Metalle ohne Ausnahme gute Wärmeleiter sind, so variieren sie unter sich doch ganz erheblich, so daß man bei der Anschaffung nicht allein nach der Billigkeit sehen muß, sondern auch nach ihrem spezifischen Leitungsvermögen. Das Wärmeleitungsvermögen verschiedener Metalle, die hierbei in Frage kommen, zeigt die folgende Tabelle:

Tabelle 33.

Silber	1000	Zinn	145
Kupfer	736	Eisen	119
Zink	281	Blei	85
Messing	230	Platin	84

Nach diesen Zahlen gehen z. B. durch 1 qm Kupferblech, 3 mm stark, in einer Minute 6,18mal soviel Kalorien als durch 1 qm Eisenblech von derselben Stärke und in derselben Zeit.

Dieses Verhältnis macht es erklärlich, daß für Heizflächen Kupfer und seine Legierungen das bevorzugte Metall sind. Wenn auch der Unterschied zwischen Eisen und Messing nicht so erheblich ist, so nimmt man letzteres trotz des hohen Preises doch lieber, da Eisen in Berührung mit Dampf sehr leicht Rost ansetzt und dieser ein sehr schlechter Wärmeleiter ist.

Die Dampfmenge D in kg zum Anwärmen von n kg Flüssigkeit bestimmt man, wie bereits oben bemerkt, nach folgender Gleichung:

$$D = \frac{n \cdot s \cdot (t_2 - t_1)}{606{,}5 + (0{,}305 \cdot t_d) - t_w}.$$

Wie schon bemerkt, bezeichnet auch hier t_2 die Temperatur nach der Anwärmung, t_1 diejenige vor der Anwärmung, t_d die Temperatur des Dampfes und t_w die Temperatur des Kondenswassers. Für letztere kann man bei der Anwärmung die mittlere Flüssigkeitstemperatur setzen $= \dfrac{t_2 + t_1}{2}$.

Bei der Anwärmung mit Heizflächen ist aber eine sehr wichtige Frage, wie groß man für eine bestimmte Wärmeübertragung die Heizfläche zu nehmen hat. Die Heizfläche in qm für Anwärmung läßt sich nach folgender Gleichung berechnen, in der für n aber das Gewicht der in einer Minute anzuwärmenden Flüssigkeit zu setzen ist.

$$H = \frac{n \cdot s \cdot (t_2 - t_1)}{\dfrac{t_d + t_w - t_2 - t_1}{2} \cdot k} = \frac{2 \cdot n \cdot s \cdot (t_2 - t_1)}{(t_d + t_w - t_2 - t_1) k}.$$

Mit k bezeichnet man in dieser Gleichung den Wärmeübertragungskoeffizienten. Es bedeutet dieser die durch die Erfahrung festgestellte Wärmemenge in Kalorien, die pro Quadratmeter Heizfläche und pro Grad Temperaturdifferenz in einer Minute durch die Heizfläche geht. Diese Wärmemenge ist nun abhängig von dem Material der Heizfläche, ferner ganz erheblich von der Reinheit der Heizfläche, von der Dick- und Zähflüssigkeit der anzuwärmenden Flüssigkeit und schließlich von der Temperaturdifferenz und der Höhe der Temperatur. Sie liegt für Anwärme- und Verdampfapparate zwischen 5 und 50. Für einen Anwärmeapparat mit langsamer Flüssigkeitsbewegung, ungereinigter oder zähflüssiger Lösung, geringer Temperaturdifferenz und niedriger Temperatur nehme man nur 3—6. Für Schnellstromvorwärmer mit dünnflüssiger und gereinigter Lösung kann man 6—15 nehmen.

Der Wert $\dfrac{t_d + t_w - t_2 - t_1}{2}$ in der letzten Gleichung bezeichnet die mittlere Temperaturdifferenz. Nach Hausbrand ist diese so berechnet etwas zu hoch, die Heizfläche wird demnach zu gering. Es ist deshalb richtiger, wenn man die nach obiger Formel berechnete Heizfläche auch mit Rücksicht auf die Wärmeverluste im Anwärmeapparat um 20—25% vergrößert.

Wie groß muß z. B. die Heizfläche eines Anwärmeapparats mit Messing- oder Kupferheizfläche sein, wenn minütlich 1000 kg Lauge mit einer Wärmekapazität von 0,8 von 40 auf 90° C angewärmt werden soll und der Heizdampf eine Temperatur von 110° C hat. Das Kondenswasser läuft dabei mit $\dfrac{90 + 40}{2} = 65°$ C ab. Als Transmissionskoeffizient soll 10 angenommen werden. Wir haben hier:

$$H = \frac{2 \, n \cdot s \, (t_2 - t_1)}{(t_d + t_u - t_2 - t_1) k} = \frac{2 \cdot 1000 \cdot 0,8 \, (90 - 40)}{(110 + 65 - 90 - 40) 10} = 178 \, \text{qm}.$$

$$178 \cdot 1,2 = 210 \, \text{qm}.$$

Das Verdampfen von Flüssigkeit aus Lösungen, wozu sich neben dem direkten Dampf auch sehr gut Rückdampf verwenden läßt, kann sowohl in offenen als auch geschlossenen Gefäßen vorgenommen werden. Bei ersteren siedet die Flüssigkeit unter Atmosphärendruck.

Bei geschlossenen Gefäßen können die Flüssigkeiten sowohl unter einem erhöhten Druck als auch unter Luftleere sieden.

Das Sieden unter Luftleere kann einmal mit Rücksicht auf die Siedetemperatur der Lösung geschehen, da diese unter Luftleere, die durch gute Luftpumpen und Kondensation leicht auf 650 mm gehalten werden kann, ganz erheblich herabgemindert wird, so daß die Flüssigkeit keiner starken Erhitzung ausgesetzt wird; sie kann aber auch mit Rücksicht auf die Dampftemperatur geschehen, da man bei niedriger Siedetemperatur auch noch Dämpfe von niedriger Temperatur verwenden kann. Anderseits hat man beim Sieden unter Luftleere auch eine viel größere Temperaturdifferenz, die es ermöglicht, daß man mehrere Verdampfapparate in der Weise hintereinanderschaltet, daß man mit den Brüden des einen den folgenden beheizen kann, wobei man, um möglichst viele Körper hintereinanderschalten zu können, am Anfang sogar unter Druck siedet.

Letzteres System kommt überall dort zur Geltung, wo es sich um das Verdampfen großer Mengen Flüssigkeit handelt, wie z. B. in den Zuckerfabriken, da man auf diese Weise den Dampfverbrauch für Verdampfzwecke ganz bedeutend vermindern kann, wogegen der Mehrverbrauch an Wärme für die Luftpumpe und Kühlwasserbeschaffung nicht in Frage kommt.

Die Dampfmenge, die notwendig ist, um 1 kg Wasser zu verdampfen, findet man nach folgender Gleichung, in der t_s die Siedetemperatur bedeutet:

$$D = \frac{606{,}5 - 0{,}695\, t_s}{606{,}5 + (0{,}305 \cdot t_d) - t_w}.$$

Da t_d größer sein muß als t_s, so wird immer etwas mehr Dampf zum Heizen benötigt, als aus der Flüssigkeit erzeugt werden soll.

Die entwickelten Brüden mit der Temperatur t_s kann man nun zum Beheizen des folgenden Körpers verwenden, indem der Siedepunkt durch eine Luftpumpe so weit heruntergedrückt ist, daß genügende Temperaturdifferenz vorhanden ist.

Die Verdampfung durch den Heizdampf wird auch hier wieder etwas geringer sein. Es kommt hier aber in Betracht, daß die Flüssigkeit mit der Temperatur t_s in den Siederaum des zweiten Körpers kommt, infolgedessen auch noch die Wärme der Temperaturdifferenz $t_s - t_{s1}$ zur Verdampfung abgibt. Da diese Wärme von der Menge der Flüssigkeit abhängt, die vom ersten Körper in den zweiten gezogen wird, so muß sie für sich berechnet werden, wozu man sich folgender Formel bedienen kann:

$$D_1 = \frac{n \cdot s \cdot t_s - t_{s1}}{606{,}5 - 0{,}695\, t_{s1}}.$$

D_1 bezeichnet die Dampfmenge, n die Flüssigkeitsmenge, t_s die Siedetemperatur im ersten Körper. t_{s1} diejenige im zweiten, und s die spezifische Wärme.

Während die Flüssigkeit im zweiten Körper Wärme zur Verdampfung selbst abgibt, muß sie im ersten gewöhnlich erst auf die Siedetemperatur vorgewärmt werden.

Beispiel.

Aus 30000 kg Lösung sollen in einer Verdampfung mit doppelter Wirkung im ersten Körper stündlich 10000 kg verdampft werden. Wieviel Dampf ist dazu notwendig und wieviel wird im zweiten Körper verdampft? Die Lösung tritt mit einer Temperatur von 70° C in den ersten Körper, der Heizdampf hat 120° C, das Kondenswasser geht hier wohl annähernd mit der Dampftemperatur ab, die Siedetemperatur beträgt im ersten Körper 100°, im zweiten 75° C und die spezifische Wärme 0,8.

Die Dampfmenge für die Anwärmung beträgt nach obiger Formel:

$$D = \frac{n \cdot s \cdot (t_2 - t_1)}{606,5 + (0,305 \cdot t_s) - t_w} = \frac{30000 \cdot 0,8 \cdot (100 - 70)}{606,5 + (0,305 \cdot 120) - 120}$$
$$= 1376 \text{ kg.}$$

Diejenige für die Verdampfung beträgt nach folgender Formel:

$$D = n \cdot \frac{606,5 - 0,695 \, t_s}{606,5 + (0,305 \, t_d) - t_w} = 10000 \cdot \frac{606,5 - 0,695 \cdot 100}{606,5 + (0,305 \cdot 120) - 120}$$
$$= 10267 \text{ kg.}$$
$$10267 + 1376 = 11643 \text{ kg.}$$

Für den zweiten Körper berechnen wir zuerst den Dampf, den die Eigenwärme der Lösung entwickelt und der gleich der dadurch verdampften Menge Flüssigkeit ist, nach folgender Gleichung:

$$D = \frac{n \cdot s \cdot (t_s - t_{s1})}{606,5 - 0,695 \, t_{s1}} = \frac{20000 \cdot 0,8 \cdot (100 - 75)}{606,5 - 0,695 \cdot 75} = 722 \text{ kg.}$$

Das andere Quantum finden wir durch Umkehrung der obigen Gleichung:

$$n = D \cdot \frac{606,5 + (0,305 \, t_s) - t_w}{606,5 - 0,695 \, t_{s1}}$$
$$= 10000 \cdot \frac{606,5 + (0,305 \cdot 100) - 100}{606,5 - 0,695 \cdot 75} = 9506 \text{ kg.}$$
$$9506 + 722 = 10228 \text{ kg.}$$

Für dritte und vierte Körper ist die Rechnung die gleiche. Die Zahlen bedürfen aber insofern noch einer Korrektur, als eine beträchtliche Menge Wärme durch Strahlung und mechanische Arbeit in den Apparaten verlorengeht. Diese Verluste kann man selbst bei guter Isolation mit 5 % in Rechnung setzen.

Die Heizfläche läßt sich für Verdampf-Apparate nach derselben Formel berechnen wie für Anwärmeapparate, d. h. gesamte Wärmemenge pro Zeiteinheit durch die Temperaturdifferenz mal Transmissionskoeffizient, und man kann hierbei sowohl die gesamte Wärmemenge aus dem Dampfverbrauch als auch aus der zu verdampfenden Menge Flüssigkeit berechnen. Man hat sowohl:

$$H \frac{n \cdot 606,5 - 0,695 \, t_s}{k \cdot (t_d - t_s)} \text{ als auch } \frac{D \cdot 606,5 + (0,305 \, t_d) - t_x}{k \cdot (t_d - t_s)}.$$

Die Heizfläche für die Anwärmung ist im ersten Körper nach der oben angegebenen Gleichung noch besonders zu berechnen und hinzuzufügen.

Der wichtigste Faktor bei der Berechnung der Heizflächen ist der Wärme-Transmissionskoeffizient, der nur durch die Erfahrung festgestellt werden kann und der sowohl von der Konstruktion des Apparates als auch vom Betrieb desselben beeinflußt wird.

Betreffs der Konstruktion geschlossener Verdampf-Apparate kann man zwei Arten unterscheiden, und zwar solche mit Heizschlangen und solche mit parallelen Röhren, welch letztere an beiden Seiten durch einen gemeinschaftlichen Rohrboden miteinander kommunizieren. Erstere, und zwar aus Kupfer, werden gewöhnlich dort verwendet, wo aus stark konzentrierten Lösungen durch den Rest der Verdampfung Kristalle ausgeschieden werden sollen, d. h. zum Fertigkochen.

Den Transmissionskoeffizienten pro Stunde für kupferne Schlangen und Rohre, deren Innenfläche vom Dampf berührt wird, kann man nach Hausbrand mit der folgenden Formel berechnen:

$$k = \frac{1900}{\sqrt{d \, l}}.$$

d bezeichnet den lichten Durchmesser der Schlange und l die Länge derselben in Meter. Für schmiedeeiserne und Messingrohre ist der Wert mit 0,75, für gußeiserne mit 0,5 und bleierne mit 0,45 zu multiplizieren. Für Lösungen mit $10-25 \%$ Trockensubstanz ist der Koeffizient um $20-30 \%$ zu vermindern, und für solche mit größerem Trockensubstanzgehalt um $40-60 \%$.

Für das Verdampfen großer Mengen dünnflüssiger Lösung wird in der Regel das System der parallelen Röhren verwendet, da sich bei diesem System in einem kleinen Raum eine große Heizfläche unterbringen läßt. In diesen Apparaten können die Rohre sowohl horizontal als auch vertikal angeordnet werden. In den stehenden Apparaten mit vertikal angeordneten Rohren zirkuliert die Lösung in den Rohren und der Dampf außen, hingegen in den liegenden, in denen die Rohre horizontal angeordnet sind, umgekehrt.

Für Apparate mit vertikal angeordneten Rohren sind für Zuckersäfte von Jelinek, Claaßen u. a. die folgenden Transmissionskoeffizienten festgestellt:

Dreikörper-Apparat.

	1. Körper	2. Körper	3. Körper
Jelinek	37	25	14
Claaßen	40—50	30—35	15—20

Vierkörper-Apparat.

	1. Körper	2. Körper	3. Körper	4. Körper
Jelinek	28	26	20	5—6
Claaßen	40—50	30—40	20—30	10—15

Sirupkocher.

6—7

Vorwärmer.

2—3 bei langsamer Saftströmung und niedriger Temperatur
6—10 „ schnellerer   „   „   höherer   „

Für alkalische Laugen und ähnliche Lösungen sind sie ungefähr gleich, und bei Salzsolen um 10—20 % geringer.

Diese Transmissionskoeffizienten sind mittlere Zahlen, die bei vollständig reinen Heizflächen um 20—50 % größer und bei starker Inkrustation um ebensoviel niedriger sein können.

Aus obigen Zahlen geht hervor, daß, wenn man im Mehrkörper-Apparat in allen Körpern die gleichen Mengen verdampfen will, die Größen der Heizflächen umgekehrt proportional den Transmissionskoeffizienten sein müssen; will man dagegen mit gleichen Heizflächen dasselbe verdampfen, so müssen die Temperaturdifferenzen dem Transmissionskoeffizienten umgekehrt proportional sein.

Da der Wärmeleitungskoeffizient für die Beurteilung einer Verdampfungsanlage von großer Wichtigkeit ist, so ist es notwendig, ihn für alle Verhältnisse zu ermitteln. Es geschieht dieses in der Weise, daß man aus dem Trockensubstanzgehalt der Lösung vor der Verdampfung, der Menge der Lösung vor der Verdampfung und dem Trockensubstanzgehalt der Lösung nach der Verdampfung die verdampfte Flüssigkeitsmenge feststellt.

Kommen z. B. minutlich 1000 kg Flüssigkeit mit 12 % Trockensubstanz zur Verdampfung und verläßt die Flüssigkeit den Körper mit 26 % Trockensubstanz, so findet man die verdampfte Menge n nach folgender Formel:

$$ n = 1000 - \frac{1000 \cdot 12}{26} = 538{,}5 \text{ kg.} $$

Hat man für den Heizdampf $t_d = 120^0$ C, für die Siedetemperatur $t_s = 100^0$ C und 320 qm Heizfläche, so findet man k nach folgender Formel:

$$ k = \frac{n \cdot (606{,}5 - 0{,}695 \cdot t_s)}{H \cdot (t_d - t_s)} = \frac{538{,}5 \cdot (606{,}5 - 0{,}695 \cdot 100)}{320 \cdot (120 - 100)} = 45. $$

Außer der Reinheit der Heizfläche kommen für eine gute Verdampfung auch noch andere Momente zur Geltung. Unter anderem ist darauf zu sehen, daß der Körper bei der Verdampfung nur soviel Flüssigkeit enthält, daß die Heizfläche bedeckt ist. Ferner wird die Verdampfung durch eine gute Zirkulation der Flüssigkeit gehoben. Auch muß für eine vollständige und schnelle Ableitung des Kondenswassers aus dem Heizraum gesorgt werden, und da sich bei der Beheizung mit Brüden Gase entwickeln, wie z. B. bei Zuckersäften Ammoniak, so muß auch für eine gute Entlüftung des Heizraumes Sorge getragen werden. Die Entlüftung geschieht in der Weise, daß man den höchsten Teil der Heizkammer mit dem Flüssigkeitsraum in der Weise verbindet, daß man die Verbindung durch ein Ventil regeln kann. Und schließlich muß darauf gesehen werden, daß oberhalb der Heizrohre noch genügender Steigeraum ist, damit ein Übersteigen und Überschäumen der Flüssigkeit vermieden wird, da, abgesehen von den damit verbundenen Verlusten, das Kondenswasser aus den Heizkammern zum Kesselspeisen verwendet werden muß, damit einmal die darin enthaltene Wärme ausgenutzt wird und da anderseits dieses Wasser als reines Destillat keinen Kesselstein ansetzt.

Der Brunnen, in den das Kondenswasser geleitet wird, muß für Heizkammern unter Luftleere dementsprechend tief sein; bei hoher Luftleere muß der Wasserstand des Brunnens oder Kastens möglichst 10 m unter der tiefsten Stelle der Dampfkammer liegen, dabei muß das Saugrohr zum Leerpumpen des Brunnens so hoch angeordnet werden, daß die Kondenswasserleitungen immer durch Wasser abgeschlossen sind.

In neuerer Zeit ist von der Sudenburger Maschinenfabrik und Eisengießerei A.-G. in Magdeburg in den Kestnerverdampfern ein neuer Typ von Verdampfungsapparaten in die Industrie eingeführt, dessen Eigentümlichkeit darin besteht, daß in langen Heizrohren wenig Flüssigkeit von unten nach oben bewegt und hierbei teilweise verdampft wird, und daß dort oben die Brüden von der Flüssigkeit durch eine eigenartige Vorrichtung getrennt und entfernt werden.

Da die Flüssigkeit bei dieser Art von Verdampfung nur einmal die Heizrohre passiert, so dürfte es leicht verständlich sein, daß ein solcher Apparat nur sehr wenig Flüssigkeit enthält, d. h. mit anderen Worten, daß die Flüssigkeit nur kurze Zeit in den Apparaten verweilt.

In dem kurzen Verweilen der Flüssigkeit in diesen Apparaten liegt ihr großer Vorzug vor anderen, da es fast allen Lösungen, die zur Verdampfung kommen, nicht zum Vorteil gereicht, wenn sie lange Zeit erhitzt werden, und anderseits kann man Lösungen für kurze Zeit ohne großen Nachteil höheren Temperaturen aussetzen. Verfasser hat z. B. bei Versuchen mit reinen Zuckersäften, die gegen mehr oder weniger starke Erhitzung sehr empfindlich sind, bei einer noch höheren Erhitzung, als sie heute in der Kestnerverdampfung angewendet wird, einen Nachteil nicht feststellen können, wenn die Erhitzungsdauer, die bei Kestnerverdampfung in Frage kommt, nicht überschritten wird.

Wo nun die Brüden eines Apparates zum Kochen im folgenden oder zum Anwärmen verwendet werden müssen, ist von eminenter Bedeutung, wenn dieselben in der Kestnerverdampfung eine um 20 bis 30° C höhere Temperatur haben als in anderen Apparaten; denn man spart dort, wo diese Brüden verwendet werden sollen, ganz erheblich an Heizfläche, oder man kann mit vorhandenen Heizflächen ganz erheblich mehr leisten.

Dampfleitungen.

Für die Berechnung des Durchmessers der Dampfzuleitung kommt einmal der Spannungsverlust, d. h. die Differenz zwischen Anfangs- und Endspannung und die Geschwindigkeit des Dampfes in Frage, wobei letztere von ersterem abhängt.

Verfasser hat in der Praxis in den Dampfzuleitungen für Dampfmaschinen eine Geschwindigkeit des Dampfes in der Leitung von 12—15 m/sek. bei einem Spannungsabfall von 0,5 Atm. ermittelt.

Bezeichnet man die Geschwindigkeit des Dampfes in m/sek. mit r, den lichten Durchmesser der Zuleitung in cm mit d, das Gewicht eines cbm Dampfes der vorhandenen Spannung in kg mit g und das Gewicht des durchzuleitenden Dampfes pro Sekunde in kg mit n, so findet man den Durchmesser in cm nach folgender Formel:

$$d = \sqrt{\frac{4 \cdot n \cdot 10000}{g \cdot r \cdot \pi}},$$

Beispiel.

Eine Maschine mit 100 P.S. und 15 kg Dampf pro P.S. und Stunde benötigt pro Sekunde $\frac{15 \cdot 100}{3600} = 0{,}416$ kg. Der Dampf hat 8 Atm. absolut und soll bei 0,5 Atm. Spannungsgefälle mit 12 m Geschwindigkeit nach der Maschine geleitet werden. Wie groß ist der Durchmesser der Leitung zu nehmen?

Dampf von 8 Atm. absolut hat nach der Fliegnerschen Tabelle ein Gewicht von 4,14 pro cbm; wir haben daher:

$$d = \sqrt{\frac{4 \cdot n \cdot 10\,000}{g \cdot r \cdot \pi}} = \sqrt{\frac{4 \cdot 0,416 \cdot 10\,000}{4,14 \cdot 12 \cdot 3,14}} = 10,3 = 11 \text{ cm.}$$

Für Dampfleitungen mit einem Durchmesser unter 6 cm ist für die Geschwindigkeit nur 8—10 m/sek. anzunehmen, hingegen kann man für Leitungen über 15 cm l. Durchmesser bis zu 20 m Geschwindigkeit annehmen. Auch für Dampfleitungen zu Heizzwecken kann man eine Geschwindigkeit bis 20 m und darüber annehmen, da man hier in der Regel ein größeres Spannungsgefälle hat.

Die Retourdampfleitungen der Auspuffmaschinen werden bei schwächeren Leitungen gewöhnlich eine Rohrnummer größer genommen als die für direkten Dampf. Bei 10 cm Durchmesser für direkten Dampf nimmt man aber bereits 12 cm für Retourdampf und bei 20 cm für direkten Dampf geht man bis 25 cm für letzteren.

Die direkte Dampfleitung ist möglichst mit Gefälle nach der Maschine zu verlegen und, wenn sehr lang, mit einem Wasserabscheider zu versehen, damit das kondensierte und aus dem Kessel mitgerissene Wasser nach Möglichkeit abgeschieden wird, da dieses Schläge und Stöße in der Maschine verursacht. Dieserhalb ist auch vor dem Anlassen der Maschine erst alles Wasser aus der Leitung zu entfernen.

Die Rückdampfleitungen hingegen sind zweckmäßig mit einem Ölabscheider zu versehen, denn einmal macht sich die Wiedergewinnung des Öls bezahlt, und anderseits übt es bei Rücknahme der Kondenswässer in die Kessel in letzteren eine nachteilige Wirkung aus.

Wärmeschutz.

Wie weiter oben bereits bemerkt ist, können in den Dampfzuleitungen entsprechend der Länge, der Lage und der Isolierung derselben 1—2 % der durchgeleiteten Wärme durch Strahlung verlorengehen. Da diese Zahlen nur für eine einigermaßen gute Isolierung und nicht zu lange Leitungen gelten, und da die Verluste bei sehr langen Leitungen und schlechter Isolierung doppelt und ohne Isolierung 4—5mal so groß sein können, so dürfte es selbstverständlich sein, daß eine gute Isolierung sowohl der Leitungen als auch der Verdampf- und Anwärmekörper von großer Wichtigkeit ist.

Für die Berechnung der Wärmeverluste durch Strahlung haben E. Péstel u. a. aus der Erfahrung abgeleitete Formeln aufgestellt, deren Ergebnisse aber ganz erheblich voneinander abweichen.

In der Praxis kann man die Dampfrohre in solche mit größerem Durchmesser und solche mit kleinerem unterscheiden. wobei man mit den kleineren bis 150 mm geht.

Auf ein Quadratmeter Rohroberfläche wird durchschnittlich an Dampf kondensiert:

a) In Rohren mit kleinerem Durchmesser.

	Retourdampf	3—5 Atm.	6—10 Atm.
unbekleidet	2,5—3,5 kg	3,5—4,5 kg	4,5—5,5 kg
gut isoliert	1,2 „	1,5 „	1,8 „

b) In Rohren mit größerem Durchmesser.

unbekleidet	2—3 kg	3—4 kg	4—5 kg
gut isoliert	1,0 „	1,3 „	1,6 „

Die Zahlen für die Isolierung gelten für Leitungen ohne isolierte Flanschen. Mit Flanschenisolation vermindern sie sich noch um 20 %.

Als Isolationsmittel für Dampfleitungen wird in der Regel eine Kieselguhrmasse genommen, und zwar in der Weise, daß unmittelbar auf die heiße Oberfläche erst ein asbesthaltiger Unterstrich gebracht wird.

Für Flüssigkeitsleitungen mit niedrigeren Temperaturen kann man auch Seidenzöpfe verwenden. Andere Isoliermittel sind Holz, Kork, Lehm und andere schlechte Wärmeleiter.

Dampf und Feuergase zum Trocknen.

Abgesehen vom Verdampfen und Anwärmen wird der Abdampf und, wo solcher fehlt, auch direkter Dampf zum Trocknen der verschiedenartigsten Körper, wie z. B. Zucker und Stärke, verwendet. Wo viele und noch reichlich feuchte Substanzen, d. h. solche mit 10—30 % Trockensubstanz, getrocknet werden sollen, und wenn bei denen das durch eine hohe Temperatur verursachte Aussehen nicht nachteilig ist, so können sie am billigsten direkt durch die Feuergase in der Weise getrocknet werden, daß die Substanzen mit den Heizgasen in gleicher Richtung durch Mulden bewegt werden. Das verdampfte Wasser wie auch die abgekühlten Gase werden durch einen Exhaustor mit einer Temperatur von ungefähr 100° C abgesaugt.

Sind z. B. mit Feuergasen stündlich 200 dz abgepreßte Rübenschnitzel mit 18 % Trockensubstanz auf eine solche von 86 % zu bringen, so sind fortzutrocknen:

$$200 - \frac{200 \cdot 18}{86} = 158 \text{ dz Wasser.}$$

Das Trockengut kommt mit einer Temperatur von 30° C nach der Trocknung und verläßt dieselbe wie die Brüden mit 100°. Die spezifische Wärme des Trockengutes beträgt 0,88; hiermit gerechnet sind für die Anwärmung des Trockengutes notwendig:

$$20000 . 0,88 . (100 - 30) = 1232000 \text{ Kal.}$$

Für die Verdampfung pro kg Wasser sind rund 540 Kal. erforderlich, also insgesamt $15800 . 540 = 8532000$ Kal.

$$8532000 + 1232000 = 9764000 \text{ Kal.}$$

Zur Trocknung steht eine Braunkohle von folgender Zusammensetzung zur Verfügung:

$$
\begin{aligned}
33,00\ \% \quad &\text{Kohlenstoff} = C \\
3,00\ ,, \quad &\text{Wasserstoff} = H \\
11,80\ ,, \quad &\text{Sauerstoff} = O \\
0,80\ ,, \quad &\text{Schwefel} = S \\
44,80\ ,, \quad &\text{Wasser} = W
\end{aligned}
$$

Aus dieser Analyse läßt sich sowohl die notwendige Luftmenge als auch der Heizwert in Kalorien feststellen und damit auch die für die Trocknung notwendige Menge an Kohle als auch die bei der Trocknung in Frage kommenden Verhältnisse für Rost, Exhaustor u. a. Den Heizwert der Kohle findet man aus der Analyse nach der vom Verband deutscher Ingenieure aufgestellten Formel:

$$Cn = 8000\ C + 29000 \left(H - \frac{O}{8} \right) + 2500\ S - 600\ W.$$

In dieser Formel sind die Verbrennungszahlen für Kohlenstoff, Wasserstoff und Schwefel im Gegensatz zu denen der Tabelle 16 auf Seite 85 abgerundet, während für die Verdampfung der vorhandenen Feuchtigkeit 600 W.E. angenommen sind. Nach Seyffart soll diese Formel $1\frac{1}{2}\ \%$ Wärme weniger ergeben als die Wirklichkeit, welche Tatsache für uns hier kein Nachteil sein soll.

Mit den Werten gerechnet, erhalten wir:

$$\frac{8000 . 33 + 29000 \left(3 - \dfrac{11,8}{8} \right) + 2500 . 0,8 - 44,8 . 600}{100} = 2835 \text{ Kal.}$$

Da sich nun verbinden:

$$
\begin{aligned}
12\ \text{Gewichtsteile } C \text{ mit } &32\ \text{Gewichtsteilen } O \\
1\ \quad ,, \quad\quad H \quad ,, \quad &8 \quad\quad ,, \quad\quad O \\
1\ \quad ,, \quad\quad S \quad ,, \quad &1 \quad\quad ,, \quad\quad O
\end{aligned}
$$

so benötigen wir an Sauerstoff: $\dfrac{0,33 \cdot 32}{12} + 0,0153 \cdot 8 + 0,008 = 1,01\,\mathrm{kg}$

für die Verbrennung von 1 kg obiger Kohle. Und da die Luft 23 % Sauerstoff enthält, so gebrauchen wir 4,40 kg Luft. Da im Interesse der Qualität der Trockenschnitzel weder mit einer hohen Anfangstemperatur noch mit Ruß und Rauch gerechnet werden darf, so muß die Kohle mit reichlich der doppelten Menge von Luft verbrannt werden, d. h. also im obigen Beispiel mit 8,8 kg.

Die Luft hat nach der Verbrennung mit 100 % Überschuß ungefähr die folgende Zusammensetzung in Volumenprozenten:

$$79\,\% \quad \text{Stickstoff}$$
$$11 \;\; „ \quad \text{Sauerstoff}$$
$$10 \;\; „ \quad \text{Kohlensäure}$$

1 l Stickstoff wiegt 1,255 g, 1 l Sauerstoff 1,43 und 1 l Kohlensäure 1,966. 1 l Verbrennungsgas obiger Zusammensetzung wiegt infolgedessen:

$$\frac{79 \cdot 1,255 + 11 \cdot 1,43 + 10 \cdot 1,966}{100} = 1,345\,\text{g}.$$

Da hiermit verglichen 1 l Luft vor der Verbrennung 1,29 g wiegt, die Wärme aber vom Verbrennungsgas fortgeführt wird, so ist die Luftmenge von 8,8 kg noch mit $\dfrac{1,345}{1,29}$ zu multiplizieren, um das Gewicht an Rauchgas zu bekommen.

$$8,8 \cdot \frac{1,345}{1,29} = 9,17\,\mathrm{kg}.$$

Die spezifische Wärme wird durch die Kohlensäure an Stelle des Sauerstoffs nicht erheblich verändert, infolgedessen kann man diejenige der Luft mit 0,2375 annehmen, und man bekommt für die Anwärmung der Rauchgase pro kg Kohle:

$$9,17 \cdot 0,2375 \cdot (100 - 10) = 196 \text{ Kal.}$$

Außerdem erfordern die 44,8 % Wasser der Kohle noch eine Anwärmung von 10 auf 100° C. Die Wärme für die Verdampfung liegt bereits in der Verbandsformel.

$$0,448 \cdot (100 - 10) = 40 \text{ Kal.}$$

Von den 2835 Kal. sind $196 + 40 = 236$ abzuziehen, es verbleiben für die Trocknung daher noch 2599, das sind 91,6 %.

Rechnet man für Verluste durch Ausstrahlung, Schlacken u. a. noch dasselbe, so kommt man bei dieser Trocknung auf eine Wärmeausnutzung von 83—85 %, die in der Praxis auch tatsächlich erreicht werden soll. In der Regel dürfte man sich aber mit 75—80 % begnügen.

Bei einer Wärmeausnutzung von 80 % sind von den 2835 Kal.
2268 nutzbar. Die 9764000 Kal. erfordern danach an Kohle:

$$\frac{9764000}{2268} = 4300 \text{ kg}.$$

Statt der Feuergase wird auch in dieser Weise mit Retourdampf
und, wo dieser fehlt, mit direktem Dampf getrocknet. Soweit über-
flüssiger Retourdampf genommen wird, ist dieses Verfahren selbstverständlich billiger. Kann man den Retourdampf aber vorteilhafter
zum Anwärmen und Verdampfen ausnutzen, so daß mit direktem
Dampf getrocknet wird, so ist dieses sowohl in der Anlage als auch
im Betriebe teurer, und zwar im Betriebe insofern, als die Abgase
im Kesselhause nicht so weit ausgenutzt werden können wie beim
Trocknen mit Feuergasen, dazu kommen noch die Leitungsverluste
und vermehrten Strahlungsverluste.

Auch bei der ununterbrochenen Trocknung mit Dampf, die gewöhnlich noch durch ein Vakuum verstärkt wird, handelt es sich um
ein Anwärmen und Verdampfen, für das die oben festgelegten Wärme-
formeln gelten.

Sollen aber gereinigte Substanzen, deren Ansehen eine höhere
Temperatur nicht verträgt, getrocknet werden, so kann dieses entweder
in einem größeren Vakuum durch gewöhnliche Verdampfung geschehen oder durch Trocknen mit Luft. Letzteres geschieht in der
Weise, daß die Substanz mit einer Strömung vorgewärmter Luft in
Berührung gebracht wird, wobei sich die Luft ihrer Temperatur entsprechend mit Wasserdampf sättigt.

Das Vermögen der Luft, Wasserdampf aufzunehmen, ist um so
größer, je wärmer sie ist, und nimmt, wie Tabelle 34, S. 156 zeigt,
in ansteigendem Maße zu.

In der Praxis kann man mit der vollkommenen Sättigung aber
nicht rechnen, sondern nur mit einer mittleren, die 50—60 % beträgt.

Um nach obigem die größte Wirkung bei der Trocknung zu erzielen, ist möglichst kalte trockene Luft auf die Temperatur vor-
zuwärmen, der das Trockengut ohne Nachteile ausgesetzt werden kann.
Bei der Berechnung der Heizfläche für die Luftvorwärmung hat man
erst die Wärmemenge in Kalorien festzustellen, die in einer Minute
gebraucht werden, wobei man vom Trockengut auszugehen hat.

Hat man z. B. stündlich 1000 kg Stärke von 60 auf 80 %
Trockensubstanz zu bringen, so sind fortzutrocknen:

$$1000 - \frac{1000 \cdot 60}{80} = 250 \text{ kg Wasser}.$$

Tabelle 34.

Lufttemperatur ° C	1 cbm Luft wiegt kg	Feuchtigkeit pro cbm Luft in g	Feuchtigkeit pro kg Luft in g
— 20	1,389	1,0	0,7
— 15	1,365	1,5	1,1
— 10	1,338	2,3	1,7
— 5	1,318	3,5	2,5
0	1,283	5,0	3,8
+ 5	1,259	7,0	5,5
+ 10	1,233	9,5	7,7
+ 15	1,205	12,9	10,8
+ 20	1,177	17,5	14,8
+ 25	1,144	22,8	20,2
+ 30	1,117	30,5	27,5
+ 35	1,084	39,7	36,6
+ 40	1,046	50,9	48,9
+ 45	1,005	65,6	65,3
+ 50	0,961	82,7	86,8
+ 60	0,850	130,0	154,0
+ 70	0,711	198,0	280,0
+ 80	0,533	295,0	554,0
+ 90	0,299	463,0	1430,0

Hier ist nun zuerst festzustellen, wieviel Wärme zum Anwärmen des Trockengutes und zur Verdunstung der Feuchtigkeit von der angewärmten Luft abzugeben ist. Das Trockengut hat vor der Anwärmung 15° C und soll bis 35° entsprechend der abgehenden Luft angewärmt werden.

Für die Anwärmung des Trockengutes hat man die folgende einfache Formel:

$$C = n . s . (t_2 - t_1).$$

$C =$ die Anzahl Kalorien,
$t_2 =$ die Temperatur nach der Anwärmung,
$t_1 =$ „   „   vor „   „
$s =$ die spezifische Wärme des Trockengutes,
$n =$ Trockengut in kg.

Wir haben also: $1000 . 0,56 . (35 - 15) = 11\,200$ Kalorien.

Für die Verdunstung der Feuchtigkeit haben wir dieselbe Formel, die wir oben bei der Verdampfung kennen gelernt haben.

$$C = n . [606,5 + (0,305 \, t_2) - t_2].$$
$$C = 250 . [606,5 + (0,305 . 35) - 35] = 145\,500 \text{ Kalorien.}$$
$$145\,500 + 11\,200 = 156\,700.$$

Da die Luft bei der Berührung mit der Stärke durch die Verdunstung abgekühlt wird, kann man sie ruhig bis 65° C vorwärmen; sie kann also 30° C verlieren. Da die Luft bei konstantem Druck eine spezifische Wärme von 0,2375 hat, so betragen die 30° für 1 kg 7,12 Kalorien.

$$\frac{156\,700}{7,12} = \text{rund } 22\,000 \text{ kg Luft, die bei } 15° \text{ C ein Volumen von}$$

18 250 cbm und bei 35° ein solches von 20 200 cbm hat.

Nach obiger Tabelle enthält 1 kg Luft von 35° bei voller Sättigung 36,6 g Wasser und bei 15° rund 10 g. Die Luft kann also bei voller Sättigung 26,6 g aufnehmen.

$$22\,000 \times 26,6 = 585\,200 \text{ g.}$$

Da sie nur 250 000 g aufzunehmen hat, so hat man nur mit einer Sättigung von 42,7 % zu rechnen.

Nachdem wir jetzt die Luftmenge kennen, finden wir die Gesamtwärme, die sie aufnehmen muß, nach folgender Formel:

$$C = n . s . (t_2 - t_1).$$
$$C = 22\,000 . 0,2375 . (65 - 15) = 261\,250 \text{ Kalorien.}$$

Die notwendige Heizfläche hierfür findet man, wenn man die gefundenen Kalorien durch die mittlere Temperaturdifferenz $\times$ Transmissionskoeffizient dividiert.

Da bei dieser Trocknung nur ein geringer Wärmetransmissionskoeffizient in Frage kommt, ist anzunehmen, daß das Kondenswasser fast mit der Dampftemperatur abgeleitet wird. Der Sicherheit wegen nehme man 10° C weniger.

Nimmt man für die Beheizung des Vorwärmers einen Rückdampf mit einer Temperatur von 110° C, so erhält man für die mittlere Temperaturdifferenz:

$$\frac{110 - 65 + 100 - 15}{2} = 65.$$

Es fehlt nun noch der Transmissionskoeffizient, den man nach folgender von Dr. Molier aus Versuchen ermittelten Formel findet:

$$k = 2 + 10 \sqrt{c}.$$

c bedeutet die Geschwindigkeit in m/sek., mit der die Luft den Heizkörper durchstreicht. Für eine Temperaturdifferenz von 30—40 nehme man 3 m, für 40—60 eine solche von 4 m, für 60—80 eine solche von 5 m und über 80 eine solche von 6 m an.

Wird in diesem Falle für $c = 4$ angenommen, so ist

$$k = 2 + 10 \sqrt{4} = 22.$$

Für H bekommen wir nun:

$$H = \frac{261\,250}{22.65} = 182 \text{ qm, rund } 185 \text{ qm.}$$

In der Stärkeindustrie geschieht das Trocknen in Kammern in der Regel in der Weise, daß die Heizrohre auf dem Boden der Kammer selbst angebracht sind. Die Luft wird entweder abgesaugt oder hineingedrückt, und obwohl hier mit großen Heizflächen und Luftmengen gearbeitet wird, ist die Leistung, zumal bei feuchter Witterung, nicht hervorragend.

Die Luftbewegung wird bei obiger Trocknung vermittels Ventilators oder Exhaustors verursacht.

Die Verhältnisse einiger Ventilatoren kleineren Maßstabes sind in folgender Gegenüberstellung enthalten:

Tabelle 35.

Flügel-durchmesser cm	Luft in der Minute cbm	Anzahl Umdrehungen in der Minute	P. S.
65	130	900	0,7
80	200	800	1,1
100	350	600	1,8

Die entsprechenden Exhaustoren haben bei denselben Größen annähernd dieselbe Leistung, gebrauchen aber 50 % mehr Kraft.

Bei der Luftbewegung in den Trockenkammern hat Verfasser eine Geschwindigkeit von 0,01—0,05 m in der Sekunde festgestellt, während letztere in den Leitungen bis 8 m/sek. und in den Kanälen 2—4 betragen kann.

Um die bei obigem Trocknen geringe Ausnutzung des Raumes und der Wärme, bei der außerdem noch viel Handarbeit erforderlich ist, zu vermeiden, hat man, um hohe Temperaturen zu vermeiden, auch bereits verschiedene Trockenapparate eingeführt, von denen das Tuch ohne Ende bereits vielfach Anwendung gefunden hat.

Diese Trockenvorrichtung besteht aus 15—30 Etagen, d. h. Tüchern ohne Ende, die an beiden Enden um Holzrollen laufen, 8—12 m lang und 1,5—2,0 m breit sind.

Auf diesen Apparaten, bei denen die Heizfläche 50—100 % der Nutzfläche der Tücher ist, kann z. B. Stärke, die in Kammern und Trockenräumen 12—24 Stunden trocknet, in 30—60 Minuten getrocknet werden, wobei man auf 1 qm Nutzfläche des Tuches 0,5—0,8 kg Wasserverdunstung in der Stunde rechnen kann. Bedienung kommt für solchen Apparat nicht viel in Frage, wohl aber muß das Trockengut hinterher wieder abgekühlt werden.

Pumpen.

Die Ortsveränderung von Flüssigkeiten, die wohl in allen chemischen Betrieben erforderlich ist, ist immer mit einer Förderung auf eine entsprechende Höhe verbunden. Die Vorrichtungen, mit denen die Höhenförderung vorgenommen wird, nennt man Pumpen.

Ihrer Bauart und Wirkungsweise entsprechend kann man die Pumpen in Kolbenpumpen, Rotationspumpen und Zentrifugalpumpen unterscheiden.

Die Kolbenpumpe besteht im wesentlichen aus einem Zylinder, in dem ein hermetisch abschließender Kolben hin und her bewegt wird. Der Zylinderraum ist mit der Saug- und Druckleitung durch ein System von Ventilen oder Klappen in der Weise verbunden, daß beim Saugen das Ventil oder die Klappe nach dem Zylinder geöffnet und beim Druck geschlossen wird. An der Druckleitung findet dagegen das Umgekehrte statt. Befinden sich an beiden Enden des Zylinderraumes Saug- und Druckleitung, so ist die Pumpe doppeltwirkend.

Für das Ansaugen der Flüssigkeit gilt das Gesetz von den kommunizierenden Röhren — deren eine hier das Sammelgefäß und deren andere das Saugrohr ist —, und zwar unter Mitwirkung der atmosphärischen Luft. Aus der Mechanik der gasförmigen Körper ist bekannt, daß die normale Luftsäule der Atmosphäre so schwer ist wie eine 760 mm hohe Quecksilbersäule, d. h. die Atmosphäre hält im luftleeren Raum einer 760 mm hohen Quecksilbersäule das Gleichgewicht. Da nun das Quecksilber spezifisch 13,6 mal so schwer als Wasser ist, so entspricht einer 760 mm hohen Quecksilbersäule eine $13,6 \times 760 = 10330$ mm hohe Wassersäule. Für technische Rechnungen hat man die Zahl 10330 auf 10000 abgerundet, d. h. man nimmt an, daß z. B. eine Luftsäule der Atmosphäre von 1 qcm Querschnitt dasselbe Gewicht hat wie eine 10 m hohe Wassersäule von demselben Querschnitt.

Bringt man daher eine vollständig luftleer gemachte Röhre mit Wasser in Verbindung, auf dem der Atmosphärendruck ruht, so wird bei entsprechender Länge der Röhre in dieser das Wasser 10 m hoch steigen. Das Wasser wird aber nicht höher steigen, selbst wenn die Röhre noch länger ist. Auf Grund dieser Tatsachen wird es ohne weiteres verständlich sein, daß die Saughöhe von Flüssigkeiten mit dem spezifischen Gewicht 1 theoretisch höchstens 10 m betragen kann.

In der Praxis kann mit einer Saughöhe von 10 m aber überhaupt nicht gerechnet werden, da einmal schon ein absolutes Vakuum nicht erreicht wird und anderseits sich im luftleeren oder bloß luftverdünnten Raum sofort Dämpfe entwickeln, die das Vakuum noch vermindern, und schließlich sind in der Leitung auch noch verschiedene Widerstände zu überwinden.

Wenn z. B. in einer Saugleitung das Wasser durch den atmosphärischen Druck nur 6,5 m gedrückt wird, so bezeichnet man diese als die Saughöhe mit h_s; die Differenz zwischen der Saughöhe und der theoretischen Höhe von 10 m, also in diesem Falle 3,5 m, bezeichnet man als die Widerstandshöhe mit h_w. Letztere ist abhängig von der Länge l, dem benutzten Umfang u, dem Querschnitt F und der Wassergeschwindigkeit v; man findet sie für gerade Leitungen nach folgender Formel:

$$ h_w = k \cdot l \cdot \frac{u}{F} \cdot \frac{v^2}{2g}. $$

In der Formel ist $k = 0,02 + \dfrac{0,0018}{\sqrt{v \cdot d}}$, und d der Rohrdurchmesser.

Man hat z. B. eine Saugleitung von 100 m Länge, 10 cm l $\varnothing$ und eine Flüssigkeitsgeschwindigkeit in dieser von 1 m. Wie groß ist die Widerstandshöhe h_w?

Wir haben zuerst:

$$ k = 0,02 + \frac{0,0018}{\sqrt{v\,d}} = 0,02 + \frac{0,0018}{\sqrt{1 \cdot 0,1}} = 0,0217 $$

und dann:

$$ h_w = 0,0217 \cdot 100 \cdot \frac{u}{F} \cdot \frac{v^2}{2g} = 0,0217 \cdot 100 \cdot \frac{0,314}{0,0078} \cdot \frac{1}{18,62} = 4,70 \text{ m}. $$

Für die Widerstandshöhe der Krümmungen vergrößere man diese Zahl nach Haeder noch um 30 %.

Ferner kommt bei der Saughöhe noch die Temperatur der Flüssigkeit in Frage, da die theoretische Saughöhe von 10 m nur für Wasser von 0° C gilt. Von 10—25° C ist die theoretische Saughöhe um 1—3%, von 25—60° um 3—20% und von 60—100 um 20—100% zu kürzen. Wenn es einigermaßen angängig ist, tut man aber gut, Pumpe und Behälter so anzuordnen, daß Flüssigkeiten über 60° C der Pumpe zufließen. Jedenfalls nehme man in keinem Falle die Saughöhe höher, als es den örtlichen Verhältnissen entsprechend unbedingt notwendig ist, da die Betriebssicherheit betreffs gleichmäßiger Leistung mit der Kürze der Saughöhe größer wird. Schließlich ist für die Saughöhe auch noch das spezifische Gewicht der Flüssigkeit zu berücksichtigen.

Die Leistung einer Pumpe ist aber in erster Linie abhängig vom Kolbendurchmesser, vom Kolbenhub und von der Geschwindigkeit des Kolbens. Wenn nicht durch Zurückfließen einer geringen Menge der Flüssigkeit, wie auch durch einen toten Raum und unvollkommenes Vakuum die Leistung beeinträchtigt würde, so würde für jeden Hub der Inhalt des vom Kolben durchlaufenen Raumes in Rechnung kommen bzw. das doppelte bei doppeltwirkenden Pumpen. Diese Menge bezeichnet man mit „theoretischer". Die praktisch erreichbare Menge ist erheblich geringer, und zwar nimmt man an, daß diese von der theoretischen beträgt:

$$\text{bei sehr guten Pumpen} \quad . \; . \; . \; . \; 95\%$$
$$\text{bei guten Pumpen} \quad . \; . \; . \; . \; . \; . \; . \; 90 \text{ „}$$
$$\text{bei gewöhnlichen Pumpen} \; . \; . \; . \; 80 \text{ „}$$

Das Verhältnis der praktischen Wassermenge zur theoretischen nennt man den Lieferungsgrad der Pumpe und bezeichnet ihn mit u. Bezeichnet ferner Q die zu hebende Flüssigkeitsmenge in cbm/sek., F den wirksamen Kolbenquerschnitt in qm, s den Kolbenhub in m, n die Umdrehungszahl in der Minute, so hat man für einfach wirkende Pumpen:

$$Q = u \cdot F \cdot \frac{n \, s}{60}$$

und für doppeltwirkende das doppelte.

Für Pumpen mit durchgehender Kolbenstange ist

$$F = \frac{\pi}{4} \cdot (D^2 - d^2)$$

und für solche mit nichtdurchgehender

$$F = \frac{\pi}{4} \cdot D^2 = 0,785 \cdot D^2.$$

In den Formeln bezeichnet D den Durchmesser des Kolbens und d denjenigen der Kolbenstange.

Anderseits haben wir für $\dfrac{n \cdot s}{60} = \dfrac{r}{2}$ und infolgedessen auch

$$Q = n \cdot F \cdot \frac{r}{2}.$$

r soll mindestens 0,25 m sek. betragen; für gewöhnliche Pumpen nimmt man 0,3—0,5.

Sind Geschwindigkeit und Wassermenge gegeben, so findet man leicht den Querschnitt und Durchmesser des Kolbens.

$$F = \frac{\pi d^2}{4} = \frac{2 Q}{n \cdot r}$$

$$\text{und } d = \sqrt{\frac{8 Q}{\pi \cdot n \cdot r}}.$$

Wie groß muß z. B. der Durchmesser einer doppeltwirkenden Pumpe sein, die in einer Sekunde 10 Liter Wasser fördern soll? Die Geschwindigkeit in der Pumpe soll 0,3 m und der Lieferungsgrad 0,85 betragen.

Wir haben hier:

$$Q = 2 \cdot n \cdot F \cdot \frac{r}{2} = n \cdot F \cdot r = n \cdot \frac{\pi d^2}{4} \cdot r$$

$$d = \sqrt{\frac{4 Q}{n \cdot r \cdot \pi}} = \sqrt{\frac{4 \cdot 0,01}{0,85 \cdot 0,3 \cdot 3,14}} = 0,225 \text{ m}.$$

Nimmt man für die Pumpe 20 Touren an, so findet man den Hub durch Umkehrung obiger Formel wie folgt:

$$s = \frac{30 \cdot r}{n} = \frac{30 \cdot 0,3}{20} = 0,45 \text{ m}.$$

Für Dampfpumpen mit Schwungrad, bei denen Dampfkolben und Pumpenkolben gewöhnlich hintereinandergekuppelt sind und die für größere Leistungen vorgesehen werden, nimmt man in der Regel eine hohe Tourenzahl und einen kürzeren Hub, bei denen aber immerhin Kolbengeschwindigkeiten von 0,8—1,3 m sek. erzielt werden, da dadurch die Pumpen erheblich billiger in der Herstellung sind.

In den Druckleitungen der Pumpen wird in der Regel eine Geschwindigkeit von 1—1,5 m sek. und in der Saugleitung eine solche von 0,7—1,2 vorgesehen.

Für kurze Saugleitungen kann man 1—1,2 m Geschwindigkeit nehmen; bei Leitungen über 40 m Länge nehme man aber nur 0,7 bis 0,8. Desgleichen nehme man für kurze Druckleitungen und kleine

Pumpen eine Geschwindigkeit von 1,5 m, für lange und starke dagegen ist sie nicht größer als 1—1,2 zu nehmen.

Welchen Durchmesser müßten danach im obigen Beispiel Saug- und Druckleitung für eine Förderung von 10 Liter in der Sekunde haben?

Für Saugleitung finden wir:

$$Q = \frac{d^2 \pi}{4} \cdot r = 0,010 \, \text{cbm}; \quad d = \sqrt{\frac{0,01 \cdot 4}{1 \cdot \pi}} = 0,11 \, \text{m}$$

und für die Druckleitung:

$$d = \sqrt{\frac{0,01 \cdot 4}{1,2 \cdot \pi}} = 0,10 \, \text{m}.$$

Um das Schlagen der Pumpen zu vermeiden und die Leistung nach Möglichkeit gleichmäßig zu halten, wird sowohl in der Saug- als auch Druckleitung unmittelbar an der Pumpe ein Windkessel vom 4—6fachen Inhalt des Pumpenzylinders bei langsamgehenden und 10—20fachem Inhalt bei schnellgehenden angebracht.

Bei den Pumpenkolben unterscheidet man Scheiben- und Plungerkolben. Erstere können mit Metallfedern oder Ledermanschette versehen sein. Wo es sich um die Beförderung ungereinigten Betriebswassers handelt, verdienen die Kolben mit Ledermanschette den Vorzug; da hier die Abnutzung in der Hauptsache an der Manschette stattfindet, so hat man bei Beeinträchtigung der Leistung nur diese zu ersetzen, hingegen wird beim Plunger- und Federkolben auch der Zylinder mit abgenutzt. Wird hier nun z. B. der Plunger abgedreht, so muß der Zylinder ausgebuchst werden, oder wird der Zylinder ausgebohrt, so muß der Plunger überzogen werden, und beim Federkolben sind die Federn und schließlich der ganze Kolben zu erneuern.

Die Ventile dienen dazu, wie bereits bemerkt, den Durchfluß der Flüssigkeit durch die Pumpe zu regeln, und zwar indem sie beim Druck die Saugleitung und beim Saugen die Druckleitung absperren. Außer den Ventilen verwendet man hierzu auch noch Klappen.

Die Ventile selbst kann man in Teller- und Ringventile unterscheiden, von denen erstere gewöhnlich eine untere Führung haben und nur durch ihr eigenes Gewicht belastet sind, während die Ringventile oben gesteuert und noch durch eine Feder belastet werden.

Damit beim Durchfluß durch die Ventile keine Beschleunigung der Flüssigkeit eintritt, durch die sowohl der Gang als auch die Leistung der Pumpe beeinträchtigt werden, muß der Querschnitt der Ventile mindestens so groß sein wie derjenige der Saug- bzw. Druckleitung.

Außer dem Querschnitt des Ventils kommt aber für den Durchfluß auch noch der Spalt zwischen Teller und Sitz in Frage, dessen Querschnitt gleich demjenigen des Ventils sein muß.

Bezeichnet man mit d den Ventildurchmesser und mit s den Ventilhub, d. h. die Höhe des Spaltes, so haben wir:

$$\pi \cdot d \cdot s = \frac{\pi d^2}{4}$$

und für s

$$s = \frac{d}{4},$$

einen Ventilhub, den man für kleine Ventile und einen langsamen Gang der Pumpe annehmen kann. Dieser Hub kann sich aber selbstverständlich nur auf die freie Durchflußöffnung des Ventils beziehen; für die Berechnung des Ventilquerschnitts muß auch die Fläche des Führungsstegs berücksichtigt werden.

Für größere Ventilquerschnitte und für schnellaufende Pumpen wendet man Ringventile an, die einen geringeren Ventilhub zulassen.

Bezeichnet man mit D den großen und mit d den kleinen Durchmesser des Ringes, so ist der Ringquerschnitt:

$$\frac{\pi}{4} (D^2 - d^2),$$

und wenn s wieder Hub, so hat man für den Spaltquerschnitt:

$$\pi \cdot s \cdot (D + d).$$

Soll nun sein:

$$\frac{\pi}{4} \cdot (D^2 - d^2) = \pi \cdot s \cdot (D + d),$$

so folgt hieraus:

$$s = \frac{D - d}{4}.$$

Für Klappenventile ist für die Gleichheit der Durchflußquerschnitte der Öffnungswinkel maßgebend. Bezeichnet man die Seiten der Klappen mit a und b, so soll dieser Winkel nach Grove betragen, wenn

$$\frac{a}{b} = 1 \quad \ldots \ldots \ldots \ldots \quad 33^\circ$$

$$\frac{a}{b} = \frac{3}{4} \quad \ldots \ldots \ldots \ldots \quad 39^\circ$$

$$\frac{a}{b} = \frac{2}{3} \quad \ldots \ldots \ldots \ldots \quad 42^\circ$$

$$\frac{a}{b} = \frac{1}{2} \quad \ldots \ldots \ldots \ldots \quad 49^\circ$$

bei halbrunder Klappe 52° und bei runder Klappe 33°.

Die Summe von Saug- und Druckhöhe nennt man die gesamte Förderhöhe; hingegen versteht man unter der manometrischen Förderhöhe sowohl die Summe von Saug- und Druckhöhe als auch die der gesamten Leitung und Pumpe entsprechende Widerstandshöhe. Letztere setzt sich zusammen aus der Widerstandshöhe für die Leitung und für die Pumpe mit ihren inneren Teilen.

Bezeichnet man mit:

Hs die Saughöhe,

Hd die Druckhöhe.

Hw die den Leitungen entsprechende Widerstandshöhe,

Q die Flüssigkeitsmenge in kg pro Minute,

l den mechanischen Wirkungsgrad der Pumpe und

N die erforderliche Antriebsarbeit in P.S.,

so hat man für letzteren Wert:

$$N = \frac{Q(Hs + Hd + Hw)}{60 \cdot 75 \cdot l}.$$

l beträgt für sehr gute Pumpen 0,85—0,92, für gute 0,80—0,85 und für mindere 0,75—0,80.

Der Antrieb der Kolbenpumpen kann durch Riemen von der Transmission oder durch eigenen Dampfzylinder erfolgen. Wo es sich um kleinere Leistung und langsamen Gang handelt und wo genügend Kraft vorhanden ist, wird der Riemenantrieb genommen. Wo es sich aber um große Leistungen handelt, und wo diese bald größer, bald kleiner, dabei aber unabhängig vom anderen Teile des Betriebes sein müssen, dort kann nur eine Dampfpumpe in Frage kommen.

Die Dampfpumpen lassen sich in solche mit Schwungrad und schwungradlose unterscheiden. Erstere können alle Vorzüge einer guten Dampfmaschine haben. Sie können sowohl mit Kondensation als auch bei Ausnutzung des Retourdampfes mit Auspuff gebaut werden. Sie sind überall dort zu empfehlen, wo die Dampfökonomie in erster Linie in Frage kommt, zumal sie auch mit Auspuff infolge der Expansion erheblich weniger Dampf benötigen als die schwungradlosen, und schließlich sind sie infolge ihrer stabilen Bauart auch auf die Dauer in jeder Weise betriebssicher und leistungsfähig.

Die Dampfpumpen ohne Schwungrad haben gegenüber den obigen den Vorteil, daß sie in der Anschaffung ganz erheblich billiger sind und weniger Platz beanspruchen. Bei einer Leistung von 3000 bis 5000 Liter in der Minute kostet z. B. eine schwungradlose Pumpe nur ungefähr den dritten Teil des Preises einer solchen mit Schwungrad und besitzt nur etwa ein Drittel der Länge und die Hälfte der Breite von letzterer.

Die schwungradlose Pumpe hat aber den Nachteil, sehr unökonomisch in bezug auf Dampfverbrauch zu sein. Soweit sie mit
voller Füllung arbeitet, beansprucht sie 30—50 kg Dampf für die
indizierte Pferdekraft und Stunde.

Den Dampfverbranch hat man aber bei neueren Typen schon
ganz erheblich dadurch verringert, daß man sie mit Vorrichtungen
versieht, die eine Expansion des Dampfes ermöglichen. Einmal hat
man sie mit einem sogenannten Kraftausgleicher versehen, der dazu
dient, die überschüssige Kraft bei der ersten Hubhälfte durch Kompression eines Luftvolumens oder Zusammendrücken einer Feder auf-
zusammeln und sie bei der zweiten Hälfte des Hubes wieder abzugeben.
Anderseits werden sie auch mit Expansionssteuerungen versehen, wie
auch bei ihnen bereits ein Verbundsystem zur Anwendung kommt.

Immerhin ist in den neuesten Typen der Dampfverbranch schon
so weit herabgedrückt, daß sie anfangen, auch im Dampfverbrauch mit
den Dampfpumpen mit Schwungrad erfolgreich zu konkurrieren.

Gewöhnlich versteht man unter Kolbenpumpen solche mit hin und
her gehenden Kolben, es gibt aber in den Rotationspumpen auch
solche mit rotierenden Kolben. Diese Pumpen bestehen gewöhnlich
aus zwei oder drei Kolben, die genau in ein Gehäuse eingepaßt und
mit tiefen Rillen versehen sind. Die Kolben drehen sich gegeneinander, so daß beim Auseinandergehen der Rillen die Flüssigkeit
angesaugt und beim Zusammengehen gedrückt wird.

Da bei diesen Pumpen, namentlich bei unreinen Flüssigkeiten,
durch Abnutzung einzelner Teile zwischen Kolben und Gehäuse-
wandung bald ein Spielraum entsteht, so lassen sie in ihrer Leistung
bald nach; sie werden daher in letzter Zeit durch die andere Art der
Rotationspumpen — durch die Zentrifugalpumpen — verdrängt.

Die Zentrifugalpumpen beruhen, wie schon der Name sagt,
auf der Zentrifugalkraft der in Bewegung gesetzten Flüssigkeit, die
durch ein in einem Gehäuse befindliches Schaufelrad hervorgerufen
wird. Man kann sie nach der Förderhöhe in Niederdruck- und Hochdruckzentrifugalpumpen unterscheiden. Da die Förderhöhe annähernd
proportional dem Quadrat der Umdrehungszahl ist, so beanspruchen
Förderhöhen über 20 m bereits eine hohe Tourenzahl. Man baut
deshalb die Hochdruckzentrifugalpumpen mehrstufig, d. h. man setzt
mehrere Schaufelräder auf eine Welle, von denen hintereinander der
Flüssigkeit eine größere lebendige Kraft mitgeteilt wird.

Da bei den Zentrifugalpumpen der Durchfluß ein gleichmäßiger
ist, so kommt man ohne Windkessel sowohl in der Saug- als auch
Druckleitung aus, und die Geschwindigkeit in den Leitungen kann je
nach der Länge der Leitungen 1—2 m/sek. betragen. Da die Zentri-

fugalpumpen schon bei niedrigeren Saughöhen schwer ansaugen, so sind die Saugleitungen mit einem Fußventil und die Pumpen selbst mit einem Anfüllhahn zu versehen.

Wenn die zu fördernde Flüssigkeitsmenge bekannt ist, so findet man den Saugrohrdurchmesser nach folgender Formel, in der wie in der gleichen weiter oben Q die Flüssigkeitsmenge (cbm pro Sekunde), v die Geschwindigkeit und d den Saugrohrdurchmesser bezeichnet.

$$d = \sqrt{\frac{4 Q}{v \cdot \pi}}.$$

Der innere Durchmesser des Schaufelrades soll bei einseitigem Einlauf gleich dem Saugrohrdurchmesser und bei zweiseitigem Einlauf gleich 0,6 des letzteren sein. Der äußere Durchmesser des Schaufelrades soll zweimal und bei großen Förderhöhen dreimal so groß als der innere sein.

Die vorteilhafteste Umlaufsgeschwindigkeit des Flügelrades soll nach Uhland betragen:

$$v = \frac{3}{5} \sqrt{2 g H}, \text{ wenn } g = 9,81 \text{ m sek. und } H \text{ die Gesamtförderhöhe ist.}$$

Für die innere Radbreite nimmt man $1/4$ des inneren Raddurchmessers und für die äußere $1/2$—$1/3$ der inneren.

Der Kraftverbrauch für die Zentrifugalpumpe beträgt in P.S.:

$$n = \frac{Q \cdot H}{75 \cdot i}.$$

In der Formel bezeichnet Q die Flüssigkeitsmenge in der Sekunde in kg, $H = Hs + Hd + Hw$, d. h. die manometrische Förderhöhe, und i den Wirkungsgrad der Pumpe. Letzterer beträgt für gewöhnliche Pumpen 0,4—0,7 und für sehr gute, neuere verbesserte Ausführungen 0,7—0,8.

Da die Zentrifugalpumpen verhältnismäßig billig sind, wenig Platz und Fundament beanspruchen und in letzter Zeit auch einen annehmbaren Wirkungsgrad aufweisen, so sind sie sehr beliebt geworden und finden überall eine vermehrte Anwendung.

Andere in Betrieben gebräuchliche Vorrichtungen, um Flüssigkeiten auf eine Höhe zu fördern, hat man in den sogenannten Monte-jus und in den Druckluftpumpen.

Ersteres ist ein geschlossenes eisernes Gefäß, in dem das Druckrohr fast bis auf den Boden reicht. Nachdem das Gefäß mit der Flüssigkeit gefüllt ist, wird der vorhandene Dampfdruck angestellt und mit Hilfe desselben die Flüssigkeit an den gewünschten Ort gedrückt. Um das Gefäß wieder von neuem zu füllen, muß auch der

Druck wieder abgelassen werden. Da bei dieser Vorrichtung nur das Druckventil mit der Flüssigkeit in Berührung kommt, findet fast keine Abnutzung und auch kein Versagen statt. Es ist aber zu berücksichtigen, daß einmal die Flüssigkeit dem Monte-jus zulaufen muß und daß sie auch nur so hoch gedrückt werden kann, wie dem vorhandenen Druck entspricht und der wegen Explosionsgefahr höchstens mit 3—4 Atm. Überdruck zulässig ist.

Betreffs des Dampfverbrauchs hat man es mit einer Vorrichtung zu tun, die mit voller Füllung arbeitet, wozu außerdem noch die großen Wärmeverluste durch Abkühlung und Strahlung kommen.

Die Förderung von Flüssigkeiten vermittels Druckluft geschieht in der Weise, daß ein längeres Standrohr in die Flüssigkeit gesetzt wird und in dieses unten komprimierte Luft gepumpt wird. Die Luft vermischt sich mit der Flüssigkeit, macht sie dadurch spezifisch leichter, so daß sie durch den atmosphärischen Druck im Standrohr noch auf eine entsprechende Höhe steigt und abläuft.

Diese Vorrichtung hat den großen Vorzug, daß die Flüssigkeit überhaupt nicht mit abnutzbaren Teilen in Berührung kommt. Wo es sich also weniger um die Kraft als um große Betriebssicherheit handelt, namentlich bei stark sandigen Flüssigkeiten, ist diese Vorrichtung, die z. B. von der Firma Borsig, Berlin-Tegel, unter dem Namen „Mammutpumpe" gebaut wird, sehr zu empfehlen. Die Vorrichtung läßt sich sogar dazu benutzen, das Schwemm- oder Waschwasser von Zuckerrüben oder Kartoffeln mitsamt letzteren auf eine bestimmte Höhe zu fördern.

Als Nachteile sind der geringe Wirkungsgrad und die nicht gerade billigen Anlagekosten zu erwähnen. Die Pumpe bedarf eines Luftkompressors und eines sehr tiefen Brunnens. Der Brunnen muß ungefähr zweimal so tief sein als die Förderhöhe.

Andere Förderungsmittel, wie Schöpfräder, Paternosterwerke usw. sollen hier nur nebenbei erwähnt werden, da sie zwar für unreine Flüssigkeiten und insbesondere für solche, die feste gröbere Körper enthalten, eine vielfache Anwendung finden, doch aber für jeden einzelnen Fall den besonderen Verhältnissen angepaßt werden müssen.

Die Kraftübertragung.

Wie wir gesehen haben, dient die Dampfmaschine dazu, Kraft zu erzeugen. Um diese Kraft in nutzbare Arbeit umzusetzen, ist es gewöhnlich notwendig, sie nach der mehr oder weniger entfernten Arbeitsstelle zu übertragen. Abgesehen von elektrischer Übertragung geschieht dieses durch Transmissionen und Riemen oder Seile.

Die Wirkungsweise der Riemen und Seile beruht darauf, daß das Anhaftungsvermögen dieser mindestens so groß ist, wie die zu übertragende Umfangskraft sein muß, da andernfalls ein unzulässiges Gleiten stattfindet. Aus der Umfangskraft und Laufgeschwindigkeit werden die Abmessungen der Riemen und Seile bestimmt.

Bezeichnet man mit n die Umdrehungen in der Minute, mit D den Durchmesser in m und mit c die Geschwindigkeit in m/sek., so hat man für letzteren Wert:

$$c = \frac{n \pi D}{60} \text{ m/sek.}$$

Die Geschwindigkeit der getriebenen Scheibe ist aber etwas kleiner, da sich ein Gleiten des Riemens oder Seiles nie ganz verhindern läßt.

Man kann für Riemen einen Gleitverlust von $2-4\%$ und für Seile einen solchen von $0,1-0,5\%$ annehmen.

Die Arbeit in m/kg ist gleich $N \cdot 75 = P \cdot c$, d. h. Umfangskraft mal Geschwindigkeit und hieraus für P:

$$P = \frac{75 \cdot N}{c},$$

in welcher Formel N die zu übertragenden Pferdestärken sind. Nimmt man als Zugkraft die doppelte Umfangskraft an, so findet man hieraus den Querschnitt des Zugorgans in qcm.

$$q = \frac{2 \cdot 75 \cdot N}{c \cdot k}.$$

k bezeichnet einen Koeffizienten, der für Lederriemen $15-25$ kg, für Hanfseile $12-16$ kg und für Drahtseile $600-1800$ kg beträgt.

Da die Umlaufsgeschwindigkeit, abgesehen vom Gleitverlust, auch bei ungleichen Riemenscheiben dieselbe sein muß, so wird sich hier die Tourenzahl verändern. Bezeichnet man mit D den Durchmesser der großen Scheibe, mit d denjenigen der kleinen, mit n die Tourenzahl der großen und mit m denjenigen der kleinen, so hat man:

$$c = \frac{n \pi D}{60} = \frac{m \pi d}{60} \text{ und hieraus:}$$

$$n D = m d \text{ und } \frac{n D}{m} = d,$$

d. h. man erhält den zugehörigen Durchmesser einer Scheibe, wenn man Durchmesser $\times$ Umdrehungszahl der vorhandenen Scheibe durch die gewünschte Umdrehungszahl der gesuchten Scheibe dividiert, und man erhält die Umdrehungszahl einer bekannten Scheibe, wenn man mit ihrem Durchmesser das Produkt aus Durchmesser und Umdrehungszahl der anderen Scheibe dividiert.

Für mittlere und kleine Kräfte und mäßige Entfernungen wird in der Regel der Riemen als das geeignetste Übertragungsmittel genommen, und zwar bis zu einer Maximalbreite von 500 mm und einer Maximalgeschwindigkeit von 35 m/sek.

Die Riemen werden heute noch hauptsächlich aus vier verschiedenen Stoffen hergestellt, und zwar aus Rindsleder, aus Gummi, aus Baumwolle und aus Haaren, daneben sind in letzter Zeit noch die Stahlbänder aufgekommen.

Die Lederriemen sind betreffs Haltbarkeit, Betriebssicherheit und Leistung die besten. Da sie aber verhältnismäßig sehr teuer sind, so werden sie heute vielfach mit Erfolg durch Baumwollriemen ersetzt, hauptsächlich dort, wo es sich um die Übertragung kleiner Kräfte in trockenen Räumen handelt und wo viel Riemen benötigt werden. Wo es sich um Haupttransmissionen handelt, ist nur der Lederriemen am Platze, da der Baumwollriemen zu oft nachgenäht werden muß und dieses stets mit großen, unliebsamen Störungen verbunden ist.

In nassen Räumen und dort, wo die Riemen chemischen Einflüssen ausgesetzt sind, finden die Gummiriemen die geeignetste Verwendung. Diese Riemen, die vielfach unter dem Namen Balatariemen in den Verkehr kommen, haben im Inneren gewöhnlich mehrere Baumwoll- oder Leineneinlagen; in ihrer Leistung und Betriebssicherheit stehen sie den Lederriemen nicht nach, wohl aber in der Haltbarkeit.

Ein vorteilhafter Wellenabstand beträgt bei schmalen Riemen bis 100 mm Breite 4 m, bei breiteren bis 10 m, mindestens aber gleich dem 4—5fachen Durchmesser der größten Scheibe.

Die Riemengeschwindigkeit, die höchstens 35 m/sek. betragen soll, darf für mittlere und größte Leistungen nicht unter 8—10 m/sek. betragen; für kleine Leistungen kann man bis 3 m und noch weniger gehen. Bei Geschwindigkeiten über 30 m sollen keine gußeiserne Riemenscheiben mehr verwendet werden. Bei Lederriemen nehme man für sehr breite Scheiben bei gleicher Dicke lieber einen Doppelriemen als einen einfachen, da bei dünnen Riemen die Bruchfestigkeit verhältnismäßig größer ist als bei dicken. Im übrigen überträgt ein Doppelriemen aber nicht das doppelte, sondern nur das 1.5fache des einfachen.

Die Riemenscheiben sind genau zu zentrieren, gut auszuwiegen und von möglichst großem Umfang zu nehmen, da der Riemen dadurch eine große Auflagefläche hat; die treibende Scheibe soll möglichst nicht unter 1 m Durchmesser haben; sie kann flach sein, während die getriebene vorteilhaft schwachballig sein kann. Die Breite der Riemenscheiben soll 1,10 mal + 10 mm gleich der Breite des Riemens sein. Man nehme für Transmissionen die Riemenscheiben möglichst geteilt. Hölzerne Scheiben sind dort zu verwenden, wo es auf leichtes Gewicht ankommt, d. h. wo das Übertragungsverhältnis von einer Scheibe auf die andere ein sehr großes ist, und wo schnell eine Scheibe zur Stelle sein muß, eine eiserne jedoch schwierig zu beschaffen ist.

Wenn die übertragbaren Pferdekräfte und die Geschwindigkeit bekannt sind, kann man die Breite und Stärke eines Lederriemens nach folgender Tabelle bestimmen. Wenn die kleinere Scheibe einen Durchmesser über 0,8 m hat, kann man die gefundenen übertragbaren P.S. um 20—30 % vermehren.

Tabelle 36.

Lederriemen.

$b =$ Riemenbreite in mm. s = Riemenstärke in mm.

$v =$ Laufgeschwindigkeit in m per Sekunde.

b	50	60	70	80	90	100	120	140	160	180	200	250	300
s	4	4	5	5	5	6	6	7	7	7	7	7	8
v				Anzahl der übertragbaren Pferdekräfte:									
4	1,3	1,6	2,2	2,7	3,0	4	4,2	6,5	7,5	8,4	9,3	11,7	16
5	1,7	2,0	2,9	3,3	3,7	5	6,0	8,1	9,3	10,5	11,7	14,7	20
6	2,0	2,4	3,4	4,0	4,5	6	7,2	9,8	11,2	12,6	14,0	17,6	24
7	2,3	2,8	4,0	4,7	5,2	7	8,4	11,4	13,1	14,6	16,3	20,5	28
8	2,7	3,2	4,6	5,3	6,0	8	9,6	13,0	14,9	16,7	18,7	23,5	32
10	3,3	4,0	5,7	6,7	7,5	10	12,0	16,3	18,7	20,9	23,3	29,3	40
12	4,0	4,8	6,9	8,0	9,0	12	14,4	19,5	22,4	25,1	28,0	35,2	48
14	4,7	5,6	8,0	9,3	10,4	14	16,8	22,8	26,1	29,3	32,7	41,1	56
16	5,3	6,4	9,2	10,7	11,9	16	19,2	26,0	29,9	33,5	37,3	46,9	64
18	6,0	7,2	10,3	12,0	13,4	18	21,6	29,3	33,6	37,7	42,0	53,0	72
20	6,7	8,0	11,5	13,3	14,9	20	24,0	32,5	37,3	41,9	46,7	59,0	80
22	7,3	8,8	12,6	14,7	16,4	22	26,4	35,8	41,1	46,0	51,0	64,0	88
24	8,0	9,6	13,8	16,0	17,9	24	28,8	39,0	44,8	50,2	56,0	70,0	96
26	8,7	10,4	14,9	17,3	19,1	26	31,2	42,3	48,5	54,4	61,0	76,0	104

Die Tabelle gilt auch für Baumwoll-, Kamelhaar- und Balatariemen, doch nehme man die Übertragbarkeit um 20 % geringer an.
Ein Lederriemen, 250 mm breit und 7 mm stark, überträgt z. B. bei
20 m Geschwindigkeit nach der Tabelle 59 P.S. Hat die kleinere
Scheibe einen Durchmesser von 1 m, so kann man 70—75 P.S.
übertragen.

Seiltriebe.

Für mechanische Kraftübertragung auf weitere Entfernung
verwendet man Seile, und zwar entsprechend der Leistung und Entfernung solche aus Baumwolle, Hanf und Draht. Für Scheiben
unter 1 m Durchmesser sind die Baumwollseile zu empfehlen, da sich
diese den kleinen Scheiben besser anschmiegen.

Für ganz kurze Entfernungen, namentlich in vertikaler Richtung
und wenn die untere Scheibe kleiner ist als die obere, sind Seiltriebe
nicht geeignet, hingegen kann man in horizontaler Richtung mit
Drahtseilen auf Strecken bis 120 m übertragen. Sind die Entfernungen noch größer, so sind noch entsprechend Zwischenstationen
einzurichten oder Tragrollen anzubringen. Für Faserseile gehe
man für eine Station nur bis zu einer Achsenentfernung von 25 m
und vermeide nach Möglichkeit das Anbringen von Tragrollen, da
diese auch zu einem schnelleren Verschleiß der Seile beitragen.
Die Achsenentfernung sei aber auch nicht geringer als das 1,5fache
der Summe der beiden Seilscheibendurchmesser, möglichst aber nicht
unter 8 m.

Die Laufgeschwindigkeit sei bei Faserseilen 15—20 m; die Geschwindigkeit darüber zu steigern, ist nicht ratsam, da dann die Flieh-
kraft der Adhäsion der Seile zu sehr entgegenwirkt. Den Durchmesser der Scheiben nehme man mindestens 30mal so groß als den
Durchmesser der Seile. Bei Übersetzungen gehe man nicht über 1:2.
Für Hauptantriebe werden Seile von 45—50 mm Durchmesser oder
Quadratseile von 45—50 mm genommen. Seile mit einem Durchmesser über 50 mm setzen selbst bei großen Seilscheiben der Durchbiegung einen großen Widerstand entgegen.

Bei der Anlage muß darauf gesehen werden, daß die Seile Raum
für die Durchsenkung haben; letztere kann bei dem gezogenen Ende
bis $\frac{1}{20}$ des Wellenabstandes betragen.

Betreffs Haltbarkeit und Leistung der Seile lasse man sich vom
Lieferanten eine ausreichende Garantie geben, letzterer wird dann für
ein richtiges Zusammenspleißen, für ein gutes Präparieren usw. schon
Sorge tragen. Im allgemeinen wird das Zusammenspleißen der Enden
vorgezogen, es liegen aber auch ganz gute Erfahrungen über Seil-
verschlüsse vor.

Tabelle 37.

Runde Faserseile.

Seildurchmesser			30	35	40	45	50 mm
Nutz-Belastung			45	60	80	100	125 kg
Kleinster Seilscheibendurchmesser							
für Hanfseil			900	1050	1200	1350	1500 mm
„ Baumwollseil			600	700	800	900	1000 mm
Manilahanfseil wiegt		pro m	0,6	0,8	1,1	1,35	1,75 kg
Seil aus Badischem Spleißhanf wiegt							
		pro m	0,7	1,0	1,3	1,6	1,9 kg
Baumwollseil wiegt		pro m	0,65	0,95	1,2	1,5	1,85 kg

Für die Umfangskraft P haben wir oben folgende Formel gefunden:

$$P = \frac{75 \cdot N}{r} \text{ und hieraus:}$$

$$N = \frac{r \cdot P}{75}.$$

Man hat z. B. 120 Pferdekräfte vermittels Seile bei einer Seilgeschwindigkeit von 16 m/sek. zu übertragen; wieviel Seile von 50 mm Durchmesser sind hierzu notwendig?

Bei 50 mm Seildurchmesser haben wir nach der Tabelle 37 für $P = 125$.

$$N = \frac{16 \times 125}{75} = 26,6,$$

d. h. ein Seil überträgt 26,6 P.S., und da wir 120 P.S. zu übertragen haben, so benötigen wir $\frac{120}{26,6} = 5$ Seile.

Für große Entfernungen und außerhalb des Gebäudes werden zur Übertragung größerer Kräfte am besten Drahtseile verwendet. In letzter Beziehung sind besonders die verzinkten Stahldrahtseile geeignet, da diese gegen Witterungseinflüsse vollständig unempfindlich sind.

Das Drahtseil besteht aus mehreren Litzen, die ihrerseits aus einzelnen Drähten von 1—2,5 mm Dicke zusammengewunden sind. Die Drähte sowohl wie die Litzen legen sich um eine gemeinsame Seele aus geteertem Hanf, die den Zweck hat, die Reibung im Seilinnern durch das ununterbrochene Biegen und Strecken zu mildern.

Der Seilscheibendurchmesser soll gleich dem 175fachen des Seiles sein. Derjenige der Leitrollen soll 40—50mal so groß als der des Seiles sein. Als Laufgeschwindigkeit kann man vorteilhaft 10—15 m/sek.

und bei großen Leistungen auch noch noch 20—25 m sek. annehmen, wobei die Treibscheiben aber nicht über 120—130 Umdrehungen in der Minute machen sollen. Scheibenabstand für richtige Übertragungen möglichst 50—60 m. Bei größeren Entfernungen sind die Tragrollen einzuschalten, und zwar mit 40—80 m Abstand von Scheibe oder Tragrolle. Da die Seile in den Rillen der Seilscheiben nur durch ihren Anflagedruck die notwendige Reibung bewirken, so werden die Rillen, um die Reibefläche zu vergrößern, mit einem schmiegsamen Stoff, wie Gummi, Kork, Holz, Leder usw., ausgelegt.

Die Durchsenkung des Seiles auf 100 m soll im führenden Seil bis 1,5 m und im geführten bis 3 m betragen. Das untere Seil soll das führende und das obere das geführte sein.

Von ganz besonderer Wichtigkeit ist das Zusammenflechten der Seile, da hierbei nach Möglichkeit eine Verdickung des Seiles vermieden werden muß. Es geschieht dieses in der Weise, daß die beiden Seilenden je nach der Stärke ungefähr 1—2 m lang aufgeflochten und nach Entfernung der Hanfseele derartig aneinandergebracht werden, daß die Litzen wechselseitig nach jeder Richtung 1 m lang übereinanderliegen. Eine Litze wird nun je nach der Anzahl der Litzen noch 1 m weiter abgelöst und abgetrennt, und an deren Stelle wird eine Litze des anderen Endes eingeflochten; die beiden Enden werden in den einzelnen Drähten zusammengeflochten und in das Seil hineingesteckt. Die folgende Litze wird 20 cm kürzer genommen als die erste und auf dieselbe Weise eingeflochten usf., je nach der Anzahl. In derselben Weise werden darauf die Litzen des anderen Endes nach der entgegengesetzten Seite verflochten.

Tabelle 38.
Drahtseile.

Seil-dicke	Günstige Scheiben-durchmesser	Übertragungskraft in P.S. bei einer sekundlichen Geschwindigkeit in m							
mm	mm	8	10	12	15	18	20	25	30
8	1400	5,5	7	8	10	12	13	16	19
10	1700	8,5	11	13	16	19	21	26	30
12	2100	13	16	19	24	28	32	38	46
14	2500	18	23	27	34	40	45	55	65
16	2800	23	29	35	43	52	58	70	82
18	3100	30	38	45	56	67	75	90	110
20	3500	36	45	54	67	80	90	105	130

Neben den Zugorganen gehören zu den Triebwerken noch die Wellen und deren Lagerung, deren Berechnung in dem Kapitel über Festigkeitslehre bereits angegeben ist, ferner die Riemenscheiben, deren Breite sich nach der Riemenbreite, deren Durchmesser sich nach der Übersetzung und deren Bohrung sich nach der Welle bestimmt. Die Riemenscheiben werden von Spezialfabriken nach vorhandenen und bewährten Modellen angefertigt, ebenso die Lager, Stellringe, Wellen, Kupplungen usw., so daß an dieser Stelle nichts weiter darüber zu äußern ist.

Es sei hier noch wiederholt, daß man die kleinste Scheibe so groß nimmt, wie es irgend angängig ist, und daß bei Geschwindigkeiten über 30 m/sek. schmiedeeiserne Riemenscheiben zu nehmen sind.

Auf eine exakte Montage der Transmissionsteile ist selbstverständlich die größte Sorgfalt zu legen, da Betriebssicherheit und Kraftverschwendung hiervon in hohem Maße abhängig sind, denn der Gesamtwirkungsgrad der mechanischen Kraftübertragung in mittleren Betrieben beträgt selten über 0,6—0,7.

Zahnräder.

Wo eine Übersetzung oder Übertragung ganz nahe an der Welle stattfinden soll, werden Zahnräder verwendet, und wo dieses senkrecht zur Welle geschehen soll, von letzteren die sogenannten Stirnräder.

Bei den Zahnrädern unterscheidet man drei Kreise, und zwar den am Ende der Zähne, d. h. am äußersten Umfang, als Kopfkreis, denjenigen am Anfang der Zähne als Fußkreis, und denjenigen, bei dem sich die Räder unter Fortfall der Zähne berührten, als Teilkreis.

Für die Berechnungen der Abmessungen der Zahnräder kommt in erster Linie der Teilkreis in Frage. Auf diesem Kreise werden sowohl die Zahnstärken als auch die Zwischenräume zwischen zwei Zähnen bestimmt. Und da beides für zwei ineinanderarbeitende Zahnräder gleich sein muß, so steht die Anzahl der Zähne beider Räder im gleichen Verhältnis wie der Umfang: da anderseits auch der Umfang im gleichen Verhältnis zum Radius steht, so steht auch die Zähnezahl im gleichen Verhältnis zum Radius.

Bezeichnet man mit t die Teilung des Zahnrades, d. h. die Zahnstärke plus Entfernung zweier Zähne im Teilkreis, mit Z die Zähnezahl und mit D den Durchmesser des Teilkreises, so hat man:

$$Z = \frac{D \cdot \pi}{t}.$$

Da die Zähne beim Ineinandergreifen Spielraum haben müssen, so nimmt man für die Stärke s in bezug auf Teilung am Teilkreis:

Bei Eisen auf Eisen für unbearbeitete Zähne $s = \dfrac{19}{40} \cdot t,$

für bearbeitete Zähne $s = \dfrac{19}{40} \cdot t$ bis $\dfrac{39}{80} \cdot t,$

bei Holz auf Eisen für den Eisenzahn $s = \dfrac{4}{10} \cdot t,$

für den Holzzahn $s = \dfrac{23}{40} \cdot t.$

Für die Zahnwurzel, d. i. die Länge zwischen Fußkreis und Teil-kreis, nimmt man $0,4 \cdot t$ und für die Zahnkrone, d. i. die Länge zwischen Teilkreis und Kopfkreis, nimmt man $0,3 \cdot t$. Mithin für die ganze Zahnlänge $0,7 \cdot t$.

Für die Zahnbreite b nimmt man nach Grove:

$b = 2 \cdot t - 2,5 \cdot t$ für langsamlaufende Räder,

$b = 2,5 \cdot t - 3 \cdot t$ für Transmissionsräder für raschen Gang und nicht bearbeitet,

$b = 3 \cdot t - 3,5 \cdot t$ für schnellaufende bearbeitete Räder,

$b = 3,5 \cdot t - 5 \cdot t$ bei sehr genauer Ausführung und nicht zu starker Teilung.

Für die Ermittelung der Zahnstärke s ist zu berücksichtigen, daß der Zahn ein prismatischer Körper ist, der an einem Ende unwandelbar befestigt und an dessen anderm Ende die Kraft P wirkt. Die Kraft P wird ermittelt, wenn die zu übertragende Kraft in m/kg durch die Geschwindigkeit in m/sek. dividiert wird:

$$P = \frac{N \cdot 75}{v}.$$

Bezeichnet man mit l die Länge des Zahnes, mit b die Breite und mit h die Stärke desselben, ferner mit W das Widerstandsmoment für den Querschnitt $b \cdot h$ und mit k den Koeffizienten der Biegungs-festigkeit, so haben wir für ein Prisma, das an einem Ende un-wandelbar befestigt und am anderen äußersten Ende belastet ist (s. Festigkeitslehre S. 61):

$$P \cdot l = W \cdot k = \frac{b h^2}{6} \cdot k.$$

k, d. i. die zulässige Belastung pro qcm, beträgt für Gußeisen:

$k = 450 - 350$ für geringe Geschwindigkeit

$k = 300 - 250$ „ mittlere   „

$k = 200 - 180$ „ größere   „   und mäßige Stöße

$k = 100 - 80$ „ starke Stöße.

Für Stahl kann k dreimal so groß und für Holz ein drittel so groß genommen werden.

Aus obiger Formel folgt:

$$P . l = \frac{b s^2}{6} . k \text{ und } \frac{P}{k} = \frac{b s^2}{6 l}.$$

Nehmen wir nun z. B. für eiserne unbearbeitete Räder nach obigem $s = \frac{19}{40} t$ und $l = 0,7 \, l$, nehmen wir hierfür $l = \frac{40}{19} s$, so haben wir für

$$l = 1,47 \, s,$$

diesen Wert für l oben eingesetzt, haben wir:

$$\frac{P}{k} = \frac{b s^2}{6 . 1,47 . s} = \frac{b s}{6 . 1,47} = \frac{b s}{8,8} \text{ und } \frac{8,8 \, P}{k} = b . s.$$

Nehmen wir nun noch für raschen Gang und nichtbearbeitete Zähne $b = 3 . t$ und $s = \frac{19}{40} t$, so haben wir auch für $b = \frac{40}{19} s . 3 = 6,3 . s,$

und dieses in obige Formel

$$\frac{8,8 \, P}{k} = 6,3 \, s^2 = \sqrt{\frac{1,39 . P}{k}} = s.$$

Beispiel.

Es sollen 40 P.S. mit 10 m/sek. Geschwindigkeit übertragen werden. Wie stark und breit müssen die Zähne sein?

Wir haben zuerst für P.

$$P = \frac{N . 75}{10} = \frac{40 . 75}{10} = 300$$

$$s \quad \sqrt{\frac{1,39 . P}{k}} = \sqrt{\frac{1,39 . 300}{180}} = 1,5 \text{ cm}$$

$$b = 6,3 . 1,5 = 10 \text{ cm.}$$

V. ABSCHNITT.
ELEKTRIZITÄT.

Die Elektrizität, die als Kraft- und Lichtquelle in der Technik die mannigfachste Anwendung findet, ist uns in ihrem Wesen an sich ebenso unbegreiflich wie Kraft und Stoff. Man weiß nur, daß sie eine Energieform ist, die unter bestimmten Verhältnissen mit anderen Energieformen in Wechselwirkung tritt, welche Kenntnis aber genügt, sie menschlichen Zwecken dienstbar zu machen.

Eine wesentliche Eigenschaft der Elektrizität ist, daß sie sich in zwei Formen zerlegen läßt, die, in der Art gleich, sich aber in entgegengesetzter Richtung äußern. Diese Formen, die man als positiv und negativ unterscheidet, haben das Bestreben, sich zu vereinigen und zu neutralisieren, d. h. ihre Wirkung aufzuheben, und zwar indem sie Wärme oder mechanische Arbeit erzeugen. Um aber auf der anderen Seite die Elektrizität in die beiden Modifikationen zu zerlegen, d. h. um Elektrizität zu erzeugen, muß dieselbe Menge an mechanischer Arbeit oder Wärme aufgewendet werden, die hinterher wieder frei wird. Da die Elektrizität nun noch ferner die gute Eigenschaft hat, gewisse Stoffe schnell und ohne verhältnismäßig große Verluste zu passieren, so besitzt sie in hervorragender Weise den Vorzug, die an einer gegebenen und zweckmäßigen Stelle erzeugte Kraft in angemessener Entfernung zur Wirkung zu bringen.

Zu einer elektrischen Anlage gehören also wesentlich drei Vorrichtungen, und zwar eine zur Erzeugung, eine zur Leitung und eine zur Verwendung.

Zur Erzeugung von Elektrizität gibt es verschiedene Wege. Man kann sie sowohl auf chemischem als auch auf termischem Wege direkt darstellen. In der Technik kommen aber diese Wege als wenig zweckmäßig fast gar nicht in Frage, sondern man erzeugt die Elektrizität durch Bewegung und sogenannte Magnetoinduktion.

Die von Michael Faraday entdeckte elektrische Induktion ist die hervorragende Tatsache, daß, wenn ein elektrischer Strom in einem Stromkreis geöffnet oder geschlossen wird, immer in einem in der Nähe befindlichen geschlossenen Leiter ein momentaner elektrischer Strom entsteht.

Nimmt man z. B. zwei mit Kupferdraht umwickelte hölzerne Hohlzylinder von verschiedenem Durchmesser, stellt den einen in den anderen und verbindet die beiden Drahtenden des inneren Zylinders mit einem Element und die des äußeren mit einem Galvanoskop, so zeigt sich die Induktion in der Weise, daß, sobald der Strom zwischen Element und innerem Zylinder unterbrochen oder geschlossen wird, im äußeren Zylinder ein momentaner Strom entsteht, der sich durch Ablenkung der Nadel am Galvanoskop bemerkbar macht. Die Nadel wird aber beim Öffnen und Schließen des primären Stromes nicht nach derselben Seite abgelenkt, welche Tatsache darauf hindeutet, daß der sekundäre Strom beim Öffnen und Schließen des primären die Richtung wechselt, und zwar hat der sekundäre beim Öffnen des primären Stromes dieselbe Richtung wie letzterer, hingegen beim Schließen die entgegengesetzte.

Der sekundäre sogenannte Induktionsstrom zeigt sich aber auch, wenn der primäre Strom geschlossen bleibt und nur beide Zylinder gegeneinander bewegt werden. Auch hierbei ist die Richtung des Induktionsstromes verschieden, je nachdem man die Zylinder zusammenbringt oder voneinander entfernt, und zwar hat der sekundäre dieselbe Richtung wie der primäre, wenn die Zylinder voneinander entfernt werden, hingegen die entgegengesetzte, wenn sie einander nähern.

Dieselbe Induktion hat man aber auch, wie ebenfalls Faraday festgestellt hat, wenn man statt des primären Stromkreises einen Magnet anwendet, und diese Anordnung ist es, die bei elektrischen Kraft- und Lichtanlagen in der Gegenwart in der Form der modernen Dynamomaschinen allein zur Geltung kommt.

Statt der Stahlmagnete, deren Magnetismus verhältnismäßig schwach ist, nimmt man jetzt Elektromagnete, und zwar werden diese vom Strom des Induktors selbst magnetisiert. Diese Anordnung beruht auf einer Entdeckung von Werner von Siemens, der feststellte, daß in einem unmagnetischen, aus weichem Eisen bestehenden Kern eines Elektromagneten, wenn derselbe einmal magnetisiert ist, so viel Magnetismus zurückbleibt, um eine Induktion einzuleiten. Wird der Induktionsstrom in geeigneter Weise dem Magneten zur Verstärkung zugeführt, so wird die Induktionswirkung immer stärker, bis sie schließlich durch Wechselwirkung so groß geworden ist, wie man sie haben will und wie sie der Maschine entspricht. Es ist dieses das berühmte Dynamoprinzip von Siemens, das allen Dynamomaschinen zugrunde liegt. Bei diesen Maschinen ist von vornherein nur der remanente Magnetismus vorhanden, der jedem weichen Eisen verbleibt, wenn es einmal magnetisch gemacht ist.

Die Wirkungsweise des Dynamos besteht nun darin, daß durch Drehung die Drahtspulen des Ankers an den Polen des Magnets vorbeigeführt werden; sobald eine Spule sich den Polen nähert, wird ein Strom von bestimmter Richtung in ihr erzeugt. Die Spulen sind

aber derartig miteinander verbunden, daß in dem Ringe ein gleichmäßiger Strom nach beiden Richtungen entsteht. Um dem Ringe
nun Elektrizität für einen äußeren Stromkreis entnehmen zu können,
sind die Drahtenden der Spulen zu Streifen ausgearbeitet und auf
der Welle des Ankers derartig angebracht, daß das Ende der einen
Spule mit dem Anfang der anderen in demselben Streifen vereinigt
ist. Die Streifen selbst sind aber voneinander vollständig isoliert, sie
haben aber eine freie Oberfläche, mit der sie mit dem äußeren Stromkreise vermittels einer Bürstenvorrichtung in Verbindung treten können.

Nach der Art der Stromanordnung für den inneren und äußeren
Stromkreis unterscheidet man drei Haupttypen von Dynamomaschinen,
und zwar:

I. Hauptstrommaschinen,
II. Nebenschlußmaschinen,
III. Compound- oder Verbundmaschinen.

I. Hauptstrommaschinen. Bei diesen fließt, wie in Fig. 57 ersichtlich, der Strom hintereinander von den Drähten des Ankers R durch
die Bürste a in die Drähte des
Elektromagneten.

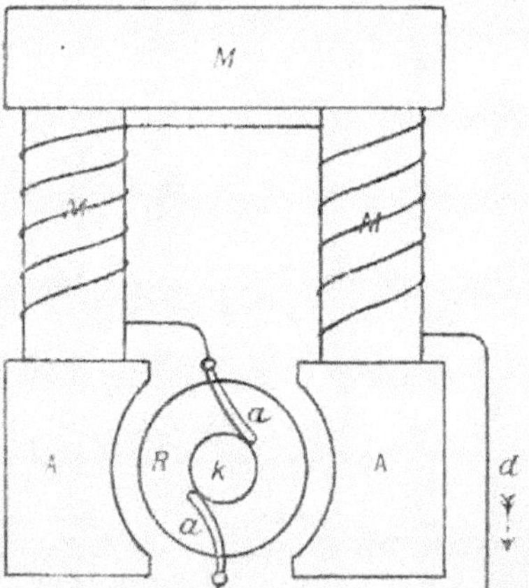

Fig. 57.

M Magnetschenkel   a Bürsten
A Pole   d äußerer Stromkreis
R Anker   k Kommutator

Bei diesen Maschinen hat man
außer dem Spannungsverlust im
Anker noch einen solchen in den
Magnetspulen. Um dieses zu vermeiden, und da anderseits ein kleiner
Teil des im Anker erzeugten Stromes für den Magnet genügt, so
wendet man jetzt fast allgemein das
in Fig. 58 dargestellte Neben-
schlußprinzip an.

In die Magnetbewicklung wird
gewöhnlich noch ein Regulierwiderstand eingeschaltet, um die Stärke
des Magnetstromes passend einzu-
stellen.

Bei der dritten Anordnung, dem
Compoundprinzip, wird sowohl
der Hauptstrom als auch der Nebenstrom um die Magnete geführt;
letztere müssen daher zwei getrennte Wicklungen haben. Obwohl sich
diese Maschinen den verschiedenen Belastungen sehr gut anpassen,
werden sie fast gar nicht mehr gebaut.

Diesen Maschinen ist gemeinsam, daß sie im äußeren Stromkreis
einen Strom liefern, der, wenn auch in verschiedener Intensität, so

doch ohne Unterbrechung und gleichmäßig von einer Bürste zur anderen geht. Diesen Strom nennt man Gleichstrom.

Bei jedem Dynamo für Gleichstrom hat man wesentlich drei Teile zu unterscheiden, und zwar Anker, Magnet und Kommutator oder Kollektor. Der Anker wird ge-
wöhnlich von einer Dampf- oder Wärmekraftmaschine bewegt, und zwar am besten durch Riemenübertragung, damit man die notwendige hohe Tourenzahl bekommt. Der Riemen soll dabei nicht genäht, sondern geleimt werden, damit er keine unebenen Stellen hat, die unliebsame Stöße verursachen. In der Neuzeit werden auch bereits Dampfturbinen als Betriebskraft genommen, bei der sich Dynamo und Turbine auf einer Welle befinden können.

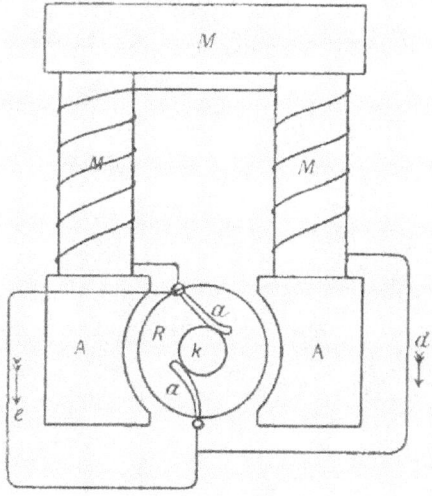

Fig. 58.

M Magnetschenkel   a Bürsten
A Pole   d äußerer Nebenstrom
R Anker   k Kommutator
          e äußerer Hauptstrom

Die Menge der erzeugten Elektrizität, die sich in der Größe der elektromotorischen Kraft äußert, hängt einmal von der Stärke des magnetischen Feldes ab, ferner auch von der Tourenzahl des Dynamos und der Anzahl Drahtwindungen des Eisenkernes.

Man erhält also den Gleichstrom dadurch, daß man vermittels des Kommutators und der Bürsten die Ströme aus dem Anker hintereinander von den verschiedenen Spulen nimmt. Nimmt man hingegen den Strom dauernd von einer Spule, so wird er im äußeren Stromkreis den Polen und der Umdrehungsgeschwindigkeit entsprechend seine Richtung ändern. Die Dynamos nach diesem Prinzip nennt man Wechselstrommaschinen, die für eine bestimmte Anzahl von Stromwechseln in der Sekunde eingerichtet werden. Die halbe Anzahl der Wechsel, die zwischen 120—200 schwankt, nennt man Frequenz.

Bei den Wechselstrommaschinen ist der Anker mit einer Anzahl Drahtspulen versehen, denen abwechselnd je ein Nord- und ein Südpol der Feldmagnete gerade gegenüberstehen.

In dem Schema der Fig. 59 ist A der rotierende Magnet, während a, b, c und d die im festen Magnet angeordneten Drahtspulen sind. Die Magnete müssen durch Gleichstrom erregt werden, der von einer fremden Maschine genommen werden muß, die sich gewöhnlich gleich

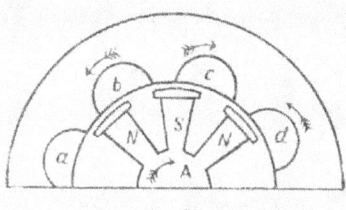

Fig. 59.

mit dem Magnet auf einer Welle befindet. Die Spulen sind derartig hintereinandergeschaltet, daß das Ende von a
mit dem Ende von b und der Anfang von b mit dem Anfang von c usf.
verbunden sind. Anfang und Ende
der untereinander verbundenen Spulen
sind voneinander isoliert mit einem

auf der Welle befindlichen ringförmigen Kupferblech, dem Schleif-
ring, verbunden. Auf diesen Ringen schleifen Bürsten, vermittels
deren der Strom in den äußeren Kreis tritt.

Ordnet man die Spulen, wie in untenstehendem Schema der Fig. 60
ersichtlich, so an, daß in demselben Moment die eine Spule über der
Mitte, eine zweite über den Anfängen
und eine dritte über den Enden zweier
Magnetpole steht, und verbindet die
Spulen so miteinander, daß man immer
zwei überschlägt, so hat man einen
dreiphasigen Wechselstrom, auch Drehstrom genannt. Die Anfänge von den
drei Spulensystemen werden zu festen

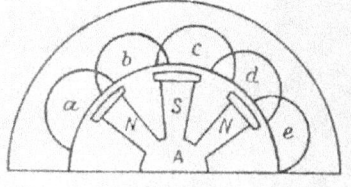

Fig. 60.

Klemmen und von diesen in die äußeren Stromkreise geführt. Bei
dem Drehstrom sind weder Schleifringe noch Bürsten notwendig, worin
der große Vorzug dieser Dynamos besteht.

Das Fehlen dieser Teile gestattet es den Drehstromdynamos, Ströme
von hoher Spannung zu erzeugen, deren Fernleitung einmal erheblich
schwächere Leistungen erfordert, deren Anschaffung, da sie aus Kupfer
sind, von großer Bedeutung ist, und anderseits sind bei schwächeren
Leitungen und hohen Spannungen die Verluste erheblich geringer als
bei stärkeren und niederen Spannungen.

Wenn bei einer Neuanlage auch in erster Linie die Ratschläge
der Spezialsachverständigen zur Geltung kommen, so sollen hier doch
noch einmal die Vorzüge und Nachteile der verschiedenen Systeme
gegenübergestellt werden.

a) Gleichstrom ist nur zu verwenden, wenn eine Akkumulatorenbatterie mit benutzt werden soll und wenn Elektrizität für elektro-
lytische Zwecke notwendig ist. Ferner verdient der Gleichstrom den
Vorzug, wenn es sich um eine räumlich nicht zu weit ausgedehnte
Anlage handelt, in der Elektrizität sowohl für Beleuchtung als auch
für Motorbetrieb verwandt werden soll, da die Gleichstrommaschinen
sich einer vielseitigen Verwendung viel besser anpassen und auch als
Kraftmaschinen an und für sich wirtschaftlich sind und eine beliebige

Schaltung gestatten. Schließlich brennen auch die Gleichstrombogen-lampen ruhiger und billiger.

Als Nachteile stehen diesen Vorzügen gegenüber, daß der Gleich-strom keine hohen Spannungen zuläßt, wodurch die Anlagekosten höher werden, während die Betriebskosten bei niederen Spannungen vielleicht noch geringer sind. Ferner ist ein Gleichstrommotor infolge seines Kollektors komplizierter, er bedarf daher mehr Bedienung, wird auch leichter abgenutzt, wodurch seine Leistungsfähigkeit nicht un-erheblich beeinträchtigt wird. Schließlich findet bei den Gleichstrom-motoren ein Funkenschlagen statt, wodurch sie auch für bestimmte Zwecke feuergefährlich sind.

b) Bei dem Wechselstrom bietet das Einphasenstromsystem den Vorteil, daß nur zwei Leitungen erforderlich sind. Da die Einphasen-motoren statt des Kollektors nur Schleifringe haben, so fällt auch hier bereits das Funkenschlagen fort. Ein weiterer Vorzug des Einphasen-stromes besteht noch darin, daß er sich leicht transformieren läßt.

Als Nachteil steht diesem gegenüber, daß die Motoren verhältnis-mäßig größer genommen werden müssen, infolgedessen auch die ganze Anlage größer genommen werden muß. Hingegen hat der Dreh-strom, d. h. dreiphasiger Wechselstrom, diesen Nachteil nicht, da die Drehstrommotore leicht bei voller Belastung anlaufen. Da die Dreh-strommotoren mit Kurzschlußanker auch keine beweglichen Strom-zuführungsteile haben, so bieten sie betreffs Einfachheit und dauern-der Betriebssicherheit, wobei sie fast keine Bedienung und kein Re-gulieren beanspruchen, für die Verwendung von elektrischer Kraft die größten Vorzüge, so daß es empfehlenswert ist, bei größeren Anlagen für Kraft Drehstrom und für Licht Gleichstrom zu verwenden, zumal auch der Drehstromdynamo für die Erregung Gleichstrom be-ansprucht. Das weitere über das Für und Wider der Stromarten werden wir noch bei der Verwendung der Elektrizität finden, zuvor haben wir erst einmal einige bemerkenswerte Eigenschaften der Elek-trizität sowie insbesondere deren Feststellung, soweit dieses für die Technik von Bedeutung ist, zu betrachten.

Im vorhergehenden haben wir gesehen, daß der elektrische Strom eine magnetische Wirkung hat, die sich darin zeigt, daß er, mit einer Magnetnadel in Verbindung gebracht, diese ablenkt, und zwar je nach der Art des Stromes mehr oder weniger. Dieses Mehr oder Weniger deutet darauf hin, daß die Ströme mehr oder weniger Stärke oder Intensität besitzen. Eine andere magnetische Erscheinung zeigt sich noch, wenn man einen Draht zu einem Hohlzylinder wickelt und durch diesen einen elektrischen Strom leitet. Hierbei ist der Zylinder derartig magnetisch, daß er einen in geeigneter Weise angebrachten weichen Eisenstab in sich hineinzieht. Auch hier ist die Erscheinung, daß der Stab je nach der Stärke des Stromes mehr oder weniger hineingezogen wird. Bringt man den Eisenstab mit einer Feder oder einem Gewicht in Verbindung, so kann man leicht Vergleiche über die Intensität verschiedener Ströme anstellen, und da die Intensität bei gleichem Widerstande der Strommenge entspricht, auch gleichzeitig über letztere. Legt man hierbei eine bestimmte Strommenge als Einheit zugrunde, so lassen sich die anderen mit ihr im Mengenverhältnis vergleichen.

Als Einheit nimmt man die Elektrizitätsmenge an, die erforderlich ist, um aus Silbernitratlösung in der Sekunde 1,118 mg Silber auszuscheiden, und man bezeichnet diese Menge als ein Coulomb. Die Intensität oder Stromstärke, die dazu erforderlich ist, bezeichnet man als ein Ampere und nimmt letztere nach dem französischen Physiker Ampère benannte Einheit allgemein für die Benennung von Elektrizitätsmengen an. Ein Ampere entspricht anderseits auch der Stromstärke, die erforderlich ist, um in einer Minute aus Wasser 10,4 ccm Knallgas zu entwickeln.

Nach diesem heißt auch das Meßinstrument, mit dem die Mengen festgestellt werden, Amperemeter. Dasselbe besteht im wesentlichen aus einem zu einem Hohlzylinder gewickelten Draht und einem Stab aus weichem Eisen, der je nach der Stärke des Stromes mehr oder weniger hineingezogen wird, und der dabei an seinem äußeren Ende mit einem Winkelhebel und Zeiger versehen ist. Letzterer spielt auf einer Skala, so daß die Stromstärke jederzeit bequem ersichtlich ist.

Vermittels des Amperemeters läßt sich feststellen, daß die Stromstärke Schwankungen unterworfen ist, deren Ursachen wohl in erster Linie vom Stromerzeuger abhängen. Da der Strom aber auch Leitungen zu passieren hat, so können die Schwankungen auch hierauf zurückzuführen sein, zumal die Leitung von Elektrizität bei verschiedenen Stoffen sehr verschieden ist. Das nun, was den Strom beim Durchfließen der Leitung beeinträchtigt und seine Intensität verringert, nennt man Widerstand. Je größer also ein Widerstand für den Strom ist, um so geringer ist seine Stärke.

Bezeichnet man die vom Dynamo erzeugte Elektrizität als elektromotorische Kraft, so hat man für die Stromstärke in einem geschlossenen Stromkreis:

$$\text{Stromstärke} = \frac{\text{elektromotorische Kraft}}{\text{Widerstand}}.$$

Und hieraus:

Elektromotorische Kraft = Stromstärke × Widerstand.

Dieses nach Ohm benannte Gesetz legt die Bedingungen in einem geschlossenen Stromkreis dar, und mit Hilfe eines Amperemeters lassen sich alle drei Größen ermitteln.

Mit Hilfe eines Amperemeters hat man aber auch die Bedingungen des Widerstandes festgestellt, und zwar sowohl für die Länge und den Querschnitt der Leitungen als auch für die verschiedenen Stoffe. Man hat betreffs der ersteren gefunden, daß der Widerstand der Länge der Leitung direkt und der Größe des Querschnitts indirekt proportional ist, während die Form des Querschnitts keinen Einfluß hat.

Betreffs des Widerstandes hat man das Quecksilber zugrunde gelegt und die Widerstände der verschiedenen Stoffe, hierauf bezogen, als ihre spezifischen Widerstände bezeichnet.

Die wichtigsten spezifischen Widerstände für eine Temperatur von 15^0 C sind in der folgenden Tabelle enthalten.

Tabelle 39.

Name des Leiters	Spezifischer Widerstand Quecksilber = 1	Spezifische Leitungsfähigkeit Quecksilber = 1
Quecksilber . .	1	1
Aluminium . .	0,03094	32,35
Blei	0,2083	4,8
Eisen	0,1034	9,7
Gold	0,02183	46
Kupfer, hart . .	0,0175	57
„ weich .	0,0166	60
Nickel	0,1319	7,6
Platin , ...	0,094	10,7
Silber	0,01507	63
Neusilber . . .	0,16—0,40	2,5—6,3
Zink	0,0590	17
Konstantan . .	0,49	2
Messing	0,065—0,085	12—15
Kruppin	0,84	1,2
Nickelin	0,42	2,4
Graphit.	12,08	0,0828
Gaskohle. . . .	67,56	0,015

Wenn man die Widerstände der verschiedenen Stoffe mit Quecksilber vergleichen will, muß man gleiche Längs- und Querschnitte
anwenden. Um hierbei alles auf eine Einheit beziehen zu können,
hat man eine bestimmte Länge und einen bestimmten Querschnitt
des Quecksilbers als Einheit zugrunde gelegt, und zwar nimmt man
als Einheit des Widerstandes eine Quecksilbersäule von 1,063 m Länge
und 1 qmm Querschnitt bei 0° C an und bezeichnet diese als ein
„Ohm". Anderseits hat eine Quecksilbersäule von 1 m Länge und
1 qmm Querschnitt einen Widerstand von 0,9437 Ohm.

Wenn man nun den spezifischen Widerstand, die Länge und den
Querschnitt eines Stoffes kennt, so kann man den Widerstand leicht
in Ohm ausdrücken, z. B. hat ein weicher Kupferdraht von 10 m Länge
und 2 qmm Querschnitt einen Widerstand von:

$$\frac{10}{2} \cdot \frac{1}{60} \cdot 0,9437 = 0,078 \text{ Ohm}.$$

Um den Widerstand in der Leitung zu überwinden, wird elektromotorische Kraft verbraucht, und damit dieses möglich ist, muß dieselbe an dem einen Ende der Leitung stärker sein als an dem anderen,
d. h. es muß eine Ungleichheit in der Leitung vorhanden sein, und
diese Ungleichheit muß außerdem das Bestreben haben, sich aus-
zugleichen. Dieses Mehr an Elektrizität auf der einen Seite und das
Hinstreben nach der Seite mit weniger oder keiner Elektrizität nennt
man Spannung.

Es ist jetzt leicht einzusehen, daß die Spannung notwendig ist,
um die Widerstände bei der Leitung der Elektrizität zu überwinden,
sie ist also gewissermaßen der Ausdruck für die elektromotorische
Kraft.

Wir können daher in das Ohmsche Gesetz statt elektromotorische
Kraft auch Spannung setzen, wir haben dann:

$$\text{Stromstärke} = \frac{\text{Spannung}}{\text{Widerstand}}$$

und Stromstärke × Widerstand = Spannung.

Da wir nun für die Stromstärke und den Widerstand schon Ein-
heiten gefunden haben, die als Ampere und Ohm bezeichnet werden,
so können wir hieraus ohne weiteres die Einheit für die Spannung
ableiten. Diese Einheit wird nach dem Physiker Volta „Volt" genannt. Wir haben also:

$$1 \text{ Volt} = 1 \text{ Ampere} \times 1 \text{ Ohm}$$

$$\text{und } 1 \text{ Ampere} = \frac{1 \text{ Volt}}{1 \text{ Ohm}}.$$

Da die Spannung also weiter nichts ist als der Unterschied der durch den Widerstand verringerten Stromstärke zwischen zwei Punkten, so kann man sie berechnen aus der an den betreffenden Punkten vermittels zweier Amperemeter ermittelten Stromstärke und aus spezifischem Widerstand, Länge und Querschnitt der Leitung.

Dieses umständliche Verfahren wird aber in der Weise umgangen, daß man die beiden Punkte, deren Spannungsunterschied man feststellen will, durch eine Nebenschlußleitung verbindet und in diese ein Amperemeter mit hohem Widerstand einschaltet, dessen Skala gleich in Volt eingeteilt ist. Der hohe Widerstand ist erforderlich, damit nur ein geringer Bruchteil des Stromes durch das Voltmeter geht, während durch das Amperemeter der ganze Strom hindurchgehen muß, da man ja vermittels desselben die Größe des ganzen Stromes kennen lernen will. Die Art der Schaltung ist aus Fig. 61 ersichtlich, in der A das Amperemeter und V das Voltmeter in der Leitung bezeichnet.

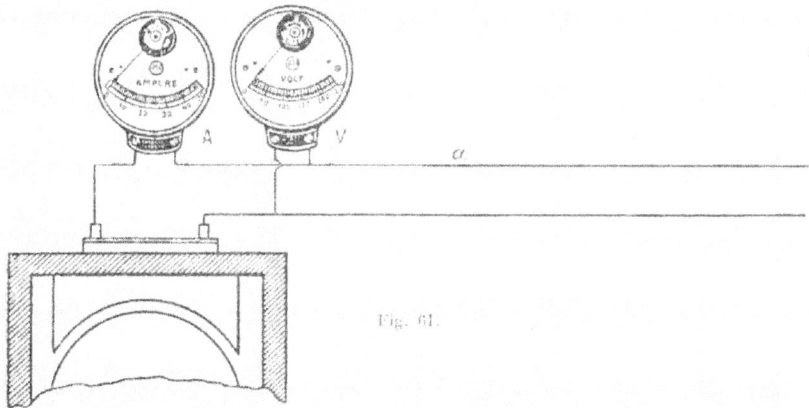

Fig. 61.

Umgekehrt können wir, wenn uns Spannung und Stromstärke bekannt sind, die Widerstände daraus berechnen.

$$\text{Widerstand} = \frac{\text{Spannung}}{\text{Stromstärke}}.$$

Es ist also leicht einzusehen, daß die beiden Meßinstrumente Amperemeter und Voltmeter für die Elektrotechnik eine große praktische Bedeutung haben, da sie über die Leistungsfähigkeit einer elektrischen Anlage ohne weiteres genauen Aufschluß geben. Wenn man die Anzahl Ampere mit der Anzahl Volt multipliziert, so hat man in der Anzahl Volt-Ampere einen Ausdruck für die elektrische Energie, die sich für eine bestimmte Zeiteinheit auch in mechanischer Arbeit ausdrücken läßt.

Wir haben weiter oben gesehen, daß ein Sekundenampere, das ist ein Coulomb, die elektrische Einheit ist, die, in chemische Energie umgerechnet, in einer Sekunde aus einer Silbernitratlösung 1,118 mg Silber ausscheidet. In mechanische Energie umgerechnet — und hiervon ist man ausgegangen — entspricht diese Menge einer Arbeit von $1/9{,}81$ Kilogrammmeter.

Die Arbeit, die einem Coulomb entspricht, also $1/9{,}81$ Kilogrammmeter, kann man auch als Sekunden-Volt-Ampere bezeichnen, nach Übereinkunft wird sie aber mit dem Ausdruck „Watt" bezeichnet und davon abgeleitet 1000 Watt als ein Kilowatt. Da nun in der Technik meistens noch mit Pferdekräften „P.S." gerechnet wird und eine solche einem Effekt von 75 Kilogrammmeter entspricht, so läßt sich ein Watt auch leicht in P.S. ausdrücken, und zwar ist ein Watt

$$\frac{1}{9{,}81 \times 75} = \frac{1}{736} \text{ P.S.,}$$

d. h. eine P.S. sind 736 Watt, und ein Kilowatt sind:

$$\frac{1000}{736} = 1{,}36 \text{ P.S.}$$

Nach dem absoluten Maßsystem, dem Zentimeter, Gramm und Sekunde zugrunde liegen und das deshalb auch das C.G.S.-System heißt, ist die Krafteinheit „1 Dyne" eine Größe, die der Masse von 1 g die Beschleunigung von 1 cm in der Sekunde erteilt. Die Arbeitseinheit „1 Erg" ist dann das Produkt aus Kraft $\times$ Weg, d. h. 1 Dyne $\times$ 1 cm.

Zu der vortrefflichen Eigenschaft der Elektrizität, daß sie sich bequem und verhältnismäßig billig von ihrer Erzeugungsstelle auf angemessene Entfernungen zur Verwendung leiten läßt, so daß gewissermaßen der Raum bei ihr keine große Bedeutung hat, kommt noch die ebenso vortreffliche Eigenschaft, daß sie auch von der Zeit unabhängig ist, d. h. die Elektrizität braucht nicht sofort, wie sie erzeugt wird, auch verbraucht werden, sondern man kann sie aufspeichern und später zu gegebener Zeit verwenden.

Die Vorrichtungen, deren man sich zur Aufspeicherung der nur durch Gleichstrom erzeugten Elektrizität bedient, nennt man Akkumulatoren. Das Prinzip dieser Vorrichtung beruht darauf, daß bei der Aufspeicherung die elektrische Energie in chemische umgewandelt wird und daß bei der Verwendung umgekehrt die chemische Energie wieder in elektrische umgewandelt wird.

Wenn z. B. ein elektrischer Strom durch Bleielektroden in verdünnte Schwefelsäure geleitet wird, so wird zuerst die Schwefelsäure zerlegt, und zwar in $H_2 + SO_4$. Das nicht frei bestehende SO_4 gibt ein O an das Blei ab und bildet damit PbO_2, während sich der Rest SO_3 mit H_2O sofort zu H_2SO_4 vereinigt. Das Resultat ist also das Freiwerden von Wasserstoff und Sauerstoff, und zwar wie Faraday bereits festgestellt hat, im Verhältnis ihrer chemischen Äquivalentgewichte. Auch die Verbindung des freigewordenen Sauerstoffs mit dem Blei der Elektrode findet in demselben Verhältnis statt.

Die Quantität der Umsetzung hängt aber allein ab von der Intensität und Zeitdauer des Stromes, und zwar ist sie beiden direkt proportional. Z. B. wird ein Strom von doppelter Intensität in der Zeiteinheit von einer Sekunde das Doppelte umsetzen; ebenso wird er in 2, 3 und n Sekunden das 2-, 3- und $n$fache umsetzen als in einer Sekunde.

Die Elektrizität, die bei dieser Umsetzung verbraucht wird, hat aber bei den chemischen Agenzien keinen neutralen Zustand geschaffen, sondern gewissermaßen einen Zustand chemischer Spannung, die sich anderseits wieder in elektromotorische Kraft umsetzen läßt, die für ein Element einer solchen Akkumulatorenbatterie einer Spannung von 1,83—2,0 Volt entspricht.

Die Spannung äußert sich in der Weise, daß, wenn das Element geladen ist und durch einen äußeren Stromkreis geschlossen wird, daß dann gewissermaßen ein Zurückfließen stattfindet. Man nennt diesen zurückfließenden Strom den Polarisationsstrom, wobei bei den Elektroden negativ und positiv entgegengesetzt der Beladung vertauscht wird.

Der Polarisationsstrom zerlegt* wieder die Schwefelsäure, wobei sich umgekehrt an der Elektrode mit Bleisuperoxyd Wasserstoff entwickelt, das ersteres zu Bleioxyd reduziert, welch letzteres mit Schwefelsäure Bleisulfat bildet.

$$Pb\,O_2 + H_2 = Pb\,O + H_2\,O$$
$$Pb\,O + H_2\,SO_4 = Pb\,SO_4 + H_2\,O$$

An der anderen Elektrode, der reinen Bleiplatte, entwickelt sich Sauerstoff, der das Blei oxydiert, welch letzteres dann auch mit der Schwefelsäure Bleisulfat bildet. Sobald also das Bleisuperoxyd umgesetzt ist, hört der Polarisationsstrom auf; es geht hieraus hervor, daß die Elektrizitätsmenge der Entladung eines sekundären Elements nicht größer sein kann als die der Beladung.

Die höchste Ladung eines Akkumulatorenelements nennt man Kapazität, dieselbe hängt in ihrer Größe in der Hauptsache von der Möglichkeit der Bleisuperoxydbildung ab, d. h. also von der Größe der Berührungsfläche der Bleiplatte, an der dieses gebildet wird. Um diese Berührungsflächen im kleinen Raum möglichst groß und mög-

---

* Nach der Dissoziationstheorie von Arrhenius verursacht der Strom überhaupt keine Zersetzung der Substanz, sondern nur eine räumliche Trennung der elektrolytischen Molekül-Radikale, die „Jonen" genannt werden und die als elektrisch aktiver Teil der Substanz in den Lösungen bereits frei vorhanden sind.

lichst wirksam zu machen, werden die geriffelten Bleiplatten nach
einem Verfahren von Planté formiert.

Bei den meistverbreiteten Akkumulatoren der Akkumulatorenfabrik in Hagen wird das Formieren nach Planté in der Weise gehandhabt, daß die geriffelten Bleiplatten 2—3 Monate lang durch
ununterbrochenes Laden und Entladen sowohl von der positiven als
auch negativen Elektrode behandelt werden, so daß sich die positiven
Platten schließlich mit einer ½ mm starken, fest anhaftenden Blei-
superoxydschicht bedecken. Dieses Verfahren nach Planté wird dann
noch dadurch ergänzt, daß in die Rippen der Platten Mennige ein-
getragen wird, die durch einen Strom auch noch in fest anhaftendes
Bleisuperoxyd verwandelt wird.

Die negativen Platten sind mit Maschen versehen, die mit Blei-
glätte ausgefüllt werden, die durch den Strom in Bleischwamm umgewandelt wird.

Die so hergerichteten Platten werden derartig in eine Zelle gebracht, daß eine positive Platte zwischen zwei negativen hängt und
daß die Platten sich nicht berühren können; um letzteres zu vermeiden, werden Glasröhrchen zwischen denselben angebracht. Die
Zelle wird dann bis ziemlich an den Rand mit Schwefelsäure von
1,2 spez. Gew. gefüllt.

Da ein Zellenelement nur eine Spannung von höchstens 2 Volt
besitzt, so muß man, um eine Gebrauchsspannung zu bekommen,
mehrere Zellen hintereinanderschalten. Um z. B. die übliche Spannung von 110 Volt zu haben, muß man $\frac{110}{1,83} = 60$ Zellen hintereinanderschalten.

Neuerdings kommt noch ein von Edison erfundener Akkumulator-
typ zur Geltung, der hauptsächlich für den Automobilbetrieb in Frage
kommt. Zelle und Platten bestehen hierbei aus vernickeltem Eisenblech.
In den Platten sind Taschen von perforiertem Eisenblech angebracht,
in die die aktive Masse gefüllt wird. Letztere besteht für die positiven
Platten hauptsächlich aus Nickeloxyd und für die negativen aus einer
Mischung von Eisen- und Quecksilberoxyd. Die Elektroden werden
durch perforiertes Hartgummi auseinandergehalten und durch Hart-
gummirippen isoliert; als Akkumulatorflüssigkeit dient eine chemisch
reine Kalilauge von 21 %.

Beim Laden dieser Zelle tritt zwischen dem Ätzkali (*Ka OH*) und
dem Wasser (*H₂ O*) eine Zersetzung ein, bei der Sauerstoff frei wird,
der sich an der Nickelelektrode mit dem Nickel zu Nickelsuperoxyd
verbindet, während durch den freiwerdenden Wasserstoff an der Eisen-
elektrode das Eisenoxyd reduziert wird. Das Resultat ist dabei, daß

dem Eisenoxyd Sauerstoff entzogen wird, der sich mit dem Nickel zu Nickelsuperoxyd verbindet. Durch Entladen wird umgekehrt das Nickelsuperoxyd reduziert und das Eisen oxydiert.

Der Hauptvorzug liegt also darin, daß keine Substanz verlorengeht, dafür ist aber die elektromotorische Kraft geringer, dieselbe beträgt bei der Entladung 1,23 Volt.

Gegenüber dem Nachteil höherer Anschaffungskosten soll ihr Vorzug auch noch darin bestehen, daß sie in bezug auf ihr Gewicht verhältnismäßig mehr elektrische Energie zu tragen imstande sind als die Bleiakkumulatoren.

Da eine Zelle mit einem Gewicht von 4,4 kg während einer Zeit von 3½ Stunden einen Strom von 20 Amp. und 1,23 Volt hergibt, so hat man pro kg Batterie an Wattstunden:

$$\frac{20 \times 1,23 \times 3,5}{4,4} = 19,5 \text{ Wattstunden.}$$

Bei den Bleiakkumulatoren hat man bei stationären großen Batterien pro kg bis 10 Wattstunden und bei kleineren bis 5 Wattstunden.

Bei fahr- und tragbaren Akkumulatoren ist man aber zu erheblich größerer Leistung gekommen. Die Hagener Akkumulatorenfabrik baut bei der Verwendung ganz dünner Bleiplatten Batterien, die pro kg 25—30 Wattstunden enthalten.

Bei stationären Batterien, d. h. bei solchen, die in der Technik hauptsächlich in Frage kommen, spielt das Gewicht im Verhältnis zur Leistung nur in bezug auf die Anlagekosten eine Rolle. In erster Linie kommt es hierbei auf den Nutzeffekt der Batterie an, d. h. wieviel Prozent der Beladung bei der Entladung nutzbar gemacht werden können.

Um den Nutzeffekt festzustellen, hat man nur Zeit, Volt und Ampere bei der Be- und Entladung festzustellen. Hat man beispielsweise eine Batterie mit 45 Ampere und 2 Volt 10 Stunden geladen, so hat man

$$45 \times 2 \times 10 = 900 \text{ Wattstunden.}$$

Die Entlastung erfolgte auch mit 45 Ampere und nur 1,83 Volt bei einer Entladezeit von 9,3 Stunden.

Die Entladung beträgt demnach:

$$45 \times 1,83 \times 9,3 = 765 \text{ Wattstunden,}$$
$$\frac{765}{900} = 85 \% \text{ Nutzeffekt.}$$

Da eine Akkumulatorenbatterie an und für sich nicht billig ist, hat man sich von vornherein über die Größe einer solchen klar zu

sein, damit man sie nicht größer als notwendig nimmt, zumal sie so
eingerichtet werden kann, daß sie vergrößerungsfähig ist.

Die Anzahl der Zellen oder Elemente richtet sich nach der Gebrauchsspannung, und da diese gewöhnlich 110 oder 220 Volt beträgt, so bedarf man hierfür 60 oder 120 Zellen, da man für jede
eine Entladespannung von 1,83 Volt annehmen kann.

Die Stärke des Stromes in Ampere ausgedrückt richtet sich dagegen nach der Anzahl der Platten bzw. der Größe der nutzbaren
Oberfläche derselben. Hierbei ist auch noch die Dauer der Entladezeit von Wichtigkeit, da beispielsweise die Elemente bei einer Entladezeit von 10 Stunden um 25—30 % geringer genommen werden
können als bei einer solchen von 5 Stunden. Ist anderseits der Nutzeffekt bei einer Entladezeit von 10 Stunden 80—85 %, so sinkt dieser
bei gleicher Kapazität und 5 Stunden Entladezeit auf 75—80 %.

Für die Größe einer Batterie lege man also mindestens eine Entladezeit von 10 Stunden zugrunde und nehme dementsprechend die
Stärke des Stromes. Als Beispiel einer Größenberechnung diene das
Folgende.

Die Batterie wird für 10 Stunden bei 110 Volt Gebrauchsspannung beansprucht für:

50 Glühlampen	à 10 Normalkerzen	à 0,33 Amp.	= 16,5 Amp.
20 „	à 16 „	à 0,45 „	= 9 „
2 Bogenlampen		à 6 „	= 12 „
1 Elektromotor	2 P.S.	à 8 „	= 16 „
			53 Amp.

$53 \times 110 \times 10 = 583$ Wattstunden bei einer Entladestärke von
53 Ampere. Man hat also eine Batterie zu wählen, die mindestens
bei 10stündiger Entladezeit bei 110 Volt eine Stromstärke von 50 bis
60 Ampere gibt. Da man an den Zellen, an der Schaltung und an
den Ab- und Zuleitungen nicht sparen kann, so wird es verhältnismäßig nicht viel mehr kosten, wenn man die wirksamen Bleiplatten
etwas reichlich nimmt.

Zur Ladung der Batterie kann, wie bereits bemerkt, nur Gleichstrom benutzt werden, und zwar muß die Stromstärke des Dynamos
stärker sein als die der Batterie, da man sonst nicht auf die Maximalstärke kommen kann.

Die Akkumulatorenbatterie muß meistens derartig mit dem Dynamo
und den Verbrauchsleitungen verbunden werden, daß man sie gänzlich
ausschalten kann, um den Strom von der Maschine direkt an die
Verbrauchsstellen zu leiten; ferner muß man die Maschine ausschalten
können, um den Verbrauchsstrom von der Batterie allein zu ent-

nehmen; drittens muß man die Batterie laden und zugleich die Verbrauchsstellen speisen können, und schließlich muß man einzelne
Zellen ausschalten können, da die Spannung ja beim Entladen von
über 2 Volt auf 1,83 Volt sinkt. Bei einer Gebrauchsspannung von
110 Volt und einer Anfangs-Entladespannung von 2 Volt gebraucht
man nur 55 Zellen, während man am Schluß der Entladung 60 gebraucht.

Für die letztere Regulierung benutzt man einen Zellenschalter,
der sich möglichst mit im Dynamoraum befindet. Der Zellenschalter
kann auch mit Hilfe kleiner Elektromotore, die von Kontaktvolt-
metern, die von der Spannung im Leitungsnetz beeinflußt werden,
automatisch reguliert werden.

Die Verbindung eines Dynamos mit Akkumulatorenbatterie und
Zellenschalter zeigt nachstehende Fig. 60, in der bedeutet:

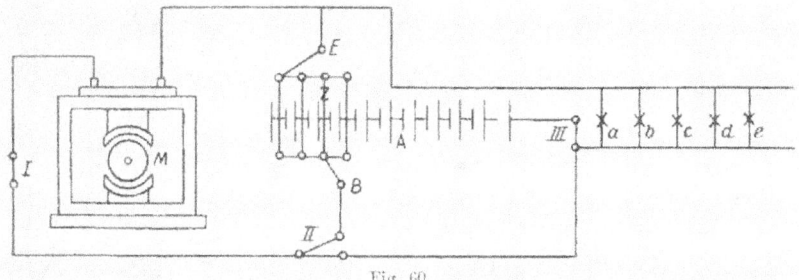

Fig. 60.

M Dynamo	B Beladeschalter von Z
A Akkumulatorenbatterie	E Entladeschalter von Z
Z Zellenschalter	a, b, c, d, e Glühlampen
	I, II, III Schalter

In der Figur sind die Schalter so gestellt, daß der Strom vom
Dynamo durch die Akkumulatorenbatterie in die Lichtleitung geht.

Soll der Dynamo ausgeschaltet werden, so ist nur bei I zu öffnen.
Soll hingegen die Akkumulatorenbatterie ausgeschaltet werden, so ist
II zu schließen und E und III zu öffnen.

Für die Batterie ist ein trockener, kühler Raum erforderlich, der
wegen der Gasentwicklung nicht mit brennendem Licht zu betreten
ist und der deswegen auch gut gelüftet werden muß; dabei muß er
so geräumig sein, daß alle Teile leicht zugänglich sind. Im Interesse
der Billigkeit und Bequemlichkeit soll er sich auch in möglichster
Nähe des Maschinenraumes befinden.

Beim Beladen der Batterie ist die positive Klemme des Dynamos
mit der positiven der Batterie und entsprechend die negativen zu verbinden. Es darf hierbei nie die den Bleiplatten angepaßte und von
der Akkumulatorenfabrik angegebene Stärke des Stromes überschritten

werden. Sobald der Beginn einer Gasentwicklung das Ende der Beladung anzeigt, ist die Stromstärke auf ein Drittel zu ermäßigen. Das Ende selbst erkennt man daran, daß die Spannung sehr schnell auf 2,7 Volt ansteigt und daß die Gasentwicklung an allen Platten gleichmäßig ist.

Beim Entladen ist darauf zu achten, daß die Stromstärke das zulässige Maximum nicht übersteigt. Ferner soll die Entladung nicht zu weit getrieben werden, da dadurch die Bleiplatten leiden. Das Ende ist daran zu erkennen, daß die Spannung auf 1,83 Volt gefallen ist; unter dieser Zellenspannung ist die Gebrauchsspannung von 110 Volt, auf die die Verbrauchsvorrichtungen zugeschnitten sind, nicht mehr zu erzielen, das sich z. B. bei den Glühlampen in der Weise zeigt, daß ihre Lichtintensität merklich nachläßt.

Der ordnungsmäßige Betrieb einer Akkumulatorenbatterie läßt sich auch durch Spindeln der Akkumulatorflüssigkeit feststellen. Diese Flüssigkeit, die nach dem Beladen die höchste Dichtigkeit mit 1,2 und nach dem Entladen die niedrigste mit 1,15 hat, soll letztere in allen Zellen gleichmäßig haben. Zum Nachfüllen ist von der Fabrik vorgeschriebene Schwefelsäure und destilliertes Wasser zu verwenden.

Da im übrigen eine Akkumulatorenfabrik nur eine Garantie für die Leistungsfähigkeit der von ihr gelieferten Batterie übernimmt, so ist es schon deswegen erforderlich, sich strikte an die zu jeder Batterie gehörigen Vorschriften zu halten.

Schaltung von Stromquellen zur Verstärkung des Stromes und der Spannung.

Bei der Akkumulatorenbatterie haben wir bereits gesehen, daß man 60 Zellen hintereinanderschalten muß, um eine Spannung von 110 Volt zu bekommen, da eine Zelle nur eine Spannung von etwa 2 Volt hat. Neben der Hintereinanderschaltung gibt es aber noch

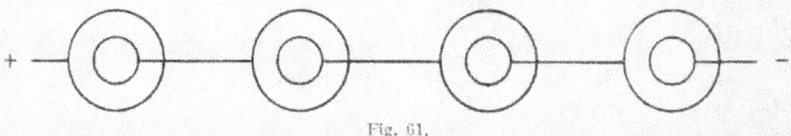

Fig. 61.

eine Nebeneinander- oder Parallelschaltung; letztere hat den Zweck, bei gleicher Spannung den Strom zu verstärken.

Das Schema beider Schaltungsarten ist in den Figuren 61 und 62 ersichtlich.

Auch die Parallelschaltung haben wir bei der Akkumulatorenbatterie, und zwar innerhalb einer Zelle. Innerhalb der Zelle ist bei

den Platten positiv mit positiv und negativ mit negativ verbunden. Da
die Spannung, die von der chemisch-elektrischen Wechselwirkung abhängt, innerhalb der Zelle nicht vergrößert werden kann, so ist eine
Hintereinanderschaltung innerhalb der Zelle nicht möglich, wohl aber
eine Nebenschaltung, durch die die Stromstärke vergrößert wird.

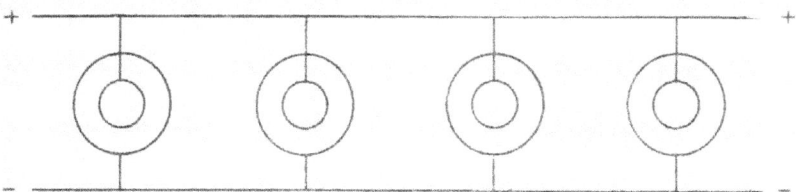

Fig. 62.

Um also eine höhere Spannung, d. h. eine größere Anzahl Volt
aus mehreren Stromquellen zu erzielen, müssen die Stromquellen
hintereinandergeschaltet werden, und zwar geschieht dies in der
Weise, daß das positive Ende der einen Quelle mit dem negativen
der anderen verbunden wird.

Um anderseits einen stärkeren Strom, d. h. eine größere Anzahl
Ampere aus mehreren Stromquellen zu erhalten, müssen die Stromquellen parallel geschaltet werden. Dies geschieht, indem man das
positive Ende der einen Quelle mit dem positiven Ende der anderen
und dementsprechend die negativen verbindet.

Die erhöhte Spannung wird bei dem Hintereinanderschalten dadurch erreicht, daß der innere Widerstand vergrößert wird. Und umgekehrt wird der stärkere Strom dadurch erreicht, daß der innere
Widerstand verringert wird. Es kommt hierbei das Ohmsche Gesetz
zur Geltung, nach diesem ist, wie wir oben gesehen haben:

$$\text{Stromstärke} = \frac{\text{elektromotorische Kraft}}{\text{Widerstand}}.$$

Da der Widerstand durch die elektromotorische Kraft oder Spannung beim Passieren des Stromes überwunden werden muß, so folgt,
daß hierbei ein Spannungsverlust stattfindet, der gleich ist der
Stromstärke × Länge × Querschnitt × spezifischen Widerstand.

Da im äußeren Stromkreis auch die Leitung einen Widerstand
hat, der bei der Überwindung einen Spannungsverlust verursacht, der
als Verlust anzusehen ist, so geht das Bestreben dahin, diesen nach
Möglichkeit auf ein Minimum zu reduzieren, indem man Querschnitt
und spezifischen Widerstand so gering wie angängig nimmt.

Anderseits ist aber jede Verbrauchsvorrichtung ihrer Natur nach
ein Widerstand, der bei der Überwindung einen Spannungsverlust

verursacht; es hängt deshalb bei diesen von der Bedarfs-Spannung und
-Stromstärke ab, ob man sie hintereinander- oder nebeneinander-
schalten kann.

Da auch der Fall eintreten kann, daß man von einer Leitung
mit starkem Strom nur einen schwachen verwenden will, so kann man
die Stromstärke in der Weise reduzie-
ren, daß man einen für solchen Zweck
besonders konstruierten Widerstand
einschaltet.

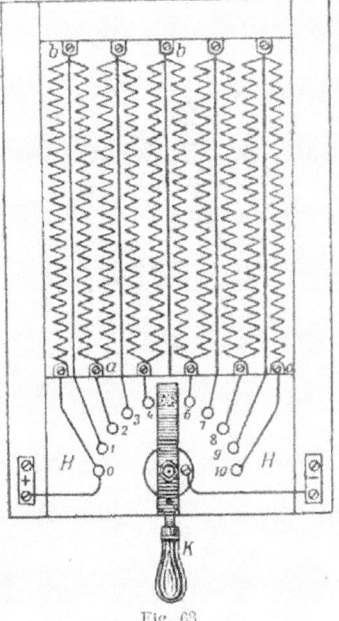

Ein solcher Widerstand, den man
auch Stromregulator nennt, besteht, wie
in Fig. 63 ersichtlich ist, aus einer Anzahl paralleler Neusilberspiralen, die auf
einem Rahmen befestigt sind. Dieselben
bilden einmal von 0—10 eine ununterbrochene Leitung, sie haben unten aber
auch noch eine Abzweigung, durch die
jede einzelne vermittels der Drehvor-
richtung K einen Kontakt mit der Leitung H erhält. Wenn z. B. K auf 0
steht, so ist der ganze Widerstand ausgeschaltet, dagegen ist er ganz eingeschaltet, wenn K auf 10 steht.

Statt Neusilber verwendet man auch
verschiedene Nickellegierungen für die
Spiralen, die, wie aus der Tabelle 39

Fig. 63.

ersichtlich, gegenüer dem Kupfer, d. h. dem meistbenutzten Leitungs-
metall, einen hohen spezifischen Widerstand besitzen.

Die Leitungen der Elektrizität.

In der Technik ist für die Anlage der elektrischen Leitungen allein
ihre Wirtschaftlichkeit maßgebend, und zwar kommen hierbei in Frage
die Anlagekosten, Abnutzung und Betriebsunkosten.

In den technischen Betrieben wird als Material für die Leitungen
fast ausschließlich Kupfer genommen. Wie aus der Tabelle 39 ersichtlich, hat dieses im Verhältnis zum Eisen ein 6faches spezifisches
Leitungsvermögen, man gebraucht infolgedessen bei gleicher Spannung
und Stromstärke einen verhältnismäßig geringeren Querschnitt für die
Leitungen. Wenn nun auch Kupfer mehr als sechsmal so teuer ist
als Eisen, so kommt doch hierbei noch in Frage, daß ein größerer
Querschnitt eine entsprechend größere Oberfläche bedingt, aus der
einerseits größere Strahlungsverluste resultieren und deren Isolierung

erheblich teurer ist. Für lange Leitungen, deren Isolation nicht unbedingt erforderlich ist, kann man Eisendraht nehmen, wie solcher z. B. für die Telegraphenleitungen der Post und Eisenbahn verwandt wird. Für Leitungen überhaupt, die den Witterungseinflüssen ausgesetzt sind und deren Strom ungefährlich ist, kann mit Vorteil Eisen genommen werden. Für technische Betriebe, bei denen man es hauptsächlich mit Innenleitungen zu tun hat, müssen die Leitungen schon deswegen isoliert werden, um Verluste und Kurzschluß auszuschließen, ferner kann man isolierte Leitungen mit verschiedener Spannung mit 5 mm Entfernung anbringen, während letztere für blanke Leitungen 150—300 mm betragen muß, und schließlich sind isolierte Leitungen weder feuer- noch lebensgefährlich.

Für die Größe des Querschnitts der Leitungen kommt neben der Verbrauchsstromstärke vor allen Dingen die Spannung in Frage. Wir haben oben festgestellt, daß

$$\text{Stromstärke} = \frac{\text{Spannung}}{\text{Widerstand}}$$

$$\text{und Widerstand} = \frac{\text{spez. Widerstand} \times \text{Länge}}{\text{Querschnitt}}.$$

Setzen wir für Widerstand den Ausdruck der zweiten Formel und lassen dabei den spezifischen Widerstand, da wir nur mit Kupfer zu tun haben, fort, so haben wir:

$$\text{Stromstärke} = \frac{\text{Spannung} \times \text{Querschnitt}}{\text{Länge}}.$$

Aus dieser Formel geht hervor, daß die Spannung dem Querschnitt der Leitung indirekt und der Länge derselben direkt proportional ist. D. h. bei gleichen Längen genügt für die doppelte Spannung der halbe Querschnitt und bei gleichen Querschnitten ist für die doppelte Länge die doppelte Spannung erforderlich. Es ist dieses so zu verstehen, daß, wenn bei gleichen Bedingungen die zulässige Leitungslänge bei 110 Volt 1000 m beträgt, so kann sie bei 220 Volt 2000 m und bei 440 Volt 4000 betragen.

Wenn schon die Wahl des Materials der Leitungen nach wirtschaftlichen Gesichtspunkten zu erfolgen hat, so sind diese Gesichtspunkte auch beim Leitungsquerschnitt maßgebend. Da nun bei schwachen, gut isolierten Leitungen die Verluste verhältnismäßig größer sind als bei starken, letztere aber wieder höhere Anschaffungskosten bedingen, so muß das richtige Verhältnis zwischen diesen beiden Faktoren herausgesucht werden: eine Aufgabe, die die Praxis durch die Erfahrung bereits gelöst und die richtigen Querschnitte für höchste

und normale Stromstärken in der Tabelle 40 für Kupferdraht festgelegt hat. Die Tabelle enthält auch den Widerstand in Ohm und
das Gewicht pro 1000 m Länge für die einfache Leitung.

Querschnitt qmm	Widerstand der Einfachleitung $\frac{Ohm}{1000\,m}$	Gewicht der Einfachleitung $\frac{kg}{1000\,m}$	Installationsleitungen in geschlossenen Räumen		Belastung pro qmm in Ampere
			Höchst zulässige Stromstärke Ampere	Normalstrom d. Abschmelzsicherungen Ampere	
0,75	23,333	6,68	9	6	12
1	17,500	8,91	11	6	11
1,5	11,667	13,37	14	10	9,5
2,5	7,000	22,28	20	15	8
4	4,3750	35,65	25	20	6,3
6	2,9167	53,48	31	25	5,2
10	1,7500	89,13	43	35	4,3
16	1,09375	142,6	75	60	4,7
25	0,7000	222,8	100	80	4
35	0,5000	311,9	125	100	3,6
50	0,3500	445,6	160	125	3,2
70	0,2500	623,9	200	160	2,8
95	0,18421	846,7	240	190	2,5
120	0,14584	1069,5	280	225	2,4
150	0,11667	1336,9	325	260	2,2
185	0,09460	1649	380	300	2,1
240	0,07272	2139	450	360	1,8
310	0,05645	2763	540	430	1,7
400	0,04375	3565	640	500	1,6
500	0,03500	4456	760	600	1,5
625	0,02800	5570	880	700	1,4
800	0,02187	7130	1050	850	1,3
1000	0,01750	8913	1250	1000	1,25

Tabelle 40.

Bei der Höchstbelastung, die auch für kurze Zeiten zu vermeiden
ist, tritt eine Temperaturerhöhung von 20° C ein.

Die Tabelle gilt vollständig für isolierte Leitungen, für blanke aber
nur bis zu einem Querschnitt von 50 qmm. Blanke Leitungen mit mehr
als 50 qmm Querschnitt können mit 2 Ampere pro qmm belastet werden.

Der geringste zulässige Querschnitt in bezug auf Festigkeit beträgt für isolierte Kupferleitungen 1 qmm; an und in Beleuchtungs-

körpern kann er dagegen noch 0,75 betragen. Bei blanken Kupferleitungen in Gebäuden soll nicht unter 4 qmm und bei Freileitungen
nicht unter 6 qmm gegangen werden.

Die Erwärmung der Leitung erfolgt durch Überwindung des Widerstandes; es wird also hierbei elektrische Energie in Wärme umgesetzt,
welche Umsetzung sich in einem Spannungsverlust äußert. Da die
Verbrauchsvorrichtungen, wie z. B. die Glühlampen, für bestimmte
Spannungen hergestellt sind, so wird deren Leistung erheblich beeinträchtigt, wenn diese vorgesehene Spannung bis auf die zulässige
Abweichung nicht erreicht wird. Für Glühlampen beträgt das zulässige Unterschreiten der Gebrauchsspannung bis 3 %. Es sind überhaupt im Interesse der Lebensdauer der Lampen größere Schwankungen nach beiden Seiten nach Möglichkeit zu vermeiden; das
Leitungsnetz muß deshalb so dimensioniert werden, daß sämtliche
Lampen bis auf e i n e ein- oder ausgeschaltet werden können, ohne
daß eine Spannungsschwankung über 2—3 % eintritt.

In einem größeren Leitungsnetz unterscheidet man H a u p t - und
V e r t e i l u n g s l e i t u n g e n.

In den Verteilungsleitungen soll der zulässige Spannungsverlust
für Beleuchtungsanlagen höchstens 2—3 % betragen. Für die Speise-
leitungen soll der Querschnitt so genommen werden, daß man bei
der höchsten Beanspruchung mit einem Energieverlust von etwa
10 % zu rechnen hat. Da die normale mittlere Beanspruchung erheblich geringer ist, so ist auch der Energieverlust dementsprechend
geringer.

Der Querschnitt der Leitung läßt sich für Gleichstrom in bezug
auf den Spannungsverlust nach der folgenden Formel berechnen:

$$q = \frac{s \cdot l \cdot i}{v}.$$

In der Formel bedeutet:

$q =$ Leitungsquerschnitt in qmm
$s =$ Widerstand pro m und 1 qmm Querschnitt
$l =$ Länge der Hin- und Herleitung
$i =$ Anzahl Ampere des fortzuleitenden Stromes
$v =$ Spannungsverlust.

Ist z. B. bei einer Entfernung von 100 m, d. h. einer Länge von
200 m, 10 Amp. bei einem Spannungsverlust von 3 Volt durch eine
Kupferleitung zu leiten, so hat man für den Querschnitt:

$$q = \frac{s \cdot l \cdot i}{v} = \frac{0,0175 \cdot 200 \cdot 10}{3} = 12 \text{ qmm}.$$

Bei 10 m Entfernung, das sind 20 m Länge, hat man dagegen:

$$\frac{0,0175 \cdot 20 \cdot 10}{3} = 1,2 \text{ qmm},$$

welcher Querschnitt nach obiger Tabelle für 10 Amp. nicht mehr zulässig ist. Der Querschnitt muß in diesem Falle mindestens 1,5 qmm betragen, man nimmt ihn aber in bezug auf die Möglichkeit, nach Belieben Lampen ein- und ausschalten zu können, besser 2,5 qmm. Man muß auch schon deswegen den Querschnitt etwas reichlich nehmen, damit noch eine Vermehrung von Lampen usw. vorgenommen werden kann, welcher Fall in technischen Betrieben bei Beleuchtungsanlagen fast immer eintritt. Für Drehstrom ist der Querschnitt unter gleichen Verhältnissen halb so groß zu nehmen.

Als Isoliermaterial wird neben dem isolierenden Faserstoff Gummi benutzt, und zwar in der Form von Gummiband und Gummiader. Bei ersterem ist der Gummi als Band um die Leitung gewickelt, während die Gummiaderleitungen eine vollständige Gummihülle besitzen, die vor ersterem den Vorzug hat, daß sie haltbar ist und festsitzt, infolgedessen werden heute fast nur noch Gummiaderleitungen benutzt, zumal der Preisunterschied nicht so erheblich ist.

Für Gleichstromanlagen hat man in technischen Betrieben bei Spannungen von 110 und 220 Volt nur das Zweileitersystem. Die Lampen usw. sind hierbei parallel geschaltet, d. h. sie sind mit beiden Leitungen verbunden, wobei darauf zu sehen ist, daß die Spannung an den Abzweigstellen überall gleichmäßig ist.

Für Glühlampen ist die niedere Spannung am vorteilhaftesten; da außerdem die Bogenlampen in kleinen Gruppen angeordnet werden können, so ist die Spannung von 110 Volt für mittlere und kleine Betriebe, die vielleicht auch wenig oder gar keinen Strom für Motore gebrauchen, vorzuziehen, zumal das verhältnismäßig höhere Kupfergewicht gegenüber den anderen Unkosten bei der Anlage eine weniger große Rolle spielt. Bei ausgedehnten Verzweigungen und Anlagen, in denen ein großer Teil des Stromes für Motore verbraucht wird, ist die Spannung von 220 Volt unbedingt vorzuziehen.

Wo sich eine Spannung von 220 Volt und noch mehr empfiehlt, wie beispielsweise in elektrischen Zentralen, wird das Drei- und Fünfleitersystem angewandt, wie es in der nebenstehenden schematischen Darstellung der Fig. 64, 65 und 66 ersichtlich ist.

In dem Dreileitersystem sind zwei Zweileitersysteme derartig vereinigt, daß die Rückleitung der einen Stromquelle mit der Hinleitung der anderen verbunden ist, es ist also eine Hintereinanderschaltung. Im äußeren Stromkreis ist hierbei die doppelte Spannung

wie im inneren der Maschine. Die mittlere Leitung dient hierbei als
Ausgleichsleitung oder Spannungsregulator; würde die Verteilung der
Stromverbraucher an beiden Lei-
tungen vollständig gleichmäßig
sein, so könnte die mittlere Leitung als überflüssig ganz weg-
fallen. Es müßten dann aber

Fig. 64. Zweileitersystem.

beispielsweise bei einer Spannung von 220 Volt im äußeren Stromkreis und einer Glühlampenspannung von 110 Volt immer zwei Lampen hintereinandergeschaltet werden, die auch gleichzeitig ein- und
ausgeschaltet werden müssen. Durch die Mittelleitung kann dieses
vermieden werden, indem die Lampen parallel von beiden Außen-

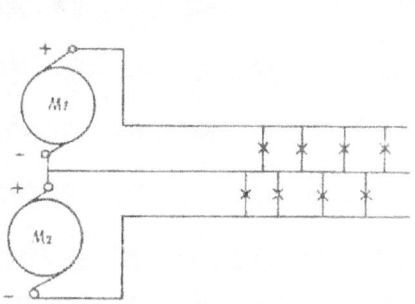

Fig. 65. Dreileitersystem.

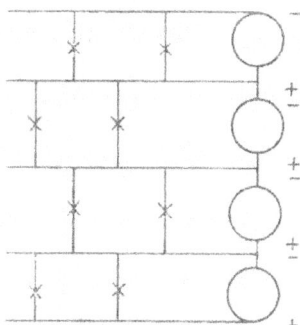

Fig. 66. Fünfleitersystem.

leitungen mit der Mittelleitung geschaltet werden. Die Motore sind
hingegen allein in die Außenleitung zu schalten, da für diese die
höchste Spannung die vorteilhafteste ist.

Nimmt man z. B. in der Mittelleitung die Hälfte des Querschnitts
der Außenleitung, so beträgt das Gewicht des Leitungskupfers eines
Dreileitersystems mit 220 Volt immerhin nur 60% von dem eines
Zweileitersystems mit 110 Volt bei Voraussetzung gleicher Energie-
übertragung, Länge und Verlust, wobei aber zu berücksichtigen ist,
daß beim Dreileitersystem eine Leitung mehr zu isolieren und zu verlegen ist. Das Dreileitersystem erweist sich nur für eine Fläche bis
zu 1200 m Radius als vorteilhaft.

In dem Fünfleitersystem sind vier Stromquellen hintereinandergeschaltet, so daß man hierbei auf eine Spannung von 4×220
$= 880$ Volt kommen kann, wobei man aber Lampen von 220 Volt
Spannung benutzen muß. Die Kupferersparnis beträgt hierbei gegenüber dem Zweileitersystem 65%, wobei aber auch hier zu berücksichtigen ist, daß drei Leitungen mehr zu isolieren und zu verlegen
sind. Da außerdem dieses System sehr kompliziert ist, 880 Volt nur

auf große Entfernungen angebracht sind, kommt dieses System fast
gar nicht zur Ausführung, zumal man auch mit dem Dreileitersystem
die vorteilhafte Spannung von 440 Volt erreichen kann.

Für Drehstrombetrieb kann man ein Drei- und Vierleiter-
system anwenden. Die Anordnung des Dreileitersystems ist aus
nachstehendem Schema ersichtlich. Die drei Leitungen haben den
gleichen Querschnitt, und die Spannung muß zwischen zwei Leitungen
immer gleich sein; sie beträgt in der Regel auch 110 oder 220 Volt;
sie kann aber auch 440 Volt betragen.

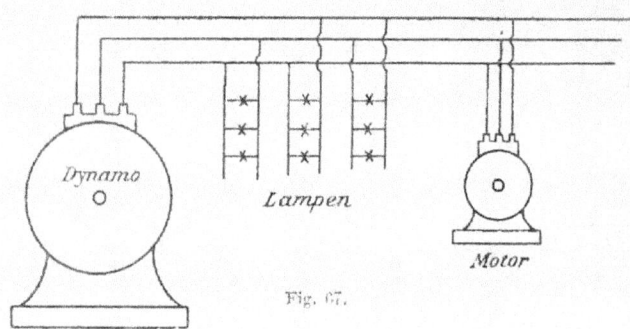

Fig. 67.

Das Kupfergewicht beträgt bei gleicher Spannung fast so viel wie
bei dem Gleichstrom-Zweileitersystem, da, wie bereits weiter oben bemerkt ist, beim Drehstrom alles um 25 % größer dimensioniert werden
muß. Der Spannungsverlust kommt beim Drehstrom weniger durch
die Überwindung des Leitungswiderstandes als durch Selbstinduktion.
Letztere läßt sich dadurch vermindern, daß man durch einzelne Leitungen nicht zu starke Ströme fließen läßt und daß man die Leitungen
passend verlegt, und zwar so, daß gleichartige Drähte möglichst voneinander entfernt werden. Schließlich sei noch erwähnt, daß die
physiologische Wirkung des Drehstroms 2—3 mal so groß ist als diejenige des Gleichstroms, d. h. ein Drehstrom von 220 Volt ist bei gleicher
Stärke mindestens so gefährlich wie ein Gleichstrom von 440 Volt.

Dem Drehstrom-Vierleitersystem ist eigentümlich, daß es
noch eine gemeinschaftliche Rückleitung mit halbem Querschnitt von
dem der anderen Leitungen hat. Da dieses System sehr kompliziert ist
und dabei ohne erhebliche Kupferersparnis gegenüber dem Gleichstrom-
Dreileitungssystem, so kommt es in technischen Betrieben nicht zur
Anwendung.

Umformung elektrischer Ströme.

Die Fernleitung elektrischer Ströme zwecks Arbeitsleistung kann
vom wirtschaftlichen Standpunkt nur vermittels hochgespannter Ströme
erfolgen, wobei man schon auf Spannungen von über 10 000 Volt

gegangen ist. Da die Dynamos derartige Ströme nicht direkt erzeugen können, müssen sie durch geeignete Vorrichtungen umgeformt werden.

Eine Gleichstromtransformation läßt sich nur in mäßigen Grenzen, vielleicht von 110 auf 500—600 Volt und umgekehrt, vornehmen, und zwar nach dem oben bereits erklärten Prinzip der Hintereinanderschaltung von mehreren Stromquellen.

Bei den Wechsel- und Drehstromtransformatoren erfolgt die Umformung nach dem Prinzip der Induktion. Dieses Prinzip äußert sich, wie bereits oben erörtert, darin, daß, wenn man in eine von zwei in anderen befindlichen aus Draht gewickelten Spulen oder Hohlzylindern einen Strom leitet, ohne weiteres in der anderen ein entsprechend starker Strom entsteht. Dieser letztere Strom, den man zum Unterschied von dem hingeleiteten primären Strom den sekundären nennt, läßt sich nun direkt zum Speisen von Arbeitsvorrichtungen verwenden. Durch die Anzahl der Wicklungen der sekundären Spule gegenüber der der primären hat man es in der Hand, dem sekundären Strom eine höhere oder niedere Spannung zu geben. Ebenso kann man unabhängig voneinander mehrere Transformatoren parallel schalten und von einer Hauptleitung speisen, die ihr Verbrauchsnetz mit jeder beliebigen Spannung versorgen können.

Die neuesten Transformatoren sind derartig gebaut, daß zwei runde oder quadratische Eisenkerne abwechselnd mit den primären und sekundären Spulen umgeben werden, wobei die Eisenkerne unten und oben mit Eisen geschlossen sind. Sobald nun in die primären Spulen der Strom irgendeiner Stromquelle geleitet wird, so entsteht auch in den sekundären Spulen ein solcher.

Bei den hohen primären oder sekundären Spannungen der Transformatoren ist eine vollkommene Isolation unbedingt erforderlich. Um diese zu erreichen, werden die Transformatoren in Öl gebettet, die man daraufhin auch Öltransformatoren nennt.

Die aus Eisen und Kupferwicklung bestehenden Transformatoren verursachen einen Verlust an elektrischer Energie, der einerseits durch die periodische Magnetisierung des Eisens und durch Wirbelströme, kurz „Eisenverlust" genannt, entsteht und anderseits durch die Überwindung des Widerstandes der Kupferwicklung; letzteren bezeichnet man im Gegensatz zum Eisenverlust als Kupferverlust.

Die Transformatoren sind heute bereits derartig vollkommen, daß solche mit einer Leistung von 7,5 Kilowatt 95 % und solche von 100 Kilowatt 98 % von der eingeführten elektrischen Energie in umgeformter nutzbarer Energie wieder abgeben, wobei vorausgesetzt ist, daß sie voll belastet sind.

Schließlich sind noch die Umformer zu erwähnen, vermittels deren
man Wechselstrom in Gleichstrom verwandeln kann. Bei diesen
Vorrichtungen hat der Anker einerseits einen Kommutator und anderseits Schleifringe. Die Maschine hat zwar nur einen Anker, derselbe
ist aber entweder mit gegenseitig isoliertem Spulensystem oder mit
einer einzigen Wicklung mit entsprechender Schaltung versehen.

Der Stromverbrauch.

Wenn man von der Elektrolyse absieht, findet der elektrische
Strom in der Technik hauptsächlich Verwendung als Licht- und
Kraftquelle. Als Kraftquelle hauptsächlich für den Betrieb stationärer
Motore, bei denen die Verwendung betreffs Spannung einheitlich ist.
Anders als Lichtquelle, hier hat man in der Regel Bogenlampen und
Glühlampen zu speisen, die nicht nur betreffs Stromstärke, sondern
auch betreffs Spannung andere Anforderungen stellen.

Das elektrische Licht.

Wie wir bereits oben erörtert haben, äußert sich die Überwindung
des Widerstandes eines elektrischen Leiters darin, daß ein Spannungsverlust, der gleichbedeutend mit einem Verlust elektrischer Energie
ist, eintritt. Da nach dem Prinzip von der Erhaltung der Kraft sich
dieses nur in der Umformung von einer Energieform in die andere
äußern kann, so muß an Stelle des Verlustes elektrischer Energie eine
andere Energieform getreten sein. Dieses ist auch der Fall, und
zwar ist aus Elektrizität Wärme geworden.

Nach dem Prinzip von der Erhaltung der Kraft geht diese Umformung auch quantitativ. d. h. nach einem bestimmten Gesetz, vor
sich. Der englische Physiker Joule hat dieses nach ihm benannte
Gesetz der Wärmeentwicklung aus dem elektrischen Strom experimentell
festgestellt, und zwar in folgender Form: „In jedem Leiterstück
ist die in jeder Sekunde entwickelte Wärmemenge gleich
dem Widerstand mal dem Quadrat der Stromstärke." Die
nach diesem Gesetz entwickelte Wärme nennt man kurz „Joulesche
Wärme".

Nach diesem Gesetz ergibt sich, daß die Wärmeentwicklung in
einem Leiter von großem Widerstand größer ist als in einem solchen
von kleinem, daß also einmal aus gleichem Material ein dünner Leiter
mehr Wärme entwickelt als ein dicker, und daß anderseits auch ein
schlechter Leiter, d. i. ein solcher mit großem Widerstand, mehr entwickelt als ein guter.

Die Erzeugung elektrischen Lichtes beruht nun auf diesem Prinzip,
d. h. man läßt den elektrischen Strom durch ein Medium von

großem Widerstand gehen, wobei Stromstärke und Spannung so bemessen sind, daß die entwickelte Wärme das Medium zur Weißglut bringen kann.

Die Bogenlampen.

Die Bogenlampen haben ihren Namen daher, daß bei ihnen das aus präparierter Kohle bestehende schlechtleitende Medium auf eine bestimmte Entfernung unterbrochen ist. Es zeigt sich hierbei die Erscheinung, daß dabei aber der Strom nicht unterbrochen ist, sondern daß die an der Unterbrechung zugespitzten Enden der Kohle in helle Weißglut kommen, indem der Strom durch die zwischen ihnen befindliche Luft von einer Spitze zur anderen geleitet wird, wobei sie ebenfalls glühend wird und ein außerordentlich intensives Licht ausstrahlt. Die Leitung von einer Spitze zur anderen geschieht in einem Bogen, den man den Lichtbogen nennt, und abgeleitet davon heißt das Licht selbst Bogenlicht. Je größer der Lichtbogen ist, um so größer ist die Leuchtkraft. Man kann hierbei bis zu einer Entfernung der Kohlestifte von 5 mm gehen; selbstverständlich hängt dieses von den übrigen Größen der Lampe in bezug auf Stromstärke und Spannung ab.

Das Brennen der Bogenlampen muß unter Luftzutritt erfolgen. Unter Luftabschluß beanspruchen die Lampen eine erheblich höhere Spannung und bei gleicher Leuchtkraft ca. 40 % mehr Energie. Diese letzteren Lampen, die 150—300 Stunden brennen und infolgedessen Dauerbrandlampen heißen, sind daher nur für schwer zugängliche Orte empfehlenswert. Durch den Luft- bzw. Sauerstoffzutritt verbrennen die Kohlestifte, und zwar derartig, daß bei Verwendung von Gleichstrom die obere mit dem positiven Strom verbundene Kohle noch einmal so schnell verbrennt als die untere, und daß sich dabei die Spitze kraterförmig aushöhlt. Infolge dieser Erscheinung wird die obere Kohle gewöhnlich stärker genommen als die untere.

Damit bei der stärkeren oberen Kohle der Flammenbogen von der Mitte ausgeht, verwendet man bei ihr häufig die sogenannte Dochtkohle, deren Eigentümlichkeit darin besteht, daß sich in einem Hohlzylinder aus reiner Kohle ein Kern von Kohle befindet, die mit flüchtiger Substanz präpariert ist. Die Stifte aus reiner Kohle nennt man dagegen Homogenkohle. Bei Wechselstrom mit oben und unten gleichstarken Kohlestiften verwendet man die Dochtkohle oben und unten.

Um die Leuchtkraft bei gleichem Energieverbrauch erheblich zu steigern, werden die Kohlen neuerdings auch mit Metallsalzen präpariert, wie z. B. mit den Fluorverbindungen der Erdalkalien. Hierdurch gewinnt das Licht nicht nur 100—200 % an Leuchtkraft gegenüber dem gewöhnlichen Bogenlampenlicht, sondern das Licht kann auch dadurch verschiedene Färbung annehmen.

Derartig präparierte Kohlen nennt man Effektkohlen und die dazugehörigen Bogenlampen Flammenbogenlampen. Als Nachteil kommt aber dabei in Frage, daß die Lampen teurer sind und durch die Vergasung der Salze den sehr empfindlichen Mechanismus in der Bogenlampe zerstören und in seiner Funktion beeinträchtigen, so daß zu ihrem schon unruhigen Brennen schließlich noch eine Betriebsunsicherheit kommt.

Da in den Bogenlampen die Kohle verbrennt, infolgedessen ununterbrochen verkürzt wird, und da die Entfernung zwischen den Kohlestiften der Spannung entsprechend in bestimmten, ganz engen Grenzen bleiben muß, so müssen die Bogenlampen eine selbsttätig wirkende Reguliervorrichtung haben, vermittels deren die Entfernung der eine Bewegung zulassenden Kohlestifte eingestellt wird. Die Reguliervorrichtung darf aber nicht allein den Zweck haben, die Kohlestifte der Verbrennung entsprechend näher zu bringen, sondern sie muß dieselben auch entfernen, wenn sie sich der Spannung entsprechend zu weit genähert haben, da dadurch der Widerstand und die Wärmeentwicklung verringert wird. Anderseits muß aber das Brennen der Bogenlampe durch Berühren der Kohlen eingeleitet werden.

Da die Regulierung sich der jeweiligen Veränderung des Stromes anpassen muß, so kann sie, wenn sie diesen Verhältnissen Rechnung tragen soll, auch nur durch den Strom selbst erfolgen, und zwar geschieht dieses nach dem bereits mehrfach erwähnten Induktionsprinzip. Je nachdem nun die Regulierung vom Hauptstrom, von einem Nebenschluß und einer Kombination von beiden erfolgt, unterscheidet man Hauptstrombogenlampen, Nebenschlußlampen und Differentialbogenlampen.

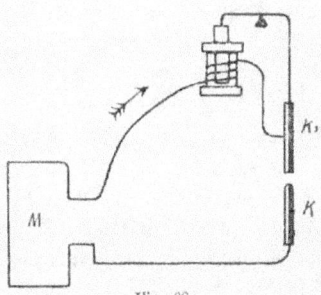

Fig. 68.

Bei der Hauptbogenlampe ist die Reguliervorrichtung, wie aus Fig. 68 ersichtlich, in den Hauptstrom eingeschaltet. Die Regulierung arbeitet dabei derart, daß, sobald die Entfernung zwischen den Kohlen wächst, auch der Widerstand größer wird und umgekehrt die Stromstärke kleiner. Die obere Kohle wird aber allein durch die Induktion der genau vorgesehenen Stromstärke in der Schwebe gehalten; sobald also die Stromstärke verringert wird, sobald sinkt K_1 durch sein Eigengewicht, verringert dadurch die Entfernung der Kohlen, womit der

Widerstand verringert und der Strom auf die Sollstärke gebracht wird. Die Hauptstrombogenlampe reguliert also auf konstante Stromstärke; sie eignet sich deshalb nur für Parallelschaltung, bei denen jede Lampe unabhängig ist.

Bei der Nebenschlußbogenlampe, deren Schema aus Fig. 69 ersichtlich ist, werden die Kohlen durch eine Feder F' auseinandergezogen, während die Reguliervorrichtung entgegengesetzt wirkt. Sobald Widerstand und Spannung an den Kohlen zunehmen, wird der Strom im Nebenschluß stärker, wodurch die Kohlen wieder zusammengezogen werden. Diese vielfach angewandte Reguliervorrichtung reguliert auf konstante Spannung. Auch für diese

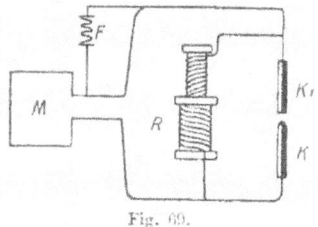

Fig. 69.

Lampen ist die Parallelschaltung noch die vorteilhafteste; man kann aber auch zwei und je nach der Spannung auch noch drei in einen Stromkreis schalten, die sich aber bei der Regulierung gegenseitig beeinflussen.

Bei den Differentialbogenlampen hat man, wie aus dem Schema der Fig. 70 ersichtlich ist, sowohl eine Hauptstrom- als auch Nebenschlußregulierung. Die Regulierungen sind hierbei derart eingerichtet, daß R_1 die Kohlen aneinanderbringt, hingegen werden sie durch R_2 auseinander gebracht. Denn sobald der Widerstand verringert wird, wird der Strom über R_2 stärker, und sobald er vergrößert wird, wird anderseits der Strom über R_1 stärker. Bei einer Differential-

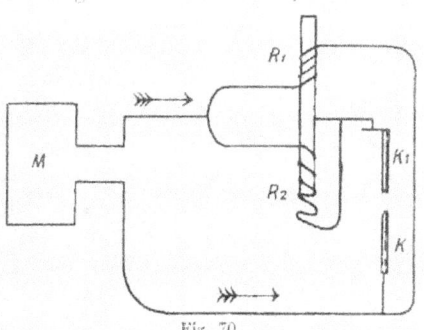

Fig. 70.

bogenlampe hat man also eine Regulierung auf konstanten Widerstand. Von diesen Lampen kann man nach Belieben hintereinanderschalten, und obwohl diese Lampen im Preise etwas kostspieliger und im Mechanismus etwas empfindlicher sind als die Nebenschlußlampen, so werden sie doch vorgezogen und sind heute die gebräuchlichsten.

Außer der elektrischen Reguliervorrichtung haben alle Systeme noch eine mechanische, die den Zweck hat, die Bewegung auf den Kohlenstift zu übertragen, damit dieselbe nicht stoßweise, sondern stetig und unmerklich erfolgt, da nur dabei ein ruhiges und gleichmäßiges Brennen gewährleistet wird.

Vornehmlich kommt aber bei der Beurteilung einer Bogenlampe ihre Leuchtkraft in bezug auf Energieverbrauch in Frage, wobei man als Lichteinheit eine Hefnerkerze (HK) benutzt. Letztere ist die Leuchtkraft einer Amylacetatlampe bei einem Docht von 8 mm innerem und 8½ mm äußerem Durchmesser und einer Flammenhöhe von 40 mm.

Infolge des Lichtbogens wird von der Bogenlampe ein kugelförmiger Raum erleuchtet; da die obere Hälfte dieser Kugel praktisch keine Bedeutung hat, rechnet man nur mit der unteren hemisphärischen Lichtstärke, zumal bei der Gleichstrombogenlampe infolge der kraterförmigen Spitze der oberen Kohle die Lichtwirkung nach unten erheblich stärker ist.

Tabelle 41.
Hemisphärische Lichtstärken der verschiedenen Lampenarten.

Leuchtkraft in HK.

Ampere	Offener Lichtbogen					Dauerbrand-lampen		Quarz-lampe
	Gewöhnliche Kohlen		Effektkohlen					
	Gleichstrom	Wechsel-strom	Gleich- und Wechselstrom			Gleich-strom	Wechsel-strom	Gleich-strom
	42—45 Volt	36—37 Volt	27—30 Volt	50 Volt	42 Volt	110 Volt		110 Volt
4	250	200	100	500	450	500	300	1200
5	350	300	150	700	625	700	400	—
6	475	400	200	950	850	900	500	—
7	610	500	250	1200	1075	1070	625	—
8	750	625	300	1500	1350	—	—	—
9	890	750	350	1800	1625	—	—	—
10	1045	890	400	2130	1900	—	—	—
11	1200	1040	450	2400	2150	—	—	—
12	1360	1190	510	2700	2425	—	—	—

Die Zahlen gelten ohne Überglocke, für diese sind noch abzuziehen bei einer

Alabasterglocke . . . . . . 10—15 %,

Opalglas . . . . 20 „

Milchglas . . . . 30—50 „

Die Dauerbrandlampen beanspruchen allerdings nur 70 bis 80 Volt, wobei sie aber nur einzeln geschaltet werden können, so daß,

wenn nicht direkt ein Dynamo für sie vorhanden ist, die Spannung
von 110 Volt durch einen Ballastwiderstand entsprechend reduziert
werden muß. Vom wirtschaftlichen Standpunkt ist aber in erster
Linie darauf zu sehen, daß man die Spannung voll ausnutzen kann,
da jeder Zusatz — d. h. Regulierwiderstand — ausschließlich Verlust ist.

In einem 110-Volt-Stromkreis bei Serienschaltung der anderen
Lampen hat man folgende für die Praxis maßgebende Zahlen, wobei
bei allen Lampen die gleiche Leuchtkraft vorausgesetzt wird.

Tabelle 42.

110 Volt Stromkreis	Neben-schluß	Differen-zial	Dauer-brand	Wechsel-strom
Serienschaltung	2	3	1	3
Energieverbrauch pro Lampe in Watt	550	440	770	733
Verhältnis zur Zweischaltung der Nebenschlußlampe	—	— 20 %	+ 40 %	+ 33 %

Als Kosten des stündlichen Kohlestiftverbrauchs kann man bei
gewöhnlichen Bogenlampen 2—3 Pf., bei Flammenbogenlampen 3 bis
4 Pf. und bei Dauerbrandlampen 0,1—0,3 Pf. annehmen. Bei Gleichstrom ist die positive Kohle eine Docht- und die negative eine Homogenkohle. Bei Wechselstrom sind beide Kohlen Dochtkohlen. Bei
Dauerbrandlampen sind bei Gleichstrom beide Kohlen Homogen- und
bei Wechselstrom beide Dochtkohlen. Über die Durchmesser der
Kohlen gibt Tabelle 43, S. 210 Auskunft.

Wie aus Tabelle 41 ersichtlich, hat eine Gleichstromlampe von
4 Ampere bei gleicher Spannung nur den dritten Teil der Leuchtkraft als eine solche mit doppelter Stromstärke, d. h. von 8 Ampere.
Man kommt daher bald zu der Grenze, wo man vom Standpunkt der
Wirtschaftlichkeit besser Glühlampen verwendet, zumal diese, wie wir
weiter unten sehen werden, in der Verwendung den weitestgehenden
Anforderungen genügen. Wenn trotzdem in letzter Zeit Bogenlampen
bis zu 1 Ampere Verwendung finden, so dürfte dieses wohl den
Zweck haben, kleinere niedere Räume ausnahmsweise recht hell zu
machen.

Abgesehen von der Kohle ist seit längerer Zeit auch das Quecksilber als ein Medium bekannt, das sich zur Erzeugung eines Lichtbogens aus Gleichstrom verwenden läßt. Wenn nun auch die zuerst

Tabelle 43.

Stromstärke Ampere	Spannung Volt	Lichtbogen- länge mm	Durchmesser der	
			Dochtkohle mm	Homogenkohle mm
Gleichstrom				
3	36	0,7	10	7
6	38	1,6	14	9
9	41	2,5	16	11
12	42	3,2	20	15
15	43	3,5	20	15
20	44	4,2	22	16
Wechselstrom				
				Dochtkohle
6	28	1,5	10	9
10	29	1,7	13	12
15	31	1,9	15	14
20	32	2,3	18	16
30	34	2,7	22	20

von Arons hergestellte Quecksilberbogenlampe nur ein wissen-
schaftliches Interesse hatte, so ist doch das dabei verfolgte Prinzip
so weit verbessert, daß man damit heute auch bereits für bestimmte
Zwecke den Anforderungen der Praxis damit entsprechen kann.

Die Lampe besteht aus einer luftleeren durchsichtigen Röhre, an
deren beiden Enden Metallelektroden eingeschmolzen sind und die
mit einer bestimmten Menge Quecksilber gefüllt ist. Um das Brennen
einzuleiten, muß die Lampe eine Kippvorrichtung haben, vermittels
deren das Quecksilber von der negativen Elektrode nach der positiven
fließt, wobei der Strom eingeschaltet sein muß. Der Quecksilberfaden
stellt in dieser Weise die Verbindung zwischen beiden Elektroden und
damit den Lichtbogen her.

Die Lampen aus Glas sind 0,5—1,0 m lang; sie beanspruchen 40
und auch 80 Volt. Im Stromkreise von 110 Volt können zwei zu
40 Volt hintereinandergeschaltet werden, wobei aber noch ein Zusatz-
widerstand notwendig ist, wie ein solcher auch bei Einzelschaltung
einer 80-Volt-Lampe nicht fehlen darf. Von dem Glase werden aber
die ultravioletten Strahlen absorbiert, so daß die Wirkung des Lichtes
sowohl auf die Augen als auch auf die Haut auf die Dauer nicht
ganz unbedenklich ist.

Um bei dem Licht die ultravioletten Strahlen, die in der Photographie und für medizinische Zwecke sehr wertvoll sind, zu gewinnen, werden Röhren aus Quarz genommen, die zudem eine höhere Temperatur, d. h. Spannung zulassen und infolgedessen eine viel größere Leuchtkraft entwickeln. Die Lampen werden für 110 und 220 Volt hergestellt. Die Quarzröhren können erheblich kürzer sein als die Glasröhren, wobei sie infolge der hohen Spannung doch eine bedeutende Leuchtkraft entwickeln. Eine solche Lampe soll bei 220 Volt und 3,5 Ampere 3000 HK und eine andere von 110 Volt bei 4 Ampere deren 1200 geben, womit sie im Energieverbrauch bereits wirtschaftlicher sind als die Flammenbogenlampen; in der Anschaffung sind sie aber erheblich teurer, obwohl bei ihnen 1000 Brennstunden garantiert werden. Wenn die Quarzlampen für die Technik jetzt noch keine große Bedeutung haben, so kann sich dieses in der Zukunft bald ändern, da sie sich immerhin erst im Anfangsstadium ihrer Entwicklung befinden.

Glühlampen.

In der Industrie wird das Bogenlicht hauptsächlich zum Beleuchten der Fabrikhöfe und großer Fabriksäle benutzt. Wo es aber darauf ankommt, kleinere Arbeitsstätten besonders hell zu erleuchten, dort wird das elektrische Glühlicht vorgezogen, das überhaupt in den Metallfadenlampen, die in neuerer Zeit bis zu einer Lichtstärke von 300, 400, 600 und sogar 1000 HK hergestellt werden, die weitestgehende Verwendung gefunden hat.

Das Wesen der Glühlampen beruht darauf, daß ein Faden von hohem elektrischem Widerstand in einem fast luftleeren Glasgefäß zum Glühen gebracht wird. Je nach der Substanz des Fadens werden die Glühlampen in Kohlenfaden- und Metallfadenlampen unterschieden. Außer diesen gibt es auch noch die Kohlenfaden-Quecksilberglühlampe und die Nernstlampe. Das Eigenartige der Quecksilberglühlampe besteht darin, daß die U-förmige Leuchtröhre, in die der Kohlenfaden eingeschmolzen ist, nicht luftleer ist, sondern ein mit Quecksilberdampf gemischtes indifferentes Gas enthält. Diese Lampen sollen in der Billigkeit der Anschaffung und Leistung die gewöhnlichen Kohlenfadenlampen übertreffen; sie haben sich aber scheinbar doch nicht recht einbürgern können, da sie inzwischen dort, wo es auf größere Helligkeit ankommt, von den Metallfadenlampen überholt sind. Dasselbe ist auch mit den Nernstlampen der Fall, bei denen der Kohlenfaden durch die Oxyde von Magnesium, Zirkon, Thorium u. a. ersetzt ist. Diese Substanzen, die auch bei der Imprägnierung der Gasglühlichtstrümpfe eine große Rolle spielen, können einmal sehr hohe Temperaturen vertragen, ohne einen luftleeren

Raum zu beanspruchen; sie haben aber anderseits den Nachteil, daß sie im kalten Zustande elektrische Nichtleiter sind, im glühenden dagegen sehr gute, sie müssen infolgedessen, ehe sie Licht geben, erst vorgewärmt werden.

Die Lampen können für alle Lichtstärken von 16—250 HK hergestellt werden, wobei der Stromverbrauch 1,5—1,7 Watt pro Kerzenstärke beträgt. Der Glühkörper muß nach durchschnittlich 300 Brennstunden erneuert werden. Ihr Vorzug besteht hauptsächlich darin, daß sie bei anfänglich hoher Leuchtkraft und sparsamem Stromverbrauch eine Spannung von 220 Volt vertragen.

Die gewöhnlichen Kohlenfadenglühlampen werden in den gebräuchlichen Kerzenstärken 5, 10, 16, 25 und 32 HK hergestellt. Früher ging man auch ausnahmsweise bis 50 und 100 HK; seit der Einführung der Metallfadenlampe dürfte dieses aber wohl nur noch ganz selten vorkommen.

Die Lampen werden in der Regel für eine Spannung von 110 und 220 Volt hergestellt, wobei erstere 3—3,5 Watt für die HK verbraucht; letztere verbraucht etwas mehr. Eine 16kerzige Lampe muß danach eine Stromstärke haben von

$$\frac{16 \times 3,2}{110} = 0,46 \text{ Ampere.}$$

Tabelle 44.

Lichtstärke HK	Stromstärke in Ampere bei			Watt
	65 Volt	110 Volt	220 Volt	
5	0,24	0,14	0,07	15,5
10	0,48	0,28	0,14	31,0
16	0,76	0,45	0,23	50,0
25	1,20	0,70	0,35	77,5
32	1,53	0,90	0,45	100

Die Zahlen der Tabelle 44 gelten für neue Glühlampen. Die Leuchtkraft nimmt im Betriebe recht bald ab, und sobald sie 20 % abgenommen hat, werden die Lampen in der Regel durch neue ersetzt. Dieses tritt bei normaler Beanspruchung nach 600—800 Brennstunden ein. Unter normaler Beanspruchung ist zu verstehen, daß die Lampen keinen erheblichen Spannungsschwankungen, namentlich nach oben, ausgesetzt sind.

Der Stromverbrauch der Kohlenfadenlampe, der anfänglich für eine 16kerzige Lampe 80 und mehr Watt betragen hat und heute bei den gewöhnlichen Lampen, wie die Tabelle zeigt. 50 Watt beträgt, ist infolge viel stärkeren Glühens des imprägnierten Kohlenfadens bereits auf 35—40 Watt herabgemindert. Da der Kohlenfaden nach einem derartigen starken Glühprozeß einen metallischen Charakter angenommen hat, nennt man ihn einen metallisierten Kohlenfaden. Diese letzteren Lampen haben dieselbe Nutzbrenndauer wie die gewöhnlichen, sie haben aber neben dem geringeren Stromverbrauch noch den Vorteil, daß sie die Glasbirne viel weniger schwärzen als jene.

Die große Verbreitung, die die Kohlenfadenlampe gefunden hat, ist in der Billigkeit ihrer Anschaffung begründet. Auch war die Kohle lange Zeit die einzige preiswerte Substanz, die man zur Weißglut erhitzen kann, ohne daß sie schmilzt. Als aber in neuerer Zeit die Herstellung größerer Mengen schwer schmelzbarer Metalle, wie Osmium, Tantal, Wolfram und Zirkon, fabrikativ durchgeführt werden konnte, hat man aus diesen Metallen mit großem Erfolg Glühfäden hergestellt.

Die erste derartige Metallfadenlampe ist die Osmiumlampe, die bis zu einer Lichtstärke von 50 HK hergestellt wurde; sie hatte vor den Kohlenfadenlampen immerhin bereits den Vorzug des ganz erheblich geringeren Stromverbrauchs. Während bei letzteren der Stromverbrauch 3—4 Watt beträgt, benötigte die Osmiumlampe nur 1,4 bis 1,5 Watt bei einer absoluten Brenndauer von 1000 Brennstunden. Diese Lampe hatte aber noch den Nachteil, daß sie außerordentlich empfindlich war gegen Stöße und Erschütterungen, und zwar deswegen, weil ihr Faden gespritzt und gepreßt war. Dieser Nachteil ist bei den neueren Metallfadenlampen dadurch beseitigt, daß die Fäden der betreffenden Metalle sowie ihrer Legierungen gezogen werden.

Die erste Lampe mit gezogenem Draht ist die Tantallampe, die aber noch 1,5—1,7 Watt für die HK verbraucht, dabei aber auch nur eine Nutzbrenndauer von 1000 Stunden hat.

Die neueren Lampen, die unter dem Namen Osram, Wotan, Omega usw. gehen, sind in der Zusammensetzung und Herstellung ihres Fadens in der Regel Fabrikgeheimnis, sie bedeuten aber sicher einen großen Fortschritt auf dem Gebiete der Beleuchtungstechnik. Es werden heute außer den kleineren gebräuchlichen 16- und 25-kerzigen Lampen auch solche von 100, 200, 400, 600 und 1000 Kerzen hergestellt. Für die 16- und 25kerzige Lampe kommt aber nur ein Strom von 110 Volt in Frage, während bei den anderen die Spannung mehr betragen kann.

Der Stromverbrauch beträgt für diese Lampen 0,8—1,0 Watt pro Lichteinheit bei einer Brenndauer von 1000—1500 Stunden und auch noch bedeutend mehr. Verfasser hat sogar schon Zeiten von 3000—4000 Brennstunden festgestellt.

Der Vorzug der Metallfadenlampe besteht also darin, daß sie eine lange Brenndauer hat, bei der die Leuchtkraft mit der Zeit nicht erheblich beeinträchtigt wird, daß sie in allen Räumen und in allen Lagen angebracht werden kann und daß sie verhältnismäßig wenig Strom und keine Bedienung beansprucht und daß gegenüber den Kohlenfadenlampen ihre Glashülle nicht geschwärzt wird. Diesen Vorzügen gegenüber kann ihr höherer Anschaffungspreis gegenüber der Kohlenfadenlampe wie ihr Mehrstromverbrauch gegenüber der Bogenlampe nicht mehr in Frage kommen.

Außer den Anschaffungskosten hat man in Deutschland noch mit einer Steuer auf Glühlampen und Brenner zu rechnen; diese beträgt:

Tabelle 45.

Für Lampen	Kohlenfadenlampen Pf. pro Stück	Metallfadenlampen, Nernstlampenbrenner und andere Glühlampen Pf. pro Stück
1— 15 Watt	5	10
15— 25 „	10	20
25— 60 „	20	40
60—100 „	30	60
100—200 „	50	100
Für jedes angefangene weitere 100 Watt	25 mehr	50 mehr

Als Einheit für den Lichtbedarf gilt die Meterkerze oder das Lux, d. i. die Beleuchtung, die die Hefnerkerze (HK) auf 1 m Entfernung von der Lichtquelle bewirkt, wobei zu beachten ist, daß die Leuchtkraft im Quadrat der Entfernung abnimmt. z. B. hat eine 16kerzige Lampe auf 4 m Entfernung nur noch eine Leuchtkraft von 4 Meterkerzen. Für Fabrikräume, Bureaus u. a. beträgt das Lichtbedürfnis für die Arbeit 25—35 Meterkerzen. Im übrigen kann man pro Quadratmeter Bodenfläche 0,5—1,0 HK rechnen.

Schließlich ist noch zu bemerken, daß wegen Sicherheit und Ausführung elektrischer Lichtanlagen die Vorschriften und Regeln des Verbandes Deutscher Elektrotechniker zu beachten sind.

Die elektrische Kraftübertragung.

Die große Leichtigkeit, mit der der elektrische Strom in jeden Raum und an jede Stelle geleitet werden kann, machen ihn, abgesehen von großen Entfernungen, auch für den inneren Fabrikbetrieb als Kraftorgan sehr anpassungsfähig. Dazu kommt noch, daß der Motor sofort betriebsbereit ist, wenig Raum und Bedienungskosten beansprucht, dabei eine einfache Konstruktion und infolgedessen große Betriebssicherheit hat und mit den Arbeitsmaschinen sehr leicht verbunden werden kann. Ferner kann er infolge seines geringen Gewichts und seiner leichten Verankerung sehr bequem und schnell transportiert und aufgestellt werden. In der Hauptsache kommt für die Aufstellung eines Motors aber die Wirtschaftlichkeit in Frage. Da man innerhalb eines Betriebes nicht mit hohen Spannungen arbeiten kann, so sind die Leitungsverluste nicht unerheblich, zumal man auch der Anschaffungskosten wegen nicht übermäßig starke Leitungen verwenden kann.

Bei der elektrischen Kraftübertragung kommen folgende Verluste in Frage:

I. Bei der Erzeugung durch Reibung und Wärmebildung in der primären Maschine. Das Verhältnis des wirklich erzeugten Stromes zu dem abgegebenen nennt man den Wirkungsgrad der primären Maschine; derselbe beträgt bei guten Dynamomaschinen 85—95%.

II. Bei der Fortleitung des Stromes durch Bildung von Joulescher Wärme in der Leitung. Dieser Verlust hängt von Spannung, Leitungsquerschnitt und Länge der Leitung ab, und zwar ist er, wie bereits bei den Leitungen bemerkt, der Länge direkt und der Spannung und dem Querschnitt umgekehrt proportional. Dieser Verlust läßt sich in der Praxis sehr leicht aus der Differenz der Watt am Anfang und Ende der Zuleitung ermitteln.

III. Bei dem Betriebe des Arbeitsmotors, bei dem der Wirkungsgrad vielleicht so viel beträgt wie bei der primären Maschine. Der Verlust ist aber, wie aus Tabelle 46 ersichtlich, bei kleinen Motoren im Verhältnis größer als bei größeren.

Tabelle 46.

Leistung des Motors in Pferdestärken	1/8	1/4	1/2	1	1 1/2	2	3	4	6	8	10
Verbrauch Kilowatt	0,2	0,3	0,5	1	1,5	1,9	2,8	3,5	5,2	6,6	8,2

Den Prozentsatz der gesamten erzeugten, in nutzbare Arbeit umgesetzten Elektrizität ist die Nutzwirkung der ganzen Anlage.

Die Frage, ob man bei der Umsetzung von Elektrizität in Arbeit Gruppenantrieb oder Einzelantrieb nehmen soll, hängt in erster Linie von den örtlichen Verhältnissen ab. In der Anschaffung als auch im Betriebe ist der Gruppenantrieb, wie aus Tabelle 46 ersichtlich, bedeutend billiger. Anderseits spart man durch Einzelantrieb Transmissionen, wodurch auch die Belastung der Wände fortfällt. Ferner ist auch der Vorzug nicht zu unterschätzen, daß jede Maschine einzeln an- und abgestellt werden kann.

Welche Stromart für die Kraftübertragung am vorteilhaftesten ist, ob Gleichstrom, Wechselstrom oder Drehstrom vorzuziehen ist, das ist bereits auf Seite 183 erörtert. Hier soll noch einmal wiederholt werden, daß dort, wo keine Bogenlampen zu speisen sind, überhaupt Drehstrom die beliebteste und wohl auch vorteilhafteste Stromart ist.

Schließlich sei noch darauf hingewiesen, daß man sich auch betreffs der Elektromotore mit den Vorschriften und Regeln des Verbandes Deutscher Elektrotechniker vertraut zu machen hat.

VI. ABSCHNITT.
EINIGES AUS DER BAUKUNDE.

Da bei Bauten schon wegen der baupolizeilichen Genehmigung Sachverständige hinzugezogen werden müssen, so kann es sich an dieser Stelle nur darum handeln, die zur Prüfung und Aufstellung eines Kostenanschlages notwendigen Daten und Verhältnisse anzugeben, mit Hilfe deren es anderseits aber auch möglich ist, das Bauen mit der für den Bauherrn notwendigen Aufmerksamkeit verfolgen zu können. Schließlich gibt es in der Industrie aber auch häufig Fälle der einfachen Baukunst, wie z. B. das Verlegen einer Tür, das Verändern eines Ofens und das Aufführen einer Grubenmauer, die der Techniker mit Hilfe des Fabrikmaurers allein ausführt; für die er dann aber auch allein die Verantwortung tragen muß.

Fundamente.

Die Fundamentierung hängt einmal von der Art des Bauwerks ab, d. h. ob die Belastung ruhend oder beweglich ist. Ferner vom Baugrund und von dem verfügbaren Baumaterial. Mit der Tiefe geht man bei gutem Baugrund bis 75 cm unter Terrain. Als guter Baugrund gilt Fels, trockner Lehm und Ton, grober Sand und letzterer gemischt. Als Belastung für guten Baugrund rechnet man 2,5 kg pro qcm für Gebäude und 1—1,5 für Türme und Schornsteine.

Sobald der Baugrund obige Belastung nicht trägt, muß er befestigt werden. Es geschieht dieses durch Betonfundierung, Stein- und Sandschüttung und Pfahl- oder Schwellenrostfundierung.

Beim Ausschachten der Fundamentgruben bleiben die Wände bei festem Baugrund senkrecht stehen. Bei lockeren und feuchten Böden müssen die Wände abgefangen werden. Es geschieht dies meistens durch senkrechte Bretter, die mit horizontalen Hölzern festgehalten werden.

Das Ausschachten einschließlich des Fortschaffens der Erde auf nicht zu weite Entfernungen (vielleicht 20—30 m) kann man bei trockenem und lockerem Boden mit 0,80 M. pro cbm veranschlagen. Kann die Erde aber an Ort und Stelle zum Auffüllen des Terrains verwendet werden, so kommt man vielleicht mit 0,50 M. pro cbm aus.

Die Stärke des Fundaments richtet sich hauptsächlich nach der Höhe und dem Zweck des Gebäudes. Sie ist gewöhnlich einen halben Stein stärker (ganzer Stein ist die Länge desselben) als die unmittelbar darauf befindliche Mauer.

Für ein Fabrikgebäude mit drei oberirdischen Geschossen genügt eine Fundamentstärke von 64 cm in den Front- und Giebelwänden und 51 cm in den Mittelwänden.

Der Billigkeit halber kann man in den Fundamenten unter Terrain auch unbehauene Bruchsteine und Ziegelsteinbrocken verwenden.

Mauern und Wände.

Die zum Bauen verwendeten Mauerziegel haben ein Normalformat, und zwar sind sie 25 cm lang, 12 cm breit und 6,5 cm hoch. Ein halber Stein von 6 cm Breite heißt ein Riemstück und ein solcher von 12 1/2 cm Länge ein Kopfstück. Wird der Stein derartig zur Länge geteilt, daß ein Stück 3/4 der Länge und das andere 1/4 derselben beträgt, so nennt man ersteres ein Dreiquartier und letzteres ein Einquartier.

Die Mörtelverbindung zwischen zwei aufeinanderliegenden Steinen ist die Lagerfuge und diejenige zwischen den nebeneinanderliegenden die Stoßfuge. Wird erstere 1,2 cm stark und letztere 1 cm stark genommen, so hat man in 1 m Höhe 13 Schichten und in einem Kubikmeter Mauerwerk 380—400 Ziegel und in dem dazugehörigen Mörtel 0,28—0,30 cbm Sand und 0,14—0,15 hl gelöschten Kalk, dazu die folgenden Mauerstärken:

$$
\begin{array}{lll}
1 \text{ Stein stark} & = & 25 \text{ cm} \\
1^{1}\!/_2 \text{ „} & \text{ „} & = 38 \text{ „} \\
2 \text{ „} & \text{ „} & = 51 \text{ „} \\
2^{1}\!/_2 \text{ „} & \text{ „} & = 64 \text{ „} \\
3 \text{ „} & \text{ „} & = 77 \text{ „}
\end{array}
$$

Rechnet man für 1000 Ziegel zu vermauern 700 l Mörtel, so bedarf man für:

1 qm	$^{1}\!/_2$ Stein starke Ziegelmauer		50 Steine	35 l Mörtel
1 „	1 „	„	100 „	70 „ „
1 „	1$^{1}\!/_2$ „	„	150 „	105 „ „
1 „	2 „	„	200 „	140 „ „
1 „	$^{1}\!/_2$ „	Fachwerkswand	35 „	25 „ „

1 cbm Bruchsteinmauerwerk erfordert dagegen 1,2—1,3 cbm Bruchsteine und 330—350 l Mörtel.

Die Steine können entweder mit ihrer flachen Längsrichtung oder in der flachen Kopfrichtung oder Hochkantkopfseite in der Ansicht liegen.

Erstere Schicht nennt man Läuferschicht, die zweite Binder- oder Streckerschicht und letztere Rollschicht. Die Läufer- und Binderschicht sollen dabei in der Ansicht abwechseln, wobei auch die

Stoßfugen verschieden zu liegen kommen, da diese weder in der Ansicht noch im Innern von zwei unmittelbar aufeinanderliegenden Schichten aufeinandertreffen dürfen, wohl aber sollen sie horizontal durchgehen.

Im Innern der Mauer sollen überhaupt viele Binder liegen, die sich in den aufeinanderliegenden Schichten um das halbe Längen- und Breitenmaß zu überdecken haben.

Fängt man die Läuferschicht mit einem Dreiquartier an und geht mit ganzen Steinen weiter, so erhält man mit der daraufliegenden Binderschicht den Blockverband, der, wie in nebenstehender Figur 71 ersichtlich, eine regelmäßige Stockverzahnung und eine symmetrische Treppenverzahnung hat.

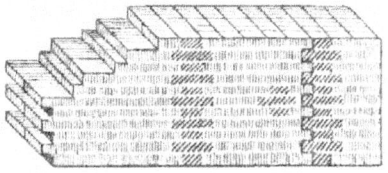

Fig. 71.

Fängt man hingegen die Läuferschicht einmal mit einem Dreiquartier an und geht mit ganzen Längen weiter, legt darauf die Binderschicht mit gleichen Steinen und auf letztere eine Läuferschicht, in der wieder mit einem Dreiquartier angefangen wird, neben dieses wird aber erst noch ein Kopfstück gelegt und dann mit ganzen Längen weitergegangen, so erhält man den

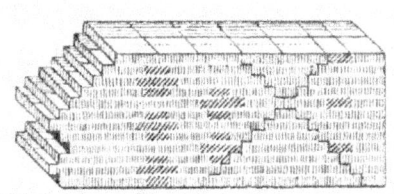

Fig. 72.

Kreuzverband, der, wie aus nebenstehender Fig. 72 ersichtlich, eine symmetrische Stockverzahnung und eine regelmäßige Treppenverzahnung hat. Es wechselt also beim Kreuzverband Läuferschicht der einen Ausbildung mit Binderschicht, dann Läuferschicht der anderen Ausbildung auch mit Binderschicht und dann wieder Läuferschicht der ersten Ausbildung, so daß je fünf Schichten zum Verband gehören. Während die Binderschichten alle gleich sind, sind von den Läuferschichten die erste, dritte, fünfte usw. und anderseits die zweite, vierte, sechste usf. gleich.

Die Stärke der Wände richtet sich nach der Belastung, der sie ausgesetzt sind, wobei die Eigenbelastung und die Nutzbelastung in Frage kommen. Bei Transmissionen und anderen maschinellen Belastungen muß man die an sich starken Wände noch wesentlich durch Pfeiler verstärken, zumal wenn die Räume sehr tief sind.

Bei Umfassungsmauern kann man das Bodengeschoß, das nur die Dachbelastung zu tragen hat, 1—1½ Stein stark nehmen. Das unmittelbar darunter befindliche Geschoß kann auch noch 1½ Stein stark genommen werden, dann müssen aber die Wände von Geschoß zu Geschoß um $1/2$ Stein stärker werden.

Die Giebelwände können, wenn die Balkenlagen ihnen parallel laufen, ganz $1\,1/2$ Stein stark hochgeführt werden, sie sind dabei aber gut zu verankern.

Brandmauern müssen mindestens 1 Stein stark sein und 20 cm über Dach geführt werden. Auch dürfen sie keine Fenster und nur eiserne oder mit Eisen beschlagene Türen haben.

Die Mittelwände, die parallel den Frontmauern laufen, kann man durchweg $1/2$ Stein schwächer nehmen als die in gleicher Höhe befindlichen Frontmauern. Es ist hierbei aber zu beachten, daß sie $5/8$ der Gesamtbelastung seitens der Balkenlagen haben; ist letztere verhältnismäßig groß, so müssen sie auch umgekehrt ganz erheblich stärker genommen werden als die Frontmauern; man rechnet hierbei für das Quadratzentimeter Mauerwerk eine Druckbelastung je nach der Qualität des Mauerwerks von 5—10 kg.

Unbelastete Scheidemauern, die parallel den Balkenlagen gehen, können, in Zementmörtel gemauert, $1/2$ Stein stark hochgeführt werden, sie müssen dabei aber in der Balkenlage mit zwei anliegenden Balken verankert werden, anderseits führe man sie bis auf das obere Geschoß 1 Stein stark hoch.

Nimmt man statt Ziegel anderes Material, so ist das Stärkeverhältnis der Wände, wenn man für Ziegelmauerwerk 1 annimmt, das folgende:

Ziegelmauerwerk . . . . $= 1$
Zementbeton . . . . $= 1$
Quadermauerwerk . . . . $= 5/8 — 3/4$
Bruchsteinmauerwerk aus lagerfesten Steinen . . $= 1\,1/4$
Kalksandstampfmasse . . . . $= 1\,1/4$
Bruchsteinmauerwerk aus unregelmäßigen Steinen $= 1\,3/4$
Lehmsteinmauerwerk . . . . $= 1\,3/4$
Lehmstampfmasse . . . . $= 2$

Für besondere Fälle ist die Stärke aus der Beanspruchung auf Druck zu berechnen, wobei die folgenden Werte zugrunde gelegt werden können:

Auf Druck zulässige Beanspruchung der Baustoffe kg/qcm
Granit 45
Sandstein je nach Härte . . . . . . 15—30
Kalkstein in Quadern 25
Stampfbeton in magerer Herstellung . . 10
Kalksteinmauerwerk in Kalkmörtel . . . 5

Auf Druck zulässige Beanspruchung der Baustoffe kg/qcm

Ziegelmauerwerk in Kalkmörtel 7
„   „ Zementmörtel . . . 11
Bestes Klinkermauerwerk . . . . . 12—14
Ziegelmauerwerk aus porigen Steinen 3—6

Die Eigengewichte der Baustoffe sind dabei anzusetzen pro cbm mit kg:

Erde und Lehm 1600
Kies 1800
Ziegelmauerwerk aus vollen Steinen 1600
„   „ porigen „ . . . . 1000—1300
„   „ Lochsteinen . . . . . . 1100—1300
Mauerwerk aus Schwemmsteinen 850
„   „ Kalkstein 2600
„   „ Sandstein 2400
„   „ Granit und Marmor 2700
Beton . . . . 1800—2200
Basalt 3200
Asphalt 1500
Schlacke, gegossen 600
Gips, gegossen 970
Schiefer 2700
Glas 2600
Tannenholz 600
Kiefernholz 650
Eichenholz 800
Buchenholz 750
Gußeisen 7250
Schweißeisen 7800
Flußeisen 7850
Stahl 7860
Blei 11370
Bronze 8600
Kupfer 8900
Zink, gegossen 6860
„ gewalzt 7200
Schornsteinmauerwerk aus vollen Radialsteinen 1700—2000
„   „ gelochten „ 1500—1900

Für Fabrikgebäude kommen hauptsächlich starke massive Gebäude in Frage. Für Lagerräume, in denen die Wände keinen Druck auszuhalten haben, können auch Fachwerkbauten in Frage kommen, bei denen die Umfassungswände nur $\frac{1}{2}$ Stein stark sind, infolgedessen weniger Material beanspruchen und erheblich billiger sind. Für Lagerräume ist man neuerdings, in den Prüßwänden, sogar mit $\frac{1}{4}$ Stein ausgekommen. Diese Wände haben aber engstehende Verstärkungspfeiler und Bandeiseneinlagen, so daß die Gebäude in der Ausführung nicht viel billiger sind als massive von gleichen Dimensionen; sie haben aber den Vorzug, daß sie in kürzerer Zeit hergestellt werden können.

Bei geraden Wänden kann ein Maurer täglich 400—600 Stück Ziegel vermauern.

Die Lagerfuge soll bei gewöhnlichem Mörtel nicht über 1,2 cm und die Stoßfuge nicht über 1,0 cm betragen. Die Fugen müssen beim Mauern voll sein; sie werden beim Ausfugen entsprechend ausgekratzt. 1 qm Ausfugen beansprucht bei Bruchsteinen 15 l Mörtel und bei Ziegelsteinen 5 l. Der Arbeitslohn dafür beträgt 0,30 bis 0,50 M., und man verwendet dazu einen Kalkmörtel, dem etwas Zement zugesetzt ist.

Innen werden die Wände gewöhnlich geputzt, wozu für 1 qm 13 l Mörtel notwendig sind und an Arbeitslohn 0,20—0,30 M. beansprucht werden.

Für Flüssigkeit undurchlässige Wände bei Gruben und Bassins nehme man einen Zementmörtel, aus einem Teil Zement und zwei Teilen feinem Sand bestehend; man achte aber darauf, daß die Fugen vollständig ausgegossen werden. Ebenso sind die Wände mit diesem Mörtel sehr sorgfältig zu verputzen.

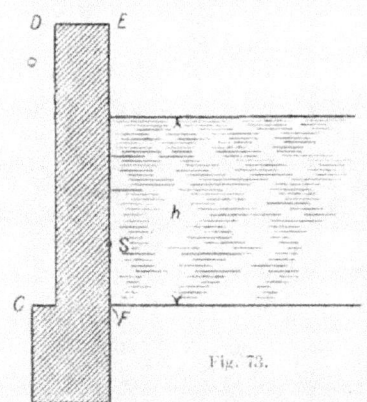

Fig. 73.

Beim Mauern mit Zement ist es auch notwendig, die Ziegel vorher in Wasser zu legen, wobei sie sich bis zu ihrem Eigengewicht mit Wasser vollsaugen; es wird hierdurch vermieden, daß dem Zementmörtel das zur Bindung notwendige Wasser entzogen wird.

Die sorgfältigste Maurerarbeit ist hierbei unbedingt notwendig, da man sonst mit der Stabilität der Wände nicht unter den entsprechenden Flüssigkeitsdruck gehen kann. Z. B. sind bei einem gemauerten, an zwei Seiten freistehenden Wasserbassin von 1,5 m Tiefe und 2 m im Quadrat Wände von 38 cm Stärke bei einer Flüssigkeitshöhe von 1 m völlig hinreichend, obwohl, wie aus folgendem ersichtlich, die Stabilität den Wasserdruck nicht erheblich übertrifft.

Den Flüssigkeitsdruck gegen die Wand findet man, wie wir im Abschnitt über die Mechanik der flüssigen Körper gesehen haben, nach der Formel:

$$P = \tfrac{1}{2} h^2 . l . 1000 = \tfrac{1}{2} . 1 . 2 . 1000 = 1000 \text{ kg.}$$

Da der Druck sich graphisch als gleichschenkliges Dreieck mit h als Schenkel darstellen läßt, so liegt der Schwerpunkt in $\frac{h}{3} = S$ in Fig. 73. Beträgt die Höhe des Fundaments AC 60 cm, so wirkt der Flüssigkeitsdruck in bezug auf die Kippkante A in $\frac{h}{3} + AC = 93{,}3$ cm von B entfernt und Pa ist $0{,}9333 . 1000 = 933$ kgm.

Wenn in Fig. 72 AB 51, AC 60, EF 150 und DE 38 cm beträgt, so findet man die Stabilität Ge folgendermaßen:

Fläche	Inhalt qm	Abstand des Schwerpunktes von BE	Statisches Moment in bezug auf BE
Fundament	0,306	0,255	0,078
Wand	0,570	0,190	0,108
Ganzer Querschnitt	0.876		0,176

$$\frac{0{,}176}{0{,}876} = 0{,}2$$

$e = 0{,}51 - 0{,}2 = 0{,}31$ cm als Abstand der Fallinie von der Kippkante.

Das Gewicht G der ganzen Mauer beträgt $0{,}876 . 2 . 1800 = 3153$ kg, wenn das Gewicht eines cbm mit 1800 kg angenommen wird. Und schließlich beträgt die Stabilität Ge in bezug auf die Kippkante A

$$0{,}31 . 3153 = 977 \text{ kgm.}$$

Da Pa nur 933 kgm beträgt, so ist die Standfestigkeit in diesem Beispiel bereits größer als der Druck; sie wird aber einerseits noch vergrößert durch den Erddruck des Fundaments und noch mehr, aber nur bei sorgfältiger Aufführung durch den Zusammenhang mit den anderen Wänden, wobei die Zugfestigkeit des Zementmörtels bis 1 kg pro qcm angenommen werden kann.

Schließlich ist noch zu bemerken, daß man bei Anschlägen von Mauerwerk als Ausgleich für die Mehrkosten für die Wölbearbeiten bei Öffnungen für Türen und Fenster alle Öffnungen voll rechnen kann. Beim Materialverbrauch sind die Fenster mit der Lichtfläche und die Türen mit um 8 cm vergrößerten Maßen abzuziehen.

Decken und Fußböden.

In Fabriken hat man es in der Regel mit gewölbten, Beton-
und Holzdecken zu tun. Für Trockenräume oder trockene Arbeits-
räume mit gleichmäßig verteilter Belastung läßt sich sehr gut die
Holzdecke verwenden.

Der Abstand der Balken bei einer Holzdecke beträgt in der Regel
95—110 cm.

Die Stärke des Balkens berechnet sich aus der Formel

$$W = \frac{p \cdot f \cdot l^2}{8\,k} \text{ und } 6\,W = b \cdot h^2.$$

In dieser Formel ist p die Gesamtbelastung pro qcm, f die Entfernung der Balken voneinander in cm, l die freitragende Länge des
Balkens in cm, k die zulässige Beanspruchung (Kiefernholz 80 kg
pro qcm), b die Breite des Balkens und h die Höhe desselben in cm.

Die Breite und Höhe des Balkens müssen dabei angenommen
werden wie $1 : \sqrt{2}$ oder annähernd wie $5 : 7$.

Hat man z. B. eine Gesamtbelastung von 600 kg pro qm, bei der
freitragenden Länge eines kiefernen Balkens von 400 cm und der
Entfernung von 100 cm, so hat man 0,06 für p, 100 für f, 400 für l
und 80 für k.

$$W = \frac{0,06 \cdot 100 \cdot 400^2}{8 \cdot 80} = 1500$$

$$h = \sqrt{\frac{6 \cdot 1500}{18}} = 22.$$

Da die Balken normal nur von 2 zu 2 cm geschnitten werden,
so nimmt man besser 20 cm für die Breite und 24 für die Höhe.

Die Auflagelänge der Balken muß mindestens gleich der Höhe
sein. Sie werden am besten auf Konsolen gelegt, damit sie nicht
faulen, oder aber, was noch besser, gründlich imprägniert.

Unter den Balken befinden sich die Unterzüge oder über denselben die Überzüge, falls sie an solchen hängen.

Das Eigengewicht beträgt für eine solche Decke, die nur mit
einem 3 ½ cm starken Fußboden versehen ist, 70—200 kg bei einer
Nutzbelastung von 150—250 kg pro qm; hat man hingegen eine Decke
mit Lehmfüllung und Fußboden, so beträgt sie 220—250 kg und
schließlich statt des Holzfußbodens Lehm- oder Gipsstrich, so beträgt
es je nach der Stärke 250—350 kg.

Bringt man in der Mitte der Balkenlagen noch einen Zwischen-
boden aus Latten an und füllt den Raum zwischen diesem und dem
Fußboden mit trockener Asche oder Kies aus, so hat man einen

halben Windelboden, wie er selbstverständlich für Fabrikräume nur ganz vereinzelt in Frage kommen kann.

Für Räume, in denen mit Flüssigkeiten und feuchten Materialien hantiert wird, nimmt man entweder eine gewölbte oder eine Betondecke.

Die gewölbten Decken werden zwischen eiserne Träger von 1—1½ m Spannweite gewöhnlich ½ Stein stark genommen. Bei größeren Spannweiten muß man sie 1 Stein stark nehmen. Erstere haben ein Eigengewicht von 350—400 kg pro qm und letztere ein solches von 550—600. Die Nutzlast ist mit 500 kg/qm bei beiden die gleiche.

Die Betondecken werden ähnlich zwischen zwei Trägern angebracht. Man paßt Bretter zwischen die Träger, legt auf diese altes Papier und bringt darauf den Beton, der aus 1 Teil Zement, 2 Teilen Sand und 4 Teilen Schotter oder Kleinschlag besteht. Wegen des Schwefelgehalts sind aber Schlacken und ähnliche Körper zu vermeiden.

Der Beton wird am besten so lange mit hölzernen Schlägeln oder Rammen gestampft, bis er oben flüssig ist. Die Oberfläche kann dann abgestrichen und abgeputzt werden, oder man bringt noch einen 2—3 cm starken Zementstrich, aus 1 Teil Zement und 3—4 Teilen Sand bestehend, darauf.

Die Decken haben je nach ihrer Stärke von 10—15 cm ein Eigengewicht von 250—350 kg und tragen eine Nutzlast bis 1000 kg bei einer Spannweite von 1—1.2 m.

Schwere Maschinen und Apparate, die einzelne Stellen belasten, müssen selbstverständlich von unten angefangen eine ausreichende unabhängige Unterstützung haben.

Für Fußböden zur ebenen Erde kann je nach dem Zweck und den Ansprüchen Holz, Beton, Fliesen und Ziegelpflaster verwandt werden. Für Betonfußboden kann man einen mageren, aus 1 Teil Zement, 6 Teilen Sand und ebensoviel Kleinschlag oder Schotter bestehenden Beton verwenden.

Der Holzfußboden wird auf trockenem Sand oder Kies mit 3—4 cm starken Brettern verlegt. Dieser Fußboden dürfte aber in chemischen und verwandten Betrieben auf ebener Erde sehr wenig angebracht sein, da hier die Fußböden gewöhnlich sehr stark in Anspruch genommen werden.

Aus gleichem Grunde können auch die mehr oder weniger teuren Fliesenfußböden nur in solchen Räumen, wie z. B. Dampfmaschinenraum, Verwendung finden, in denen sie weder großer Verunreinigung noch großer Beanspruchung ausgesetzt sind und möglichst noch durch Läufer geschont werden.

In Räumen, in denen auf dem Fußboden mit Karren usw. gefahren wird und in denen der Schmutz erst abgekratzt werden muß, sind einzig und allein die Betonfußböden brauchbar. Ist obige Beanspruchung nicht so erheblich, so kann man auch sehr gut Ziegelpflaster verwenden.

Bei Ziegelpflaster gehen 31 Steine flachseitig auf das Quadratmeter und 17 l Mörtel, wenn sie in ein 12 mm starkes Mörtelbett gelegt werden, und 8 l Mörtel, wenn sie in Sand gebettet und nur die Fugen vergossen werden.

Die Bedachung.

Ein Dach mit zwei Neigungen nach entgegengesetzter Seite nennt man ein Satteldach, und ein solches mit nur einer Neigung ein Pultdach.

Als Belastung kommt für das Dach der Winddruck, die Schneelast und das Eigengewicht in Frage. Bei flachgeneigten Dächern genügt die Annahme von 100 kg für 1 qm Grundfläche für Schnee- und Winddruck zusammen. Bei Dächern mit über 45° Neigung kommt Schneedruck nicht mehr in Frage. Bis 25° ist Schneedruck allein mit 70 kg pro qm und von 25—40° mit 60 kg in Rechnung zu setzen.

Die Neigung der Dachfläche richtet sich in erster Linie nach dem Deckungsmaterial. Bei einem Pult- und Satteldach nimmt man für Pappdeckung das Verhältnis von Höhe zur Tiefe wie 1:6 bis 1:10 an, während man für Ziegel- und Schieferdächer nur 1:2 bis 1:5 annimmt.

Das Eigengewicht der verschiedenen Dächer beträgt in kg pro qm geneigter Dachfläche einschließlich Sparren von $\frac{13}{16}$ cm (1 m Entfernung) und Latten von $\frac{4}{6}$ cm:

Deutsches Schieferdach auf Schalung, 2 cm stark . .   85

Falzziegeldach 110

Wellblechdach auf ∟-Eisen   25

Teerpappe, 2,5 cm starke Schalung.   35

Holzzementdach, 3,5 cm starke Schalung mit $\frac{13}{18}$ cm

    starken Sparren 180

Glasdach auf eisernen Sprossen mit 45 cm Abstand

    und 4 mm starkem Glas   20

Will man das Gewicht pro qm projizierter Grundfläche haben, so hat man das Gewicht durch den Kosinus des Neigungswinkels zu dividieren. Für Binder und Pfetten sind bei kleinen Dächern 20 kg und bei größeren 35 kg pro qm projizierter Grundfläche zu rechnen.

Zu der Belastung von 100 kg pro qm für Schnee und Wind kommt dann noch die gelegentliche Belastung durch einen Menschen, auf die bei den Sprossen des Glasdaches besonders Rücksicht zu nehmen ist.

Das vollständige Dach besteht einmal aus dem Dachstuhl und der
Bedachung, dann aber, wie aus Fig. 73, die ein flaches Dach mit
Holzbinder darstellt, ersichtlich ist, aus dem Spannbalken *a*, dem
Bindersparren *b*, dem Sparren *c*, den
Pfetten *d* und der Strebe *f*. Auf die
Sparren *c*, die mit 60—100 cm Entfernung voneinander angebracht werden, kommt die Schalung oder Lat-
tung, je nach der Art des Daches,
und zwar rechtwinklig zu der Binderkonstruktion. Die Entfernung zwischen

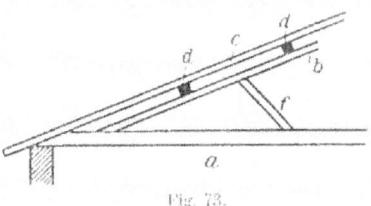

Fig. 73.

zwei Pfetten wird dabei mit 3—4 m und zwischen zwei Binder-
konstruktionen mit 4—5 m angenommen.

Eine Eisenbinderkonstruktion für ein freitragendes Dach bei einer
Gebäudetiefe von 20 m und mit einer Höhe von 3 m, wie sie für
Fabrikgebäude sehr viel angewandt werden, zeigt Fig. 74: die Spann-
stange *a* hat einen Durchmesser von 50 cm, die Bindersparren *b*

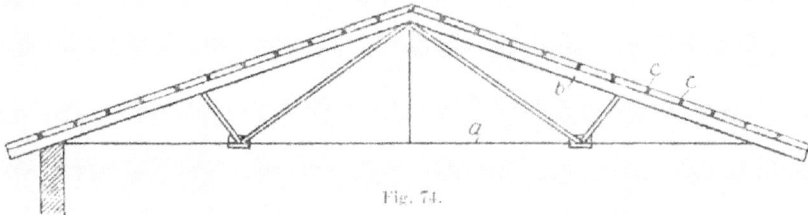

Fig. 74.

haben bei einer Entfernung von 3—4 m voneinander 26/22 cm, und
die Pfetten *c*, die die Schalung, die parallel zur Binderkonstruktion
läuft, tragen, haben bei einer Entfernung von 94 cm voneinander
14/10 cm.

Wird bei einer Holzbinderkonstruktion ein Spannriegel von Säulen
oder Ständern, wie in Fig. 75 ersichtlich, getragen, so hat man ein
Hängewerk, und in der Fig. 76, in der der Spannriegel von Streben

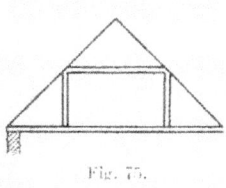

Fig. 75.

getragen wird, durch die
der Druck von den Wänden
unmittelbar abgefangen wird,
hat man ein Sprengwerk.
In letzterer Figur ist *a* der
Spannbalken, *b* der Spannriegel, *c* sind die Streben,

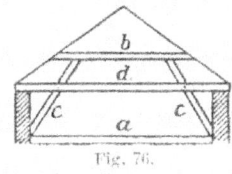

Fig. 76.

und *d* sind an beiden Seiten der Streben befindliche und mit letzteren
verbolzte Hölzer, die man Zange nennt und die zur Versteifung der
ganzen Konstruktion dienen.

15*

Der Materialbedarf wie überhaupt die Kosten für Ziegel- und
Schieferdächer sind sehr verschieden, da es hierbei auf die Form der
Schindel und des Ziegels ankommt. Für Pappdächer, die für Fabriken
ja hauptsächlich in Frage kommen, kann man die Dachschalung
pro qm mit 1,20—1,50 M. ansetzen, und das Doppelpappdach einschließlich Teeren mit 0,80—1,00 M. pro qm. Bei der Veranschlagung
kann man 1 qm Pappdach einschließlich Sparren und Ständer insgesamt mit 4—5 M. annehmen.

Es ist noch zu bemerken, daß das Pappdach alle zwei Jahre
geteert werden muß.

Die Dächer sind mit Dachrinnen aus Zinkblech mit einer
lichten Weite von 10—15 cm zu versehen, denen man ein Gefälle
von 1:100 bis 1:150 gibt. Bei Veranschlagungen kann man für
das laufende Meter je nach den Zinkpreisen und der Stärke des
Bleches von Nr. 10—13 2,50—4,00 M. rechnen.

Treppen, Türen und Fenster.

Für Fabriken kommen an Treppen in der Hauptsache Haupt-
und Nebentreppen in Frage. Als letztere können gerade und Wendel-
treppen genommen werden. Befindet sich die Haupttreppe in einem
besonderen Raume, so nennt man diesen das Treppenhaus.

Bei der Haupttreppe muß in Breite und Steigung darauf Rücksicht genommen werden, daß auf der Treppe auch Maschinenteile u. a.
transportiert werden können. Die Nebentreppen sind gewöhnlich nur
für Personenverkehr, sie können daher entsprechend der Örtlichkeit
steil und schmal sein.

Eine Treppe, die den Verkehr mit der Außenwelt vermittelt, nennt
man eine Freitreppe. Diese kann aus Granit, Sandstein oder
Eisen hergestellt werden. Bei Steinstufen können diese voll unter-
mauert werden oder sie können auf einen Unterbau mit Gewölbe auf-
gelegt werden. Die aus einem Stück bestehenden Stufen müssen
dabei die eine auf der anderen mindestens 3 cm Auflage haben, und
zwar möglichst mit Falz, damit sie festliegen, und mit etwas Neigung
nach vorn, damit der Regen ablaufen kann.

Diese Freitreppen mit Hausteinen können ebenso wie Geschoßtreppen freitragend sein. Das Einmauern der Stufen richtet sich
hierbei nach der Breite der Treppen. Man nimmt dabei gewöhnlich
$1/5$ der Breite, aber nicht weniger als 200 mm. Als Podeste werden
hierbei Platten genommen, die mindestens an zwei Seiten 250 mm
weit einzumauern sind.

Haupt- und Geschoßtreppen, die feuersicher sein sollen, lassen sich
auch aus Ziegelsteinmauerwerk und Beton herstellen. Hierbei wird

für das Podest eine Wölbung, 130 mm stark, zwischen zwei Trägern hergestellt, und zwischen zwei Podesten desgleichen eine Kappe, die nach unten etwas verstärkt wird. Auf diese Kappe sind die Ziegelsteinstufen aufzumauern oder diejenigen aus Beton in dazu hergerichtete Kasten aufzustampfen. Die Stufen können dabei auch noch mit einem in den Stufen verankerten Bohlenbelag versehen werden.

Bei einer Treppenstufe unterscheidet man Steigung und Auftritt. Erstere beträgt gewöhnlich 15—16 cm und letzterer 30—34 cm. Bezeichnet man mit s die Steigung und mit a den Auftritt, so soll $2\,s + a$ mindestens 62, noch besser 65 cm betragen, oder $^3/_4\,s + a$ $= 52$ cm. Es ist aber hinzuzufügen, daß Treppen mit 30 cm Auftritt und 19 cm Steigung noch sehr bequem gangbar sind. Als Auftritt gilt dabei die horizontale Entfernung von Vorderkante der Setzstufe bis Vorderkante der folgenden Setzstufe. Die Steigung ist der Höhenunterschied zwischen zwei Stufen. Alle 12—15 Stufen findet eine Unterbrechung durch eine geräumige Auftrittsfläche statt, wobei der Treppe häufig eine andere Richtung gegeben wird.

Bei einer Holz- und Eisentreppe sind die Längsträger der Treppe die Treppenwangen; die Treppenbreite ist der lichte Abstand zwischen den Wangen. Das Treppengeländer besteht aus dem oberen Teil, dem Handläufer, und den Geländerstäben oder Traillen. Höhe des Geländers 85—100 cm bei einem Abstand der Stäbe von 15—18 cm.

Bei Veranschlagungen kann man für eine 1 m breite Treppe mit 5 cm starken Wangen und 3—4 cm starken Stufen normaler Größe und doppelseitigem Geländer die Stufe mit 5 M. annehmen, das Podest wird dabei mit zwei Stufen in Rechnung gesetzt. Eiserne sind je nach der Art der Ausführung erheblich teurer.

Eine billige eiserne Treppe kann man sich in der Weise anfertigen lassen, daß man an Wangen von Flacheisen, 180×7 mm, für die Auflage von Riffelblech, 240×5 mm, Winkeleisen, $40 \times 40 \times 7$ mm, annietet, auf diesen das Riffelblech festnietet und letzteres längs in der Mitte durch ein ⌐, $40 \times 40 \times 5$ mm, versteift.

Eine andere Art billiger Treppe, die für gewisse Fabrikzwecke gut geeignet ist, kann man sich herstellen lassen, indem man für 50—60 cm l. W. die beiden Wangen aus Flacheisen, 80×8 mm, und diese mit zwei horizontal nebeneinander liegenden Rundeisenstäben von 15 mm $\varnothing$ durch Festnieten verbindet.

Für Fabriken kommen an Türen sowohl einflügelige wie auch zweiflügelige und Schiebetüren in Frage; letztere hauptsächlich für Lagerräume.

Den einflügeligen Türen gibt man eine Breite von 0,8—1,5 m bei einer Höhe von mindestens 2,2 m, den zweiflügeligen eine solche

von 1,5—2,2 m bei derselben Höhe, und den Schiebetüren für Lagerräume eine solche von 2,0—2,5 m bei einer Mindesthöhe von 2,5 m.
Für Stallungen und ähnliche Räume kann man auch Schiebetüren
mit 1.0—1.5 m Breite verwenden,

Die Fabriktür bedarf weder Futter noch Bekleidung, sondern nur
eine einfache Zerge für den Anschlag.

Bei Veranschlagungen kann man eine normale einflügelige Tür
mit 10—15 M. und eine zweiflügelige mit 18—24 M. einschließlich
Anschlag in Rechnung setzen.

Will man eine Tür oder ein Fenster in einer vollen Wand anbringen. so gehe man in der Weise vor, daß man zuerst das Mauerwerk abfängt, und zwar bringt man erst an der einen Seite der Wand
an der dafür bestimmten Stelle den dafür berechneten Träger an und
darauf an der anderen Seite. Nachdem dann das Mauerwerk aus-
gebrochen ist, kann man, wenn es notwendig, in der Mitte noch einen
dritten Träger anbringen.

Fenster kommen für Fabriken hauptsächlich in Schmiede- und
Gußeisen in Frage, und zwar in allen Größen und dementsprechenden
Preislagen.

Da man in Fabrikräumen gar nicht genug Licht haben kann. so
nehme man so viel Fenster und diese so groß, wie es irgend möglich
ist. Ein praktisches und gut aussehendes Fenster hat man, wenn
man die Höhe gleich dem doppelten der Breite nimmt. Da die
Brüstung 75—100 cm und die Höhe über dem Fenster bis zur Decke
bei Massivbauten mindestens 28 cm betragen soll, so können selbstverständlich hiervon Abweichungen notwendig sein.

Außer Wandmauerwerk hat nun der Techniker noch häufig mit
Kessel- und Feuerungsmauerwerk sowie Maschinenfundamenten zu tun. Letztere haben einmal das Eigengewicht der Maschine zu tragen und eventuell einen Druck, den die Maschine beim
Gange nach untenhin ausübt. Anderseits aber auch die Verankerung,
die dem Zug nach den verschiedenen Richtungen beim Gange der
Maschine entgegenzuwirken hat. Wirkt der Zug nach oben, was bei
Dampfmaschinen ja mehr oder weniger immer der Fall ist, so sind
die Anker in den Fundamenten noch durch sogenannte Ankerplatten
festzuhalten. Bei Arbeitsmaschinen ist dieses nicht immer erforderlich,
nur muß man hier dem Anker. soweit er eingegossen wird. eine un-
ebene Form geben. Die Anker sind selbstverständlich erst dann zu
vergießen, wenn die Maschine ausgewinkelt und ausgewogen ist.

Im übrigen werden ja allen Maschinen vom Konstrukteur Vorschriften und Zeichnungen für die Fundamente mitgegeben, denen
genau entsprochen werden muß. da in ihnen in der Regel nicht nur

die notwendige Sachkenntnis, sondern auch Erfahrung zum Ausdruck gebracht wird.

Die Maschinenfundamente müssen auch, wenn sie unter Terrain liegen, ihrer Bedeutung gemäß sehr exakt in Zement hochgemauert werden. Es ist dazu ein Mörtel aus 1 Teil Zement und 1—2 Teilen feinem Sand zu verwenden. Zum Vergießen der Anker kann auch derselbe Mörtel 1:1 ganz dünnflüssig genommen werden. Bei Zementmauerwerk ist darauf zu sehen, wie bereits oben hervorgehoben, daß die Ziegel vor dem Mauern bis zu ihrem eigenen Gewicht mit Wasser getränkt werden. Hat man bei den Fundamenten einen schlechten Baugrund, so muß dieser erst befestigt werden, was meistens durch Beton geschehen kann.

Mit den Kanälen für die Anker wird bei Maschinenfundamenten erst nach der fünften bis sechsten Schicht begonnen.

Auch Kesseleinmauerung und Feuerungen sind, soweit es sich bei letzteren nicht um Versuche handelt, nach Zeichnung und Vorschrift über Material auszuführen. Im allgemeinen ist dazu zu bemerken, daß man bei einer Kesseleinmauerung für die Teile des Mauerwerks, die mit der Flamme in Berührung kommen, Schamottesteine verwenden muß. Da es sich bei Kesselfeuerung in der Regel nicht um übermäßig hohe Temperaturen handelt, so kann man hierzu einen billigen Schamottestein verwenden. Als Mörtel verwendet man einen Schamottemörtel (ca. 12—15 % des Steingewichts), der aus 4 Teilen Schamottemehl und 1 Teil gemahlenen feuerfesten fetten Bindeton besteht. Beides muß vorher gut gemischt und dann mit Wasser angemacht werden. Die Fugen müssen so eng wie möglich sein. Das Schamottemehl kann man sich aus Schamottebrocken selber herstellen, oder man bezieht es in derselben Qualität, in der die verwendeten Steine sind. Letzteres gilt insbesondere auch für Feuerungen für höhere Temperaturen. Das zum Mörtel genommene Schamottemehl soll nie in einer geringeren Qualität als die Steine sein.

Das übrige Kesselmauerwerk soll aus gut gebrannten und vor allen Dingen gut geformten Ziegelsteinen hergestellt werden, und zwar können die im Fundament mit Kalkmörtel vermauert werden, während das andere mit Lehm zu vermauern ist. Ist der Lehm mager, so kann man ihn ohne weiteren Zusatz verwenden; ist er dagegen sehr fett, so vermische man ihn mit etwas Sand. Die Fugen sollen nicht über 6 mm stark sein, wo das Mauerwerk aber mit dem Kessel selbst in Berührung kommt, nehme man eine solche von 15—20 mm, damit der Ausdehnung des Kessels Rechnung getragen wird.

Das Kesselmauerwerk ist so stabil wie möglich herzustellen, damit Risse vermieden werden, denn diese können den Nutzeffekt der Anlage wesentlich herabdrücken. Man nehme deshalb zum Einmauern auch nur die allerbesten Maurer.

Zum Einmauern eines 100 qm großen Zwei-Flammrohrkessels hat Verfasser ca. 20000 Ziegel. 60 Maurer- und 60 Handlangertage festgestellt. Beim Veranschlagen kann man eine solche Kesseleinmauerung ohne Ausschachten mit 1000—1200 M. in Rechnung setzen.

Fabrikschornsteine.

Der Fabrikschornstein hat, wie schon weiter oben bemerkt, die Aufgabe, aus der Feuerung die Verbrennungsprodukte durch Absaugen fort- und an deren Stelle frische Luft zuzuführen. Es geschieht dieses, wie dort auch nachzulesen ist, nach den Gesetzen des Auftriebs und der kommunizierenden Röhren. Da das notwendige Luftquantum für eine bestimmte Menge Brennmaterial entsprechend dem Dampfverbrauch in einer bestimmten Zeit zugeführt werden muß, so muß der Schornstein eine bestimmte Zuggeschwindigkeit erzeugen. Diese hängt einmal ab von dem Verhältnis des geringsten lichten Schornsteinquerschnitts zur Rostfläche und von der Höhe des Schornsteins oder von der Temperatur der abziehenden Gase, d. h. es muß, wie ich bereits im Abschnitt über Kesselhaus und Dampferzeugung erklärt habe, für eine bestimmte Zuggeschwindigkeit die Temperatur der abziehenden Gase um so höher sein, je niedriger der Schornstein ist.

Im bebauten Terrain ist man bei der Errichtung eines neuen Schornsteins auch noch an die Vorschriften der Behörde gebunden. Die Höhe soll schon aus betriebstechnischen Gründen nicht unter 16—20 m sein, die Behörde verlangt aber in der Regel mindestens 25 m.

Im Interesse der Stabilität soll der Schornstein eine Kegelform haben, bei der der kleinste lichte Querschnitt $1/4$ der Gesamt-Rostfläche bei Steinkohlen und $1/6$ bei Braunkohlen betragen soll. (Die von Reichesche Formel „Durchmesser und Höhe" zu berechnen, siehe Kesselhaus und Dampferzeugung!)

Den unteren lichten Durchmesser kann man um $1/300$ der Höhe größer nehmen als den oberen.

Mit dem Fundament geht man bis auf gesunden Boden und nimmt, wie bereits bemerkt, die Belastung nicht über 2 kg pro qcm. Man kann es dann stufenförmig hochführen, die Höhe soll dabei mindestens $1/8$ der Schornsteinhöhe betragen.

Auf das Fundament kommt das Postament, das auch bei runden Schornsteinen viereckig sein kann, meistens aber wie der Schaft rund genommen wird. Das Postament soll $1/4$—$1/5$ der oberirdischen Schornsteinhöhe betragen.

Das Säulenmauerwerk wird oben bis zu einem lichten Durchmesser von 1 m ½ Stein stark, von einem lichten Durchmesser von 1—2 m ½—1 Stein stark und über 2 m lichten Durchmesser 1 Stein stark genommen. Alle 6—8 m gibt man nach unten ½ Stein zu und nimmt unten mindestens 2 Steine.

Um das Reißen des Schornsteins zu vermeiden, gibt man demselben häufig ein einen halben Stein starkes, aus bestem Material bestehendes sogenanntes Futter, das für sich gemauert werden muß, damit es Spielraum zum Ausdehnen hat.

Man wählt für den Schornstein deshalb die runde Form, weil hierbei der Winddruck nur ⅔ von dem einer ebenen Fläche beträgt, deren Breite gleich dem Durchmesser der Säule ist.

Der Schornstein wird gewöhnlich mit einem durch Kalk verlängerten Zementmörtel gemauert. Bis zu einem Durchmesser von 60 cm kann der Schornstein von innen ohne äußeres Gerüst hochgemauert werden.

Zeigt der Schornstein irgendwelche Risse, so muß er alle 4—5 m ein eisernes Band bekommen, wenn dieses nicht gleich beim Bau besorgt wird, um dem Reißen überhaupt vorzubeugen. Es werden neuerdings auch gleich eiserne Bänder in das Mauerwerk eingemauert.

Bei Veranschlagungen kann man bei 40—60 m hohen Schornsteinen das laufende Meter mit 80—100 M. in Rechnung setzen.

Die Pflasterung.

Das Pflastern von Fußböden mit Ziegelsteinen u. a. habe ich bereits weiter oben erwähnt; hier sei auch noch einiges über das Pflastern des Hofes bemerkt. Handelt es sich nur um einen Fußsteig, so kann man auch hier ganz gut Ziegelsteinpflaster verwenden. Ist jedoch das Pflaster neben den Unbilden der Witterung noch dem Verkehr mit Fuhrwerk ausgesetzt, so ist nur ein Bruchsteinpflaster am Platze.

Hierfür einen besonderen Stein zu empfehlen, ist nicht angebracht, da man der Billigkeit wegen den Stein des nächsten Steinbruchs verwenden muß. Wo man die Auswahl hat, nehme man natürlich den härtesten und rauhesten, da glattes Pflaster bei Nässe den Pferden gefährlich ist. Auch können Findlinge verwendet werden, wenn sie nur einigermaßen in der Größe und Form passen, wobei die prismatische Form die beste ist.

Will man etwas Besseres haben, so nimmt man bossierte Steine oder gegossene Schlackensteine oder das sogenannte Kleinpflaster. Für diese Pflasterung ist es notwendig, erst einen mit Steinschlag oder Schotter festgestampften Untergrund zu schaffen, hingegen kann man das gewöhnliche Pflaster in eine 40 cm starke Kiesschicht setzen.

Für Gossen, die vor der Berührung mit Fuhrwerk sicher sind, kann man kleine Steine ohne befestigten Untergrund verwenden, wodurch man erheblich an Steinen und Kies spart.

Bei Veranschlagungen kann man für 1 cbm Pflastersteine, der zu 5 qm Pflaster genügt, 3—4,5 M. ab Bruch in Rechnung setzen. Das Gewicht eines cbm beträgt ungefähr 17—18 dz.

1 cbm Kies kostet ab Grube 1—1,5 M. Für 1 qm Pflaster sind 0,4 cbm erforderlich, 1 qm zu pflastern kostet an Arbeitslohn für den Steinsetzer 0,2—0,3 M. und für den Handlanger 0,1—0,2 M.

Ich selbst bin bei 1 qm Pflaster mit Grauwacke und 40 cm Kiesschüttung einschließlich Fracht für die Steine auf 2,30 M. und ohne Steine auf 1,20 M. ausschließlich der Herrichtung des Planums gekommen.

VII. ABSCHNITT.

MATHEMATIK UND TABELLEN.

Tabelle 47.
Potenzen, Wurzeln, Kreisumfänge und Kreisinhalte
der Zahlen 1,0—100,0.

Nachstehende Tabelle läßt sich auch bis auf die Quadrat- und Kubikwurzeln durch entsprechende Versetzung des Kommas für die ganzen Zahlen von 100—1000 gebrauchen.

Für Quadratwurzeln kann man sie schließlich auch noch benutzen, wenn man mit annähernden Werten auskommt. Aus vollen Zehnern lassen sie sich auch hier genau berechnen. Wenn man z. B. die Quadratwurzel von 450 sucht, so hat man die von 4,5 mit 10 zu multiplizieren und bei 460 diejenige von 4,6; die dazwischenliegenden sind aber nur durch Interpolation annähernd zu finden, was schließlich ebenso zeitraubend ist, wie sie auszurechnen. Man kann die Quadrat- bzw. Kubikzahlen aber auch unter n^2 und n^3 suchen, da die daneben befindliche n die Quadrat- bezw. Kubikwurzel ist.

n	n^2	n^3	$\sqrt{n}$	$\sqrt[3]{n}$	$n \cdot \pi$	$\dfrac{n^2 \cdot \pi}{4}$
0,0	0,00	0,000	0,00000	0,00000	0,00000	0,000000
0,1	0,01	0,001	0,31623	0,46416	0,31416	0,007854
0,2	0,04	0,008	0,44721	0,58480	0,62832	0,031416
0,3	0,09	0,027	0,54772	0,66943	0,94248	0,070686
0,4	0,16	0,064	0,63264	0,73681	1,2566	0,125664
0,5	0,25	0,125	0,70711	0,79370	1,5708	0,196350
0,6	0,36	0,216	0,77460	0,84343	1,8850	0,282743
0,7	0,49	0,343	0,83666	0,88790	2,1991	0,384845
0,8	0,64	0,512	0,89443	0,92832	2,5133	0,502655
0,9	0,81	0,729	0,94868	0,96549	2,8274	0,636173
1,0	1,00	1,000	1,0000	1,0000	3,1416	0,78540
1,1	1,21	1,331	1,0488	1,0323	3,4558	0,95033
1,2	1,44	1,728	1,0954	1,0627	3,7699	1,13097
1,3	1,69	2,197	1,1402	1,0914	4,0841	1,32732
1,4	1,96	2,744	1,1832	1,1187	4,3982	1,53938
1,5	2,25	3,375	1,2247	1,1447	4,7124	1,76715
1,6	2,56	4,096	1,2649	1,1696	5,0265	2,01062
1,7	2,89	4,913	1,3038	1,1935	5,3407	2,26980
1,8	3,24	5,832	1,3416	1,2164	5,6549	2,54469
1,9	3,61	6,859	1,3784	1,2386	5,9690	2,83529
2,0	4,00	8,000	1,4142	1,2599	6,2832	3,14159
2,1	4,41	9,261	1,4491	1,2806	6,5973	3,46361
2,2	4,84	10,648	1,4832	1,3006	6,9115	3,80133
2,3	5,29	12,167	1,5166	1,3200	7,2257	4,15476
2,4	5,76	13,824	1,5492	1,3389	7,5398	4,52389
2,5	6,25	15,625	1,5811	1,3572	7,8540	4,90874
2,6	6,76	17,576	1,6125	1,3751	8,1681	5,30929
2,7	7,29	19,683	1,6432	1,3925	8,4823	5,72555
2,8	7,84	21,952	1,6733	1,4095	8,7965	6,15752
2,9	8,41	24,389	1,7029	1,4260	9,1106	6,60520
3,0	9,00	27,000	1,7321	1,4422	9,4248	7,06858
3,1	9,61	29,791	1,7607	1,4581	9,7389	7,54768
3,2	10,24	32,768	1,7889	1,4736	10,053	8,04248
3,3	10,89	35,937	1,8166	1,4888	10,367	8,55299
3,4	11,56	39,304	1,8439	1,5037	10,681	9,07920
3,5	12,25	42,875	1,8708	1,5183	10,996	9,62113
3,6	12,96	46,656	1,8974	1,5326	11,310	10,1788
3,7	13,69	50,653	1,9235	1,5467	11,624	10,7521
3,8	14,44	54,872	1,9494	1,5605	11,938	11,3411
3,9	15,21	59,319	1,9748	1,5741	12,252	11,9459
4,0	16,00	64,000	2,0000	1,5874	12,566	12,5664
4,1	16,81	68,921	2,0248	1,6005	12,881	13,2025
4,2	17,64	74,088	2,0494	1,6134	13,195	13,8544
4,3	18,49	79,507	2,0736	1,6261	13,509	14,5220
4,4	19,36	85,184	2,0976	1,6386	13,823	15,2053
4,5	20,25	91,125	2,1213	1,6510	14,137	15,9043
4,6	21,16	97,336	2,1448	1,6631	14,451	16,6190
4,7	22,09	103,823	2,1679	1,6751	14,765	17,3494
4,8	23,04	110,592	2,1909	1,6869	15,080	18,0956
4,9	24,01	117,649	2,2136	1,6985	15,394	18,8574
5,0	25,00	125,000	2,2361	1,7100	15,708	19,6350

n	n^2	n^3	$\sqrt[3]{n}$	$\dfrac{8}{\sqrt[3]{n}}$	$n \cdot \pi$	$\dfrac{n^2 \cdot \pi}{4}$
5,0	25,00	125,000	2,2361	1,7100	15,708	19,6350
5,1	26,01	132,651	2,2583	1,7213	16,022	20,4282
5,2	27,04	140,608	2,2804	1,7325	16,336	21,2372
5,3	28,09	148,877	2,3022	1,7435	16,650	22,0618
5,4	29,16	157,464	2,3238	1,7544	16,965	22,9022
5,5	30,25	166,375	2,3452	1,7652	17,279	23,7583
5,6	31,36	175,616	2,3664	1,7758	17,593	24,6301
5,7	32,49	185,193	2,3875	1,7863	17,907	25,5176
5,8	33,64	195,112	2,4083	1,7967	18,221	26,4208
5,9	34,81	205,379	2,4290	1,8070	18,535	27,3397
6,0	36,00	216,000	2,4495	1,8171	18,850	28,2743
6,1	37,21	226,981	2,4698	1,8272	19,164	29,2247
6,2	38,44	238,328	2,4900	1,8371	19,478	30,1907
6,3	39,69	250,047	2,5100	1,8469	19,792	31,1725
6,4	40,96	262,144	2,5298	1,8566	20,106	32,1699
6,5	42,25	274,625	2,5495	1,8663	20,420	33,1831
6,6	43,56	287,496	2,5690	1,8758	20,735	34,2119
6,7	44,89	300,763	2,5884	1,8852	21,049	35,2565
6,8	46,24	314,432	2,6077	1,8945	21,363	36,3168
6,9	47,61	328,509	2,6268	1,9038	21,677	37,3928
7,0	49,00	343,000	2,6458	1,9129	21,991	38,4845
7,1	50,41	357,911	2,6646	1,9220	22,305	39,5919
7,2	51,84	373,248	2,6833	1,9310	22,619	40,7150
7,3	53,29	389,017	2,7019	1,9399	22,934	41,8539
7,4	54,76	405,224	2,7203	1,9487	23,248	43,0084
7,5	56,25	421,875	2,7386	1,9574	23,562	44,1786
7,6	57,76	438,976	2,7568	1,9661	23,876	45,3646
7,7	59,29	456,533	2,7749	1,9747	24,190	46,5663
7,8	60,84	474,552	2,7928	1,9832	24,504	47,7836
7,9	62,41	493,039	2,8107	1,9916	24,819	49,0167
8,0	64,00	512,000	2,8284	2,0000	25,133	50,2655
8,1	65,61	531,441	2,8461	2,0083	25,447	51,5300
8,2	67,24	551,368	2,8636	2,0165	25,761	52,8102
8,3	68,89	571,787	2,8810	2,0247	26,075	54,1061
8,4	70,56	592,704	2,8983	2,0328	26,389	55,4177
8,5	72,25	614,125	2,9155	2,0408	26,704	56,7450
8,6	73,96	636,056	2,9326	2,0488	27,018	58,0880
8,7	75,69	658,503	2,9496	2,0567	27,332	59,4468
8,8	77,44	681,472	2,9665	2,0646	27,646	60,8212
8,9	79,21	704,969	2,9833	2,0724	27,960	62,2114
9,0	81,00	729,000	3,0000	2,0801	28,274	63,6173
9,1	82,81	753,571	3,0166	2,0878	28,588	65,0388
9,2	84,64	778,688	3,0332	2,0954	28,903	66,4761
9,3	86,49	804,357	3,0496	2,1029	29,217	67,9291
9,4	88,36	830,584	3,0659	2,1105	29,531	69,3978
9,5	90,25	857,375	3,0822	2,1179	29,845	70,8822
9,6	92,16	884,736	3,0984	2,1253	30,159	72,3823
9,7	94,09	912,673	3,1145	2,1327	30,473	73,8981
9,8	96,04	941,192	3,1305	2,1400	30,788	75,4296
9,9	98,01	970,299	3,1464	2,1472	31,102	76,9769
10,0	100,0	1000,000	3,1623	2,1544	31,416	78,5398

			10—15			
n	n^2	n^3	$\sqrt{n}$	$\sqrt[3]{n}$	$n \cdot \pi$	$\dfrac{n^2 \cdot \pi}{4}$
10,0	100,00	1000,000	3,1623	2,1544	31,416	78,5398
10,1	102,01	1030,301	3,1780	2,1616	31,730	80,1185
10,2	104,04	1061,208	3,1937	2,1687	32,044	81,7128
10,3	106,09	1092,727	3,2094	2,1757	32,358	83,3229
10,4	108,16	1124,864	3,2249	2,1828	32,673	84,9487
10,5	110,25	1157,625	3,2404	2,1898	32,987	86,5901
10,6	112,36	1191,016	3,2558	2,1967	33,301	88,2473
10,7	114,49	1225,043	3,2711	2,2036	33,615	89,9202
10,8	116,64	1259,712	3,2863	2,2104	33,929	91,6088
10,9	118,81	1295,029	3,3015	2,2172	34,243	93,3132
11,0	121,00	1331,000	3,3166	2,2239	34,558	95,0332
11,1	123,21	1367,631	3,3317	2,2307	34,872	96,7689
11,2	125,44	1404,928	3,3466	2,2374	35,186	98,5203
11,3	127,69	1442,897	3,3615	2,2441	35,500	100,287
11,4	129,96	1481,544	3,3764	2,2506	35,814	102,070
11,5	132,25	1520,875	3,3912	2,2572	36,128	103,869
11,6	134,56	1560,896	3,4059	2,2637	36,442	105,683
11,7	136,89	1601,613	3,4205	2,2702	36,757	107,513
11,8	139,24	1643,032	3,4351	2,2766	37,071	109,359
11,9	141,61	1685,159	3,4496	2,2831	37,385	111,220
12,0	144,00	1728,000	3,4641	2,2894	37,699	113,097
12,1	146,41	1771,561	3,4785	2,2957	38,013	114,990
12,2	148,84	1815,848	3,4928	2,3021	38,327	116,899
12,3	151,29	1860,867	3,5071	2,3084	38,642	118,823
12,4	153,76	1906,624	3,5214	2,3146	38,956	120,763
12,5	156,25	1953,125	3,5355	2,3208	39,270	122,718
12,6	158,76	2000,376	3,5496	2,3270	39,584	124,690
12,7	161,29	2048,383	3,5637	2,3331	39,898	126,677
12,8	163,84	2097,152	3,5777	2,3392	40,212	128,680
12,9	166,41	2146,689	3,5917	2,3453	40,527	130,698
13,0	169,00	2197,000	3,6056	2,3513	40,841	132,732
13,1	171,61	2248,091	3,6194	2,3573	41,155	134,782
13,2	174,24	2299,968	3,6332	2,3633	41,469	136,848
13,3	176,89	2352,637	3,6469	2,3693	41,783	138,929
13,4	179,56	2406,104	3,6606	2,3752	42,097	141,026
13,5	182,25	2460,375	3,6742	2,3811	42,412	143,139
13,6	184,96	2515,456	3,6878	2,3870	42,726	145,267
13,7	187,69	2571,353	3,7014	2,3928	43,040	147,411
13,8	190,44	2628,072	3,7148	2,3986	43,354	149,571
13,9	193,21	2685,619	3,7283	2,4044	43,668	151,747
14,0	196,00	2744,000	3,7417	2,4101	43,982	153,938
14,1	198,81	2803,221	3,7550	2,4159	44,296	156,145
14,2	201,64	2863,288	3,7683	2,4216	44,611	158,368
14,3	204,49	2924,207	3,7815	2,4272	44,925	160,606
14,4	207,36	2985,984	3,7947	2,4329	45,239	162,860
14,5	210,25	3048,625	3,8079	2,4385	45,553	165,130
14,6	213,16	3112,136	3,8210	2,4441	45,867	167,415
14,7	216,09	3176,523	3,8341	2,4497	46,181	169,717
14,8	219,04	3241,792	3,8471	2,4552	46,496	172,034
14,9	222,01	3307,949	3,8601	2,4607	46,810	174,366
15,0	225,00	3375,000	3,8730	2,4662	47,124	176,715

				15—20		
n	n^2	n^3	$\sqrt{n}$	$\sqrt[3]{n}$	$n \cdot \pi$	$\dfrac{n^2 \cdot \pi}{4}$
15,0	225,00	3375,000	3,8730	2,4662	47,124	176,715
15,1	228,01	3442,951	3,8859	2,4717	47,438	179,079
15,2	231,04	3511,808	3,8987	2,4771	47,752	181,458
15,3	234,09	3581,577	3,9115	2,4825	48,066	183,854
15,4	237,16	3652,264	3,9243	2,4879	48,381	186,265
15,5	240,25	3723,875	3,9370	2,4933	48,695	188,692
15,6	243,36	3796,416	3,9497	2,4987	49,009	191,134
15,7	246,49	3869,893	3,9623	2,5040	49,323	193,593
15,8	249,64	3944,312	3,9749	2,5093	49,637	196,067
15,9	252,81	4019,679	3,9875	2,5146	49,951	198,557
16,0	256,00	4096,000	4,0000	2,5198	50,265	201,062
16,1	259,21	4173,281	4,0125	2,5251	50,580	203,583
16,2	262,44	4251,528	4,0249	2,5303	50,894	206,120
16,3	265,69	4330,747	4,0373	2,5355	51,208	208,672
16,4	268,96	4410,944	4,0497	2,5407	51,522	211,241
16,5	272,25	4492,125	4,0620	2,5458	51,836	213,825
16,6	275,56	4574,296	4,0743	2,5509	52,150	216,424
16,7	278,89	4657,463	4,0866	2,5561	52,465	219,040
16,8	282,24	4741,632	4,0988	2,5612	52,779	221,671
16,9	285,61	4826,809	4,1110	2,5662	53,093	224,318
17,0	289,00	4913,000	4,1231	2,5713	53,407	226,980
17,1	292,41	5000,211	4,1352	2,5763	53,721	229,658
17,2	295,84	5088,448	4,1473	2,5813	54,035	232,352
17,3	299,29	5177,717	4,1593	2,5863	54,350	235,062
17,4	302,76	5268,024	4,1713	2,5913	54,664	237,787
17,5	306,25	5359,375	4,1833	2,5962	54,978	240,528
17,6	309,76	5451,776	4,1952	2,6012	55,292	243,285
17,7	313,29	5545,233	4,2071	2,6061	55,606	246,057
17,8	316,84	5639,752	4,2190	2,6110	55,920	248,846
17,9	320,41	5735,339	4,2308	2,6159	56,235	251,649
18,0	324,00	5832,000	4,2426	2,6207	56,549	254,469
18,1	327,61	5929,741	4,2544	2,6256	56,863	257,304
18,2	331,24	6028,568	4,2661	2,6304	57,177	260,155
18,3	334,89	6128,487	4,2778	2,6352	57,491	263,022
18,4	338,56	6229,504	4,2895	2,6400	57,805	265,904
18,5	342,25	6331,625	4,3012	2,6448	58,119	268,803
18,6	345,96	6434,856	4,3128	2,6495	58,434	271,716
18,7	349,69	6539,203	4,3243	2,6543	58,748	274,646
18,8	353,44	6644,672	4,3359	2,6590	59,062	277,591
18,9	357,21	6751,269	4,3474	2,6637	59,376	280,552
19,0	361,00	6859,000	4,3589	2,6684	59,690	283,529
19,1	364,81	6967,871	4,3704	2,6731	60,004	286,521
19,2	368,64	7077,888	4,3818	2,6777	60,319	289,529
19,3	372,49	7189,057	4,3932	2,6824	60,633	292,553
19,4	376,36	7301,384	4,4045	2,6870	60,947	295,592
19,5	380,25	7414,875	4,4159	2,6916	61,261	298,648
19,6	384,16	7529,536	4,4272	2,6962	61,575	301,719
19,7	388,09	7645,373	4,4385	2,7008	61,889	304,805
19,8	392,04	7762,392	4,4497	2,7053	62,204	307,907
19,9	396,01	7880,599	4,4609	2,7099	62,518	311,026
20,0	400,00	8000,000	4,4721	2,7144	62,832	314,159

				20—25		
n	n^2	n^3	$\sqrt{n}$	$\sqrt[3]{n}$	$n \cdot \pi$	$\dfrac{n^2 \cdot \pi}{4}$
20,0	400,00	8 000,000	4,4721	2,7144	62,832	314,159
20,1	404,01	8 120,601	4,4833	2,7189	63,146	317,309
20,2	408,04	8 242,408	4,4944	2,7234	63,460	320,474
20,3	412,09	8 365,427	4,5056	2,7279	63,774	323,655
20,4	416,16	8 489,664	4,5166	2,7324	64,088	326,851
20,5	420,25	8 615,125	4,5277	2,7369	64,403	330,064
20,6	424,36	8 741,816	4,5387	2,7413	64,717	333,292
20,7	428,49	8 869,743	4,5497	2,7457	65,031	336,535
20,8	432,64	8 998,912	4,5607	2,7501	65,345	339,795
20,9	436,81	9 129,329	4,5717	2,7545	65,659	343,070
21,0	441,00	9 261,000	4,5826	2,7589	65,973	346,361
21,1	445,21	9 393,931	4,5935	2,7633	66,288	349,667
21,2	449,44	9 528,128	4,6043	2,7677	66,602	352,989
21,3	453,69	9 663,597	4,6152	2,7720	66,916	356,327
21,4	457,96	9 800,344	4,6260	2,7763	67,230	359,681
21,5	462,25	9 938,375	4,6368	2,7806	67,544	363,050
21,6	466,56	10 077,696	4,6476	2,7850	67,858	366,435
21,7	470,89	10 218,313	4,6583	2,7892	68,173	369,836
21,8	475,24	10 360,232	4,6690	2,7935	68,487	373,253
21,9	479,61	10 503,459	4,6797	2,7978	68,801	376,685
22,0	484,00	10 648,000	4,6904	2,8020	69,115	380,133
22,1	488,41	10 793,861	4,7011	2,8063	69,429	383,596
22,2	492,84	10 941,048	4,7117	2,8105	69,743	387,076
22,3	497,29	11 089,567	4,7223	2,8147	70,058	390,571
22,4	501,76	11 239,424	4,7329	2,8189	70,372	394,081
22,5	506,25	11 390,625	4,7434	2,8231	70,686	397,608
22,6	510,76	11 513,176	4,7539	2,8273	71,000	401,150
22,7	515,29	11 697,083	4,7645	2,8314	71,314	404,708
22,8	519,84	11 852,352	4,7749	2,8356	71,628	408,281
22,9	524,41	12 008,989	4,7854	2,8397	71,942	411,871
23,0	529,00	12 167,000	4,7958	2,8439	72,257	415,476
23,1	533,61	12 326,391	4,8062	2,8480	72,571	419,096
23,2	538,24	12 487,168	4,8166	2,8521	72,885	422,733
23,3	542,89	12 649,337	4,8270	2,8562	73,199	426,385
23,4	547,56	12 812,904	4,8374	2,8603	73,513	430,053
23,5	552,25	12 977,875	4,8477	2,8643	73,827	433,736
23,6	556,96	13 144,256	4,8580	2,8684	74,142	437,435
23,7	561,69	13 312,053	4,8683	2,8724	74,456	441,150
23,8	566,44	13 481,272	4,8785	2,8765	74,770	444,881
23,9	571,21	13 651,919	4,8888	2,8805	75,084	448,627
24,0	576,00	13 824,000	4,8990	2,8845	75,398	452,389
24,1	580,81	13 997,521	4,9092	2,8885	75,712	456,167
24,2	585,64	14 172,488	4,9193	2,8925	76,027	459,961
24,3	590,49	14 348,907	4,9295	2,8965	76,341	463,770
24,4	595,36	14 526,784	4,9396	2,9004	76,655	467,595
24,5	600,25	14 706,125	4,9497	2,9044	76,969	471,435
24,6	605,16	14 886,936	4,9598	2,9083	77,283	475,292
24,7	610,09	15 069,223	4,9699	2,9123	77,597	479,164
24,8	615,04	15 252,992	4,9800	2,9162	77,911	483,051
24,9	620,01	15 438,249	4,9900	2,9201	78,226	486,955
25,0	625,00	15 625,000	5,0000	2,9240	78,540	490,874

				25—30		
n	n^2	n^3	$\sqrt{n}$	$\sqrt[3]{n}$	$n \cdot \pi$	$\dfrac{n^2 \cdot \pi}{4}$
25,0	625,00	15 625,000	5,0000	2,9240	78,540	490,874
25,1	630,01	15 813,251	5,0099	2,9279	78,854	494,809
25,2	635,04	16 003,008	5,0199	2,9318	79,168	498,759
25,3	640,09	16 194,277	5,0299	2,9357	79,482	502,726
25,4	645,16	16 387,064	5,0398	2,9395	79,796	506,707
25,5	650,25	16 581,375	5,0498	2,9434	80,111	510,705
25,6	655,36	16 777,216	5,0596	2,9472	80,425	514,719
25,7	660,49	16 974,593	5,0695	2,9511	80,739	518,748
25,8	665,64	17 173,512	5,0794	2,9549	81,053	522,792
25,9	670,81	17 373,979	5,0892	2,9587	81,367	526,853
26,0	676,00	17 576,000	5,0990	2,9625	81,681	530,929
26,1	681,21	17 779,581	5,1088	2,9663	81,996	535,021
26,2	686,44	17 984,728	5,1186	2,9701	82,310	539,129
26,3	691,69	18 191,447	5,1284	2,9738	82,624	543,252
26,4	696,96	18 399,744	5,1381	2,9776	82,938	547,391
26,5	702,25	18 609,625	5,1478	2,9814	83,252	551,546
26,6	707,56	18 821,096	5,1575	2,9851	83,566	555,716
26,7	712,89	19 034,163	5,1672	2,9888	83,881	559,902
26,8	718,24	19 248,832	5,1769	2,9926	84,195	564,104
26,9	723,61	19 465,109	5,1865	2,9963	84,509	568,322
27,0	729,00	19 683,000	5,1962	3,0000	84,823	572,555
27,1	734,41	19 902,511	5,2058	3,0037	85,137	576,804
27,2	739,84	20 123,648	5,2154	3,0074	85,451	581,069
27,3	745,29	20 346,417	5,2249	3,0111	85,765	585,349
27,4	750,76	20 570,824	5,2345	3,0147	86,080	589,646
27,5	756,25	20 796,875	5,2440	3,0184	86,394	593,957
27,6	761,76	21 024,576	5,2536	3,0221	86,708	598,285
27,7	767,29	21 253,933	5,2631	3,0257	87,022	602,628
27,8	772,84	21 484,952	5,2726	3,0293	87,336	606,987
27,9	778,41	21 717,639	5,2820	3,0330	87,650	611,362
28,0	784,00	21 952,000	5,2915	3,0366	87,965	615,752
28,1	789,61	22 188,041	5,3009	3,0402	88,279	620,158
28,2	795,24	22 425,768	5,3104	3,0438	88,593	624,580
28,3	800,89	22 665,187	5,3198	3,0474	88,907	629,018
28,4	806,56	22 906,304	5,3292	3,0510	89,221	633,471
28,5	812,25	23 149,125	5,3385	3,0546	89,535	637,940
28,6	817,96	23 393,656	5,3479	3,0581	89,850	642,424
28,7	823,69	23 639,903	5,3572	3,0617	90,164	646,925
28,8	829,44	23 887,872	5,3666	3,0652	90,478	651,441
28,9	835,21	24 137,569	5,3759	3,0688	90,792	655,972
29,0	841,00	24 389,000	5,3852	3,0723	91,106	660,520
29,1	846,81	24 642,171	5,3944	3,0758	91,420	665,083
29,2	852,64	24 897,088	5,4037	3,0794	91,735	669,662
29,3	858,49	25 153,757	5,4129	3,0829	92,049	674,256
29,4	864,36	25 412,184	5,4222	3,0864	92,363	678,867
29,5	870,25	25 672,375	5,4314	3,0899	92,677	683,493
29,6	876,16	25 934,336	5,4406	3,0934	92,991	688,134
29,7	882,09	26 198,073	5,4498	3,0968	93,305	692,792
29,8	888,04	26 463,592	5,4589	3,1003	93,619	697,465
29,9	894,01	26 730,899	5,4681	3,1038	93,934	702,154
30,0	900,00	27 000,000	5,4772	3,1072	94,248	706,858

n	n^2	n^3	$\sqrt{n}$	$\sqrt[3]{n}$	$n \cdot \pi$	$\dfrac{n^2 \cdot \pi}{4}$
30,0	900,00	27 000,000	5,4772	3,1072	94,248	706,858
30,1	906,01	27 270,901	5,4863	3,1107	94,562	711,579
30,2	912,04	27 543,608	5,4955	3,1141	94,876	716,315
30,3	918,09	27 818,127	5,5045	3,1176	95,190	721,066
30,4	924,16	28 094,464	5,5136	3,1210	95,504	725,834
30,5	930,25	28 372,625	5,5227	3,1244	95,819	730,617
30,6	936,36	28 652,616	5,5317	3,1278	96,133	735,415
30,7	942,49	28 934,443	5,5408	3,1312	96,447	740,230
30,8	948,64	29 218,112	5,5498	3,1346	96,761	745,060
30,9	954,81	29 503,629	5,5588	3,1380	97,075	749,906
31,0	961,00	29 791,000	5,5678	3,1414	97,389	754,768
31,1	967,21	30 080,231	5,5767	3,1448	97,704	759,645
31,2	973,44	30 371,328	5,5857	3,1481	98,018	764,538
31,3	979,69	30 664,297	5,5946	3,1515	98,332	769,447
31,4	985,96	30 959,144	5,6036	3,1548	98,646	774,371
31,5	992,25	31 255,875	5,6125	3,1582	98,960	779,311
31,6	998,56	31 554,496	5,6214	3,1615	99,274	784,267
31,7	1004,89	31 855,013	5,6303	3,1648	99,588	789,239
31,8	1011,24	32 157,432	5,6391	3,1682	99,903	794,226
31,9	1017,61	32 461,759	5,6480	3,1715	100,22	799,229
32,0	1024 00	32 768,000	5,6569	3,1748	100,53	804,248
32,1	1030,41	33 076,161	5,6657	3,1781	100,85	809,282
32,2	1036,84	33 386,248	5,6745	3,1814	101,16	814,332
32,3	1043,29	33 698,267	5,6833	3,1847	101,47	819,398
32,4	1049,76	34 012,224	5,6921	3,1880	101,79	824,480
32,5	1056,25	34 328,125	5,7009	3,1913	102,10	829,577
32,6	1062,76	34 645,976	5,7096	3,1945	102,42	834,690
32,7	1069,29	34 965,783	5,7184	3,1978	102,73	839,818
32,8	1075,84	35 287,552	5,7271	3,2010	103,04	844,963
32,9	1082,41	35 611,289	5,7359	3,2043	103,36	850,123
33,0	1089,00	35 937,000	5,7446	3,2075	103,67	855,299
33,1	1095,61	36 264,691	5,7533	3,2108	103,99	860,490
33,2	1102,24	36 594,368	5,7619	3,2140	104,30	865,697
33,3	1108,89	36 926,037	5,7706	3,2172	104,62	870,920
33,4	1115,56	37 259,704	5,7792	3,2204	104,93	876,159
33,5	1122,25	37 595,375	5,7879	3,2237	105,24	881,413
33,6	1128,96	37 933,056	5,7966	3,2269	105,56	886,683
33,7	1135,69	38 272,753	5,8052	3,2301	105,87	891,969
33,8	1142,44	38 614,472	5,8138	3,2332	106,19	897,270
33,9	1149,21	38 958,219	5,8224	3,2364	106,50	902,587
34,0	1156,00	39 304,000	5,8310	3,2396	106,81	907,920
34,1	1162,81	39 651,821	5,8395	3,2428	107,13	913,269
34,2	1169,64	40 001,688	5,8481	3,2460	107,44	918,633
34,3	1176,49	40 353,607	5,8566	3,2491	107,76	924,013
34,4	1183,36	40 707,584	5,8652	3,2523	108,07	929,409
34,5	1190,25	41 063,625	5,8737	3,2554	108,38	934,820
34,6	1197,16	41 421,736	5,8822	3,2586	108,70	940,247
34,7	1204,09	41 781,923	5,8907	3,2617	109,01	945,690
34,8	1211,04	42 144,192	5,8992	3,2648	109,33	951,149
34,9	1218,01	42 508,549	5,9076	3,2679	109,64	956,623
35,0	1225,00	42 875,000	5,9161	3,2711	109,96	962,113

n	n^2	n^3	$\sqrt{n}$	$\sqrt[3]{n}$	$n \cdot \pi$	$\dfrac{n^2 \cdot \pi}{4}$
35,0	1225,00	42 875,000	5,9161	3,2711	109,96	962,113
35,1	1232,01	43 243,551	5,9245	3,2742	110,27	967,618
35,2	1239,04	43 614,208	5,9330	3,2773	110,58	973,140
35,3	1246,09	43 986,977	5,9414	3,2804	110,90	978,677
35,4	1253,16	44 361,864	5,9498	3,2835	111,21	984,230
35,5	1260,25	44 738,875	5,9582	3,2866	111,53	989,798
35,6	1267,36	45 118,016	5,9666	3,2897	111,84	995,382
35,7	1274,49	45 499,293	5,9749	3,2927	112,15	1000,98
35,8	1281,64	45 882,712	5,9833	3,2958	112,47	1006,60
35,9	1288,81	46 268,279	5,9917	3,2989	112,78	1012,23
36,0	1296,00	46 656,000	6,0000	3,3019	113,10	1017,88
36,1	1303,21	47 045,881	6,0083	3,3050	113,41	1023,54
36,2	1310,44	47 437,928	6,0116	3,3080	113,73	1029,22
36,3	1317,69	47 832,147	6,0249	3,3111	114,04	1034,91
36,4	1324,96	48 228,544	6,0332	3,3141	114,35	1040,62
36,5	1332,25	48 627,125	6,0415	3,3171	114,67	1046,35
36,6	1339,56	49 027,896	6,0498	3,3202	114,98	1052,09
36,7	1346,89	49 430,863	6,0581	3,3232	115,30	1057,84
36,8	1354,24	49 836,032	6,0663	3,3262	115,61	1063,62
36,9	1361,61	50 243,409	6,0745	3,3292	115,92	1069,41
37,0	1369,00	50 653,000	6,0828	3,3322	116,24	1075,21
37,1	1376,41	51 064,811	6,0910	3,3352	116,55	1081,03
37,2	1383,84	51 478,848	6,0992	3,3382	116,87	1086,87
37,3	1391,29	51 895,117	6,1074	3,3412	117,18	1092,72
37,4	1398,76	52 313,624	6,1156	3,3442	117,50	1098,58
37,5	1406,25	52 734,375	6,1237	3,3472	117,81	1104,47
37,6	1413,76	53 157,376	6,1319	3,3501	118,12	1110,36
37,7	1421,29	53 582,633	6,1400	3,3531	118,44	1116,28
37,8	1428,84	54 010,152	6,1482	3,3561	118,75	1122,21
37,9	1436,41	54 439,939	6,1563	3,3590	119,07	1128,15
38,0	1444,00	54 872,000	6,1644	3,3620	119,38	1134,11
38,1	1451,61	55 306,341	6,1725	3,3649	119,69	1140,09
38,2	1459,24	55 742,968	6,1806	3,3679	120,01	1146,08
38,3	1466,89	56 181,887	6,1887	3,3708	120,32	1152,09
38,4	1474,56	56 623,104	6,1968	3,3737	120,64	1158,12
38,5	1482,25	57 066,625	6,2048	3,3767	120,95	1164,16
38,6	1489,96	57 512,456	6,2129	3,3796	121,27	1170,21
38,7	1497,69	57 960,603	6,2209	3,3825	121,58	1176,28
38,8	1505,44	58 411,072	6,2290	3,3854	121,89	1182,37
38,9	1513,21	58 863,869	6,2370	3,3883	122,21	1188,47
39,0	1521,00	59 319,000	6,2450	3,3912	122,52	1194,59
39,1	1528,81	59 776,471	6,2530	3,3941	122,84	1200,72
39,2	1536,64	60 236,288	6,2610	3,3970	123,15	1206,87
39,3	1544,49	60 698,457	6,2690	3,3999	123,46	1213,04
39,4	1552,36	61 162,984	6,2769	3,4028	123,78	1219,22
39,5	1560,25	61 629,875	6,2849	3,4056	124,09	1225,42
39,6	1568,16	62 099,136	6,2929	3,4085	124,41	1231,63
39,7	1576,09	62 570,773	6,3008	3,4114	124,72	1237,86
39,8	1584,04	63 044,792	6,3087	3,4142	125,04	1244,10
39,9	1592,01	63 521,199	6,3166	3,4171	125,35	1250,36
40,0	1600,00	64 000,000	6,3246	3,4200	125,66	1256,64

40—45						
n	n^2	n^3	$\sqrt{n}$	$\sqrt[3]{n}$	$n \cdot \pi$	$\dfrac{n^2 \cdot \pi}{4}$
40,0	1600,00	64 000,000	6,3246	3,4200	125,66	1256,64
40,1	1608,01	64 481,201	6,3325	3,4228	125,98	1262,93
40,2	1616,04	64 964,808	6,3403	3,4256	126,29	1269,23
40,3	1624,09	65 450,827	6,3482	3,4285	126,61	1275,56
40,4	1632,16	65 939,264	6,3561	3,4313	126,92	1281,90
40,5	1640,25	66 430,125	6,3640	3,4341	127,23	1288,25
40,6	1648,36	66 923,416	6,3718	3,4370	127,55	1294,62
40,7	1656,49	67 419,143	6,3797	3,4398	127,86	1301,00
40,8	1664,64	67 917,312	6,3875	3,4426	128,18	1307,41
40,9	1672,81	68 417,929	6,3953	3,4454	128,49	1313,82
41,0	1681,00	68 921,000	6,4031	3,4482	128,81	1320,25
41,1	1689,21	69 426,531	6,4109	3,4510	129,12	1326,70
41,2	1697,44	69 934,528	6,4187	3,4538	129,43	1333,17
41,3	1705,69	70 444,997	6,4265	3,4566	129,75	1339,65
41,4	1713,96	70 957,944	6,4343	3,4594	130,06	1346,14
41,5	1722,25	71 473,375	6,4420	3,4622	130,38	1352,65
41,6	1730,56	71 991,296	6,4498	3,4650	130,69	1359,18
41,7	1738,89	72 511,713	6,4576	3,4677	131,00	1365,72
41,8	1747,24	73 034,623	6,4653	3,4705	131,32	1372,28
41,9	1755,61	73 560,059	6,4730	3,4733	131,63	1378,85
42,0	1764,00	74 088,000	6,4807	3,4760	131,95	1385,44
42,1	1772,41	74 618,461	6,4885	3,4788	132,26	1392,05
42,2	1780,84	75 151,448	6,4961	3,4815	132,58	1398,67
42,3	1789,29	75 686,967	6,5038	3,4843	132,89	1405,31
42,4	1797,76	76 225,024	6,5115	3,4870	133,20	1411,96
42,5	1806,25	76 765,625	6,5192	3,4898	133,52	1418,63
42,6	1814,76	77 308,776	6,5269	3,4925	133,83	1425,31
42,7	1823,29	77 854,483	6,5345	3,4952	134,15	1432,01
42,8	1831,84	78 402,752	6,5422	3,4980	134,46	1438,72
42,9	1840,41	78 953,589	6,5498	3,5007	134,77	1445,45
43,0	1849,00	79 507,000	6,5574	3,5034	135,09	1452,20
43,1	1857,61	80 062,991	6,5651	3,5061	135,40	1458,96
43,2	1866,24	80 621,568	6,5727	3,5088	135,72	1465,74
43,3	1874,89	81 182,737	6,5803	3,5115	136,03	1472,54
43,4	1883,56	81 746,504	6,5879	3,5142	136,35	1479,34
43,5	1892,25	82 312,875	6,5955	3,5169	136,66	1486,17
43,6	1900,96	82 881,856	6,6030	3,5196	136,97	1493,01
43,7	1909,69	83 453,453	6,6106	3,5223	137,29	1499,87
43,8	1918,44	84 027,672	6,6182	3,5250	137,60	1506,74
43,9	1927,21	84 604,519	6,6257	3,5277	137,92	1513,63
44,0	1936,00	85 184,000	6,6332	3,5303	138,23	1520,53
44,1	1944,81	85 766,121	6,6408	3,5330	138,54	1527,45
44,2	1953,64	86 350,888	6,6483	3,5357	138,86	1534,39
44,3	1962,49	86 938,307	6,6558	3,5384	139,17	1541,34
44,4	1971,36	87 528,384	6,6633	3,5410	139,49	1548,30
44,5	1980,25	88 121,125	6,6708	3,5437	139,80	1555,28
44,6	1989,16	88 716,536	6,6783	3,5463	140,12	1562,28
44,7	1998,09	89 314,623	6,6858	3,5490	140,43	1569,30
44,8	2007,04	89 915,392	6,6933	3,5516	140,74	1576,33
44,9	2016,01	90 518,849	6,7007	3,5543	141,06	1583,37
45,0	2025,00	91 125,000	6,7082	3,5569	141,37	1590,43

n	n^2	n^3	$\sqrt{n}$	$\sqrt[3]{n}$	$n \cdot \pi$	$\dfrac{n^2 \cdot \pi}{4}$
			45—50			
45,0	2025,00	91 125,000	6,7082	3,5569	141,37	1590,43
45,1	2034,01	91 733,851	6,7157	3,5595	141,69	1597,51
45,2	2043,04	92 345,408	6,7231	3,5622	142,00	1604,60
45,3	2052,09	92 959,677	6,7305	3,5648	142,31	1611,71
45,4	2061,16	93 576,664	6,7380	3,5674	142,63	1618,83
45,5	2070,25	94 196,375	6,7454	3,5700	142,94	1625,97
45,6	2079,36	94 818,816	6,7528	3,5726	143,26	1633,13
45,7	2088,49	95 443,993	6,7602	3,5752	143,57	1640,30
45,8	2097,64	96 071,912	6,7676	3,5778	143,88	1647,48
45,9	2106,81	96 702,579	6,7750	3,5803	144,20	1654,68
46,0	2116,00	97 336,000	6,7823	3,5830	144,51	1661,90
46,1	2125,21	97 972,181	6,7897	3,5856	144,83	1669,14
46,2	2134,44	98 611,128	6,7971	3,5882	145,14	1676,39
46,3	2143,69	99 252,847	6,8044	3,5908	145,46	1683,65
46,4	2152,96	99 897,344	6,8118	3,5934	145,77	1690,93
46,5	2162,25	100 544,625	6,8191	3,5960	146,08	1698,23
46,6	2171,56	101 194,696	6,8264	3,5986	146,40	1705,54
46,7	2180,89	101 847,563	6,8337	3,6011	146,71	1712,87
46,8	2190,24	102 503,232	6,8411	3,6037	147,03	1720,21
46,9	2199,61	103 161,709	6,8484	3,6063	147,34	1727,57
47,0	2209,00	103 823,000	6,8557	3,6088	147,65	1734,94
47,1	2218,41	104 487,111	6,8629	3,6114	147,97	1742,34
47,2	2227,84	105 154,048	6,8702	3,6139	148,28	1749,74
47,3	2237,29	105 823,817	6,8775	3,6165	148,60	1757,16
47,4	2246,76	106 496,424	6,8848	3,6190	148,91	1764,60
47,5	2256,25	107 171,875	6,8920	3,6216	149,23	1772,05
47,6	2265,76	107 850,176	6,8993	3,6241	149,54	1779,52
47,7	2275,29	108 531,333	6,9065	3,6267	149,85	1787,01
47,8	2284,84	109 215,352	6,9138	3,6292	150,17	1794,51
47,9	2294,41	109 902,239	6,9209	3,6317	150,48	1802,03
48,0	2304,00	110 592,000	6,9282	3,6342	150,80	1809,56
48,1	2313,61	111 284,641	6,9354	3,6368	151,11	1817,11
48,2	2323,24	111 980,168	6,9426	3,6393	151,42	1824,67
48,3	2332,89	112 678,587	6,9498	3,6418	151,74	1832,25
48,4	2342,56	113 379,904	6,9570	3,6443	152,05	1839,84
48,5	2352,25	114 084,125	6,9642	3,6468	152,37	1847,45
48,6	2361,96	114 791,256	6,9714	3,6493	152,68	1855,08
48,7	2371,69	115 501,303	6,9785	3,6518	153,00	1862,72
48,8	2381,44	116 214,272	6,9857	3,6543	153,31	1870,38
48,9	2391,21	116 930,169	6,9929	3,6568	153,62	1878,05
49,0	2401,00	117 649,000	7,0000	3,6593	153,94	1885,74
49,1	2410,81	118 370,771	7,0071	3,6618	154,25	1893,45
49,2	2420,64	119 095,488	7,0143	3,6643	154,57	1901,17
49,3	2430,49	119 823,157	7,0214	3,6668	154,88	1908,90
49,4	2440,36	120 553,784	7,0285	3,6692	155,19	1916,65
49,5	2450,25	121 287,375	7,0356	3,6717	155,51	1924,42
49,6	2460,16	122 023,936	7,0427	3,6742	155,82	1932,21
49,7	2470,09	122 763,473	7,0498	3,6767	156,14	1940,00
49,8	2480,04	123 505,992	7,0569	3,6791	156,45	1947,82
49,9	2490,01	124 251,499	7,0640	3,6816	156,77	1955,65
50,0	2500,00	125 000,000	7,0711	3,6840	157,08	1963,50

			$50-55$			
n	n^2	n^3	$\sqrt{n}$	$\sqrt[3]{n}$	$n \cdot \pi$	$\dfrac{n^2 \cdot \pi}{4}$
50,0	2500,00	125 000,000	7,0711	3,6840	157,08	1963,50
50,1	2510,01	125 751,501	7,0781	3,6865	157,39	1971,36
50,2	2520,04	126 506,008	7,0852	3,6889	157,71	1979,23
50,3	2530,09	127 263,527	7,0922	3,6914	158,02	1987,13
50,4	2540,16	128 024,064	7,0993	3,6938	158,34	1995,04
50,5	2550,25	128 787,625	7,1063	3,6963	158,65	2002,96
50,6	2560,36	129 554,216	7,1134	3,6987	158,96	2010,90
50,7	2570,49	130 323,843	7,1204	3,7011	159,28	2018,86
50,8	2580,64	131 096,512	7,1274	3,7036	159,59	2026,83
50,9	2590,81	131 872,229	7,1344	3,7060	159,91	2034,82
51,0	2601,00	132 651,000	7,1414	3,7084	160,22	2042,82
51,1	2611,21	133 432,831	7,1484	3,7109	160,54	2050,84
51,2	2621,44	134 217,728	7,1554	3,7133	160,85	2058,87
51,3	2631,69	135 005,697	7,1624	3,7157	161,16	2066,92
51,4	2641,96	135 796,744	7,1694	3,7181	161,48	2074,99
51,5	2652,25	136 590,875	7,1764	3,7205	161,79	2083,07
51,6	2662,56	137 388,096	7,1833	3,7229	162,11	2091,17
51,7	2672,89	138 188,413	7,1903	3,7253	162,42	2099,28
51,8	2683,24	138 991,832	7,1972	3,7277	162,73	2107,41
51,9	2693,61	139 798,359	7,2042	3,7301	163,05	2115,56
52,0	2704,00	140 608,000	7,2111	3,7325	163,36	2123,72
52,1	2714,41	141 420,761	7,2180	3,7349	163,68	2131,89
52,2	2724,84	142 236,648	7,2250	3,7373	163,99	2140,08
52,3	2735,29	143 055,667	7,2319	3,7397	164,31	2148,29
52,4	2745,76	143 877,824	7,2388	3,7421	164,62	2156,51
52,5	2756,25	144 703,125	7,2457	3,7444	164,93	2164,75
52,6	2766,76	145 531,576	7,2526	3,7468	165,25	2173,01
52,7	2777,29	146 363,183	7,2595	3,7492	165,56	2181,28
52,8	2787,84	147 197,952	7,2664	3,7516	165,88	2189,56
52,9	2798,41	148 035,889	7,2732	3,7539	166,19	2197,87
53,0	2809,00	148 877,000	7,2801	3,7563	166,50	2206,18
53,1	2819,61	149 721,291	7,2870	3,7586	166,82	2214,52
53,2	2830,24	150 568,768	7,2938	3,7610	167,13	2222,87
53,3	2840,89	151 419,437	7,3007	3,7634	167,45	2231,23
53,4	2851,56	152 273,304	7,3075	3,7657	167,76	2239,61
53,5	2862,25	153 130,375	7,3144	3,7681	168,08	2248,01
53,6	2872,96	153 990,656	7,3212	3,7704	168,39	2256,42
53,7	2883,69	154 854,153	7,3280	3,7728	168,70	2264,84
53,8	2894,44	155 720,872	7,3348	3,7751	169,02	2273,29
53,9	2905,21	156 590,819	7,3417	3,7774	169,33	2281,75
54,0	2916,00	157 464,000	7,3485	3,7798	169,65	2290,22
54,1	2926,81	158 340,421	7,3553	3,7821	169,96	2298,71
54,2	2937,64	159 220,088	7,3621	3,7844	170,27	2307,22
54,3	2948,49	160 103,007	7,3689	3,7868	170,59	2315,74
54,4	2959,36	160 989,184	7,3756	3,7891	170,90	2324,28
54,5	2970,25	161 878,625	7,3824	3,7914	171,22	2332,83
54,6	2981,16	162 771,336	7,3892	3,7937	171,53	2341,40
54,7	2992,09	163 667,323	7,3959	3,7960	171,85	2349,98
54,8	3003,04	164 566,592	7,4027	3,7983	172,16	2358,58
54,9	3014,01	165 469,149	7,4095	3,8006	172,47	2367,20
55,0	3025,00	166 375,000	7,4162	3,8030	172,79	2375,83

				55—60		

n	n^2	n^3	$\sqrt{n}$	$\sqrt[3]{n}$	$n \cdot \pi$	$\dfrac{n^2 \cdot \pi}{4}$
55,0	3025,00	166 375,000	7,4162	3,8030	172,79	2375,83
55,1	3036,01	167 284,151	7,4229	3,8053	173,10	2384,48
55,2	3047,04	168 196,608	7,4297	3,8076	173,42	2393,14
55,3	3058,09	169 112,377	7,4364	3,8099	173,73	2401,82
55,4	3069,16	170 031,464	7,4431	3,8121	174,04	2410,51
55,5	3080,25	170 953,875	7,4498	3,8144	174,36	2419,22
55,6	3091,36	171 879,616	7,4565	3,8167	174,67	2427,95
55,7	3102,49	172 808,693	7,4632	3,8190	174,99	2436,69
55,8	3113,64	173 741,112	7,4699	3,8213	175,30	2445,45
55,9	3124,81	174 676,879	7,4766	3,8236	175,62	2454,22
56,0	3136,00	175 616,000	7,4833	3,8259	175,93	2463,01
56,1	3147,21	176 558,481	7,4900	3,8281	176,24	2471,81
56,2	3158,44	177 504,328	7,4967	3,8304	176,56	2480,63
56,3	3169,69	178 453,517	7,5033	3,8327	176,87	2489,47
56,4	3180,96	179 406,144	7,5100	3,8349	177,19	2498,32
56,5	3192,25	180 362,125	7,5166	3,8372	177,50	2507,19
56,6	3203,56	181 321,496	7,5233	3,8395	177,81	2516,07
56,7	3214,89	182 284,263	7,5299	3,8417	178,13	2524,97
56,8	3226,24	183 250,432	7,5366	3,8440	178,44	2533,88
56,9	3237,61	184 220,009	7,5432	3,8462	178,76	2542,81
57,0	3249,00	185 193,000	7,5498	3,8485	179,07	2551,76
57,1	3260,41	186 169,411	7,5565	3,8508	179,38	2560,72
57,2	3271,84	187 149,248	7,5631	3,8530	179,70	2569,70
57,3	3283,29	188 132,517	7,5697	3,8552	180,01	2578,69
57,4	3294,76	189 119,224	7,5763	3,8575	180,33	2587,70
57,5	3306,25	190 109,375	7,5829	3,8597	180,64	2596,72
57,6	3317,76	191 102,976	7,5895	3,8620	180,96	2605,76
57,7	3329,29	192 100,033	7,5961	3,8642	181,27	2614,82
57,8	3340,84	193 100,552	7,6026	3,8664	181,58	2623,89
57,9	3352,41	194 104,539	7,6092	3,8687	181,90	2632,98
58,0	3364,00	195 112,000	7,6158	3,8709	182,21	2642,08
58,1	3375,61	196 122,941	7,6223	3,8731	182,53	2651,20
58,2	3387,24	197 137,368	7,6289	3,8753	182,84	2660,33
58,3	3398,89	198 155,287	7,6354	3,8775	183,15	2669,48
58,4	3410,56	199 176,704	7,6420	3,8798	183,47	2678,65
58,5	3422,25	200 201,625	7,6485	3,8820	183,78	2687,83
58,6	3433,96	201 230,056	7,6551	3,8842	184,10	2697,03
58,7	3445,69	202 262,003	7,6616	3,8864	184,41	2706,24
58,8	3457,44	203 297,472	7,6681	3,8886	184,73	2715,47
58,9	3469,21	204 336,469	7,6746	3,8908	185,04	2724,71
59,0	3481,00	205 379,000	7,6811	3,8930	185,35	2733,97
59,1	3492,81	206 425,071	7,6877	3,8952	185,67	2743,25
59,2	3504,64	207 474,688	7,6942	3,8974	185,98	2752,54
59,3	3516,49	208 527,857	7,7006	3,8996	186,30	2761,84
59,4	3528,36	209 584,584	7,7071	3,9018	186,61	2771,17
59,5	3540,25	210 644,875	7,7136	3,9040	186,92	2780,51
59,6	3552,16	211 708,736	7,7201	3,9061	187,24	2789,86
59,7	3564,09	212 776,173	7,7266	3,9083	187,55	2799,23
59,8	3576,04	213 847,191	7,7330	3,9105	187,87	2808,62
59,9	3588,01	214 921,799	7,7395	3,9127	188,18	2818,02
60,0	3600,00	216 000,000	7,7460	3,9149	188,50	2827,43

				60—65		
n	n^2	n^3	$\sqrt{n}$	$\sqrt[3]{n}$	$n \cdot \pi$	$\dfrac{n^2 \cdot \pi}{4}$
60,0	3600,00	216 000,000	7,7460	3,9149	188,50	2827,43
60,1	3612,01	217 081,801	7,7524	3,9170	188,81	2836,87
60,2	3624,04	218 167,208	7,7589	3,9192	189,12	2846,31
60,3	3636,09	219 256,227	7,7653	3,9214	189,44	2855,78
60,4	3648,16	220 348,864	7,7717	3,9235	189,75	2865,26
60,5	3660,25	221 445,125	7,7782	3,9257	190,07	2874,75
60,6	3672,36	222 545,016	7,7846	3,9279	190,38	2884,26
60,7	3684,49	223 648,543	7,7910	3,9300	190,69	2893,79
60,8	3696,64	224 755,712	7,7974	3,9322	191,01	2903,33
60,9	3708,81	225 866,529	7,8038	3,9343	191,32	2912,89
61,0	3721,00	226 981,000	7,8102	3,9365	191,64	2922,47
61,1	3733,21	228 099,131	7,8166	3,9386	191,95	2932,06
61,2	3745,44	229 220,928	7,8230	3,9408	192,27	2941,66
61,3	3757,69	230 346,397	7,8294	3,9429	192,58	2951,28
61,4	3769,96	231 475,544	7,8358	3,9451	192,89	2960,92
61,5	3782,25	232 608,375	7,8422	3,9472	193,21	2970,57
61,6	3794,56	233 744,896	7,8486	3,9494	193,52	2980,24
61,7	3806,89	234 885,113	7,8549	3,9515	193,84	2989,92
61,8	3819,24	236 029,032	7,8613	3,9536	194,15	2999,62
61,9	3831,61	237 176,659	7,8677	3,9558	194,46	3009,34
62,0	3844,00	238 328,000	7,8740	3,9579	194,78	3019,07
62,1	3856,41	239 483,061	7,8804	3,9600	195,09	3028,82
62,2	3868,84	240 641,848	7,8867	3,9621	195,41	3038,58
62,3	3881,29	241 804,367	7,8930	3,9643	195,72	3048,36
62,4	3893,76	242 970,624	7,8994	3,9664	196,04	3058,15
62,5	3906,25	244 140,625	7,9057	3,9685	196,35	3067,96
62,6	3918,76	245 314,376	7,9120	3,9706	196,66	3077,79
62,7	3931,29	246 491,883	7,9183	3,9727	196,98	3087,63
62,8	3943,84	247 673,152	7,9246	3,9748	197,29	3097,48
62,9	3956,41	248 858,189	7,9310	3,9770	197,61	3107,36
63,0	3969,00	250 047,000	7,9373	3,9791	197,92	3117,25
63,1	3981,61	251 239,591	7,9436	3,9812	198,23	3127,15
63,2	3994,24	252 435,968	7,9498	3,9833	198,55	3137,07
63,3	4006,89	253 636,137	7,9561	3,9854	198,86	3147,00
63,4	4019,56	254 840,104	7,9624	3,9875	199,18	3156,96
63,5	4032,25	256 047,875	7,9687	3,9896	199,49	3166,92
63,6	4044,96	257 259,456	7,9750	3,9916	199,81	3176,90
63,7	4057,69	258 474,853	7,9812	3,9937	200,12	3186,90
63,8	4070,44	259 694,072	7,9875	3,9958	200,43	3196,92
63,9	4083,21	260 917,119	7,9937	3,9979	200,75	3206,95
64,0	4096,00	262 144,000	8,0000	4,0000	201,06	3216,99
64,1	4108,81	263 374,721	8,0062	4,0021	201,38	3227,05
64,2	4121,64	264 609,288	8,0125	4,0042	201,69	3237,13
64,3	4134,49	265 847,707	8,0187	4,0062	202,00	3247,22
64,4	4147,36	267 089,984	8,0250	4,0083	202,32	3257,33
64,5	4160,25	268 336,125	8,0312	4,0104	202,63	3267,45
64,6	4173,16	269 586,136	8,0374	4,0125	202,95	3277,59
64,7	4186,09	270 840,023	8,0436	4,0145	203,26	3287,75
64,8	4199,04	272 097,792	8,0498	4,0166	203,58	3297,92
64,9	4212,01	273 359,449	8,0561	4,0187	203,89	3308,10
65,0	4225,00	274 625,000	8,0623	4,0207	204,20	3318,31

n	n^2	n^3	$\sqrt{n}$	$\sqrt[3]{n}$	$n \cdot \pi$	$\dfrac{n^2 \cdot \pi}{4}$
65,0	4225,00	274 625,000	8,0623	4,0207	204,20	3318,31
65,1	4238,01	275 894,451	8,0685	4,0228	204,52	3328,53
65,2	4251,04	277 167,808	8,0747	4,0248	204,83	3338,76
65,3	4264,09	278 445,077	8,0808	4,0269	205,15	3349,01
65,4	4277,16	279 726,264	8,0870	4,0290	205,46	3359,27
65,5	4290,25	281 011,375	8,0932	4,0310	205,78	3369,55
65,6	4303,36	282 300,416	8,0994	4,0331	206,09	3379,85
65,7	4316,49	283 593,393	8,1056	4,0351	206,40	3390,16
65,8	4329,64	284 890,312	8,1117	4,0372	206,72	3400,49
65,9	4342,81	286 191,179	8,1179	4,0392	207,03	3410,83
66,0	4356,00	287 496,000	8,1240	4,0412	207,35	3421,19
66,1	4369,21	288 804,781	8,1302	4,0433	207,66	3431,57
66,2	4382,44	290 117,528	8,1363	4,0453	207,97	3441,96
66,3	4395,69	291 434,247	8,1425	4,0474	208,29	3452,37
66,4	4408,96	292 754,944	8,1486	4,0494	208,60	3462,79
66,5	4422,25	294 079,625	8,1548	4,0514	208,92	3473,23
66,6	4435,56	295 408,296	8,1609	4,0534	209,23	3483,68
66,7	4448,89	296 740,963	8,1670	4,0555	209,54	3494,15
66,8	4462,24	298 077,632	8,1731	4,0575	209,86	3504,64
66,9	4475,61	299 418,309	8,1792	4,0595	210,17	3515,14
67,0	4489,00	300 763,000	8,1854	4,0615	210,49	3525,65
67,1	4502,41	302 111,711	8,1915	4,0636	210,80	3536,18
67,2	4515,84	303 464,448	8,1976	4,0656	211,12	3546,73
67,3	4529,29	304 821,217	8,2037	4,0670	211,43	3557,30
67,4	4542,76	306 182,024	8,2098	4,0696	211,74	3567,88
67,5	4556,25	307 546,875	8,2158	4,0716	212,06	3578,47
67,6	4569,76	308 915,776	8,2219	4,0736	212,37	3589,08
67,7	4583,29	310 288,733	8,2280	4,0756	212,69	3599,71
67,8	4596,84	311 665,752	8,2341	4,0776	213,00	3610,35
67,9	4610,41	313 046,839	8,2401	4,0797	213,31	3621,01
68,0	4624,00	314 432,000	8,2462	4,0817	213,63	3631,68
68,1	4637,61	315 821,241	8,2523	4,0837	213,94	3642,37
68,2	4651,24	317 214,568	8,2583	4,0857	214,26	3653,08
68,3	4664,89	318 611,987	8,2644	4,0877	214,57	3663,80
68,4	4678,56	320 013,504	8,2704	4,0896	214,88	3674,53
68,5	4692,25	321 419,125	8,2765	4,0916	215,20	3685,28
68,6	4705,96	322 828,856	8,2825	4,0936	215,51	3696,05
68,7	4719,69	324 242,703	8,2885	4,0956	215,83	3706,84
68,8	4733,44	325 660,672	8,2946	4,0976	216,14	3717,64
68,9	4747,21	327 082,769	8,3006	4,0996	216,46	3728,45
69,0	4761,00	328 509,000	8,3066	4,1016	216,77	3739,28
69,1	4774,81	329 939,371	8,3126	4,1035	217,08	3750,13
69,2	4788,64	331 373,888	8,3187	4,1055	217,40	3760,99
69,3	4802,49	332 812,557	8,3247	4,1075	217,71	3771,87
69,4	4816,36	334 255,384	8,3307	4,1095	218,03	3782,76
69,5	4830,25	335 702,375	8,3367	4,1114	218,34	3793,67
69,6	4844,16	337 153,536	8,3427	4,1134	218,65	3804,59
69,7	4858,09	338 608,873	8,3487	4,1154	218,97	3815,53
69,8	4872,04	340 068,392	8,3546	4,1174	219,28	3826,49
69,9	4886,01	341 532,099	8,3606	4,1193	219,60	3837,46
70,0	4900,00	343 000,000	8,3666	4,1213	219,91	3848,45

			70—75			
n	n^2	n^3	$\sqrt{n}$	$\sqrt[3]{n}$	$n \cdot \pi$	$\dfrac{n^2 \cdot \pi}{4}$
70,0	4900,00	343 000,000	8,3666	4,1213	219,91	3848,45
70,1	4914,01	344 472,101	8,3726	4,1232	220,23	3859,45
70,2	4928,04	345 948,408	8,3785	4,1252	220,54	3870,47
70,3	4942,09	347 428,927	8,3845	4,1272	220,85	3881,51
70,4	4956,16	348 913,664	8,3905	4,1291	221,17	3892,56
70,5	4970,25	350 402,625	8,3964	4,1311	221,48	3903,63
70,6	4984,36	351 895,816	8,4024	4,1330	221,80	3914,71
70,7	4998,49	353 393,243	8,4083	4,1350	222,11	3925,80
70,8	5012,64	354 894,912	8,4143	4,1369	222,42	3936,92
70,9	5026,81	356 400,829	8,4202	4,1389	222,74	3948,05
71,0	5041,00	357 911,000	8,4261	4,1408	223,05	3959,19
71,1	5055,21	359 425,431	8,4321	4,1428	223,37	3970,35
71,2	5069,44	360 944,128	8,4380	4,1447	223,68	3981,53
71,3	5083,69	362 467,097	8,4439	4,1466	224,00	3992,72
71,4	5097,96	363 994,344	8,4499	4,1486	224,31	4003,93
71,5	5112,25	365 525,875	8,4558	4,1505	224,62	4015,15
71,6	5126,56	367 061,696	8,4617	4,1524	224,94	4026,39
71,7	5140,89	368 601,813	8,4676	4,1544	225,25	4037,65
71,8	5155,24	370 146,232	8,4735	4,1563	225,57	4048,92
71,9	5169,61	371 694,959	8,4794	4,1582	225,88	4060,20
72,0	5184,00	373 248,000	8,4853	4,1602	226,19	4071,50
72,1	5198,41	374 805,361	8,4912	4,1621	226,51	4082,82
72,2	5212,84	376 367,048	8,4971	4,1640	226,82	4094,15
72,3	5227,29	377 933,067	8,5029	4,1659	227,14	4105,50
72,4	5241,76	379 503,424	8,5088	4,1679	227,45	4116,87
72,5	5256,25	381 078,125	8,5147	4,1698	227,77	4128,25
72,6	5270,76	382 657,176	8,5206	4,1717	228,08	4139,65
72,7	5285,29	384 240,583	8,5264	4,1736	228,39	4151,06
72,8	5299,84	385 828,352	8,5323	4,1755	228,71	4162,48
72,9	5314,41	387 420,489	8,5381	4,1774	229,02	4173,93
73,0	5329,00	389 017,000	8,5440	4,1793	229,34	4185,39
73,1	5343,61	390 617,891	8,5499	4,1812	229,65	4196,86
73,2	5358,24	392 223,168	8,5557	4,1832	229,96	4208,35
73,3	5372,89	393 832,837	8,5615	4,1851	230,28	4219,86
73,4	5387,56	395 446,904	8,5674	4,1870	230,59	4231,38
73,5	5402,25	397 065,375	8,5732	4,1889	230,91	4242,92
73,6	5416,96	398 688,256	8,5790	4,1908	231,22	4254,47
73,7	5431,69	400 315,553	8,5849	4,1927	231,54	4266,04
73,8	5446,44	401 947,272	8,5907	4,1946	231,85	4277,62
73,9	5461,21	403 583,419	8,5965	4,1964	232,16	4289,22
74,0	5476,00	405 224,000	8,6023	4,1983	232,48	4300,84
74,1	5490,81	406 869,021	8,6081	4,2002	232,79	4312,47
74,2	5505,64	408 518,488	8,6139	4,2021	233,11	4324,12
74,3	5520,49	410 172,407	8,6197	4,2040	233,42	4335,78
74,4	5535,36	411 830,784	8,6255	4,2059	233,73	4347,46
74,5	5550,25	413 493,625	8,6313	4,2078	234,05	4359,16
74,6	5565,16	415 160,936	8,6371	4,2097	234,36	4370,87
74,7	5580,09	416 832,723	8,6429	4,2115	234,68	4382,59
74,8	5595,04	418 508,992	8,6487	4,2134	234,99	4394,33
74,9	5610,01	420 189,749	8,6545	4,2153	235,31	4406,09
75,0	5625,00	421 875,000	8,6603	4,2172	235,62	4417,86

			75—80			
n	n^2	n^3	$\sqrt{n}$	$\sqrt[3]{n}$	$n \cdot \pi$	$\dfrac{n^2 \cdot \pi}{4}$
75,0	5625,00	421 875,000	8,6603	4,2172	235,62	4417,86
75,1	5640,01	423 564,751	8,6660	4,2190	235,93	4429,65
75,2	5655,04	425 259,008	8,6718	4,2209	236,25	4441,46
75,3	5670,09	426 957,777	8,6776	4,2228	236,56	4453,28
75,4	5685,15	428 661,064	8,6833	4,2246	236,88	4465,11
75,5	5700,25	430 368,875	8,6891	4,2265	237,19	4476,97
75,6	5715,36	432 081,216	8,6948	4,2284	237,50	4488,83
75,7	5730,49	433 798,093	8,7006	4,2302	237,82	4500,72
75,8	5745,64	435 519,512	8,7063	4,2321	238,13	4512,62
75,9	5760,81	437 245,479	8,7121	4,2340	238,45	4524,53
76,0	5776,00	438 976,000	8,7178	4,2358	238,76	4536,46
76,1	5791,21	440 711,081	8,7235	4,2377	239,08	4548,41
76,2	5806,44	442 450,728	8,7293	4,2395	239,39	4560,37
76,3	5821,69	444 194,947	8,7350	4,2414	239,70	4572,34
76,4	5836,96	445 943,744	8,7407	4,2432	240,02	4584,34
76,5	5852,25	447 697,125	8,7464	4,2451	240,33	4596,35
76,6	5867,56	449 455,096	8,7521	4,2469	240,65	4608,37
76,7	5882,89	451 217,663	8,7579	4,2488	240,96	4620,41
76,8	5898,24	452 984,832	8,7636	4,2506	241,27	4632,47
76,9	5913,61	454 756,609	8,7693	4,2525	241,59	4644,54
77,0	5929,00	456 533,000	8,7750	4,2543	241,90	4656,63
77,1	5944,41	458 314,011	8,7807	4,2562	242,22	4668,73
77,2	5959,84	460 099,648	8,7864	4,2580	242,53	4680,85
77,3	5975,29	461 889,917	8,7920	4,2598	242,85	4692,98
77,4	5990,76	463 684,824	8,7977	4,2617	243,16	4705,13
77,5	6006,25	465 484,375	8,8034	4,2635	243,47	4717,30
77,6	6021,76	467 288,576	8,8091	4,2653	243,79	4729,48
77,7	6037,29	469 097,433	8,8148	4,2672	244,10	4741,68
77,8	6052,84	470 910,952	8,8204	4,2690	244,42	4753,89
77,9	6068,41	472 729,139	8,8261	4,2708	244,73	4766,12
78,0	6084,00	474 552,000	8,8318	4,2727	245,04	4778,36
78,1	6099,61	476 379,541	8,8374	4,2745	245,36	4790,62
78,2	6115,24	478 211,768	8,8431	4,2763	245,67	4802,90
78,3	6130,89	480 048,687	8,8487	4,2781	245,99	4815,19
78,4	6146,56	481 890,304	8,8544	4,2799	246,30	4827,50
78,5	6162,25	483 736,625	8,8600	4,2818	246,62	4839,82
78,6	6177,96	485 587,656	8,8657	4,2836	246,93	4852,16
78,7	6193,69	487 443,403	8,8713	4,2854	247,24	4864,51
78,8	6209,44	489 303,872	8,8769	4,2872	247,56	4876,88
78,9	6225,21	491 169,069	8,8826	4,2890	247,87	4889,27
79,0	6241,00	493 039,000	8,8882	4,2908	248,19	4901,07
79,1	6256,81	494 913,671	8,8938	4,2927	248,50	4914,09
79,2	6272,64	496 793,088	8,8994	4,2945	248,81	4926,52
79,3	6288,49	498 677,257	8,9051	4,2963	249,13	4938,97
79,4	6304,36	500 566,184	8,9107	4,2981	249,44	4951,43
79,5	6320,25	502 459,875	8,9163	4,2999	249,76	4963,91
79,6	6336,16	504 358,336	8,9219	4,3017	250,07	4976,11
79,7	6352,09	506 261,573	8,9275	4,3035	250,38	4988,92
79,8	6368,04	508 169,592	8,9331	4,3053	250,70	5001,45
79,9	6384,01	510 082,399	8,9387	4,3071	251,01	5013,99
80,0	6400,00	512 000,000	8,9443	4,3089	251,33	5026,55

				80—85		
n	n^2	n^3	$\sqrt{n}$	$\sqrt[3]{n}$	$n \cdot \pi$	$\dfrac{n^2 \cdot \pi}{4}$
80,0	6400,00	512 000,000	8,9443	4,3089	251,33	5026,55
80,1	6416,01	513 922,401	8,9499	4,3107	251,64	5039,12
80,2	6432,04	515 849,608	8,9554	4,3125	251,96	5051,71
80,3	6448,09	517 781,627	8,9610	4,3143	252,27	5064,32
80,4	6464,16	519 718,464	8,9666	4,3160	252,58	5076,94
80,5	6480,25	521 660,125	8,9722	4,3178	252,90	5089,58
80,6	6496,36	523 606,616	8,9778	4,3196	253,21	5102,23
80,7	6512,49	525 557,943	8,9833	4,3214	253,53	5114,90
80,8	6528,64	527 514,112	8,9889	4,3232	253,84	5127,58
80,9	6544,81	529 475,129	8,9944	4,3250	254,15	5140,28
81,0	6561,00	531 441,000	9,0000	4,3267	254,47	5153,00
81,1	6577,21	533 411,731	9,0056	4,3285	254,78	5165,73
81,2	6593,44	535 387,328	9,0111	4,3303	255,10	5178,48
81,3	6609,69	537 367,797	9,0167	4,3321	255,41	5191,24
81,4	6625,96	539 353,144	9,0222	4,3339	255,73	5204,02
81,5	6642,25	541 343,375	9,0277	4,3356	256,04	5216,81
81,6	6658,56	543 338,496	9,0333	4,3374	256,35	5229,62
81,7	6674,89	545 338,513	9,0388	4,3392	256,67	5242,45
81,8	6691,24	547 343,432	9,0443	4,3409	256,98	5255,29
81,9	6707,61	549 353,259	9,0499	4,3427	257,30	5268,14
82,0	6724,00	551 368,000	9,0554	4,3445	257,61	5281,02
82,1	6740,41	553 387,661	9,0609	4,3463	257,92	5293,91
82,2	6756,84	555 412,248	9,0664	4,3480	258,24	5306,81
82,3	6773,29	557 441,767	9,0719	4,3498	258,55	5319,73
82,4	6789,76	559 476,224	9,0774	4,3515	258,87	5332,67
82,5	6806,25	561 515,625	9,0830	4,3533	259,18	5345,62
82,6	6822,76	563 559,976	9,0885	4,3551	259,50	5358,58
82,7	6839,29	565 609,283	9,0940	4,3568	259,81	5371,57
82,8	6855,84	567 663,552	9,0995	4,3586	260,12	5384,56
82,9	6872,41	569 722,789	9,1049	4,3603	260,44	5397,58
83,0	6889,00	571 787,000	9,1104	4,3621	260,75	5410,61
83,1	6905,61	573 856,191	9,1159	4,3638	261,07	5423,65
83,2	6922,24	575 930,368	9,1214	4,3656	261,38	5436,71
83,3	6938,89	578 009,537	9,1269	4,3673	261,69	5449,79
83,4	6955,56	580 093,704	9,1324	4,3691	262,01	5462,88
83,5	6972,25	582 182,875	9,1378	4,3708	262,32	5475,99
83,6	6988,96	584 277,056	9,1433	4,3726	262,64	5489,12
83,7	7005,69	586 376,253	9,1488	4,3743	262,95	5502,26
83,8	7022,44	588 480,472	9,1542	4,3760	263,27	5515,41
83,9	7039,21	590 589,719	9,1597	4,3778	263,58	5528,58
84,0	7056,00	592 704,000	9,1652	4,3795	263,89	5541,77
84,1	7072,81	594 823,321	9,1706	4,3813	264,21	5554,97
84,2	7089,64	596 947,688	9,1761	4,3830	264,52	5568,19
84,3	7106,49	599 077,107	9,1815	4,3847	264,84	5581,42
84,4	7123,36	601 211,584	9,1869	4,3865	265,15	5594,67
84,5	7140,25	603 351,125	9,1924	4,3882	265,46	5607,94
84,6	7157,16	605 495,736	9,1978	4,3899	265,78	5621,22
84,7	7174,09	607 645,423	9,2033	4,3917	266,09	5634,52
84,8	7191,04	609 800,192	9,2087	4,3934	266,41	5647,83
84,9	7208,01	611 960,049	9,2141	4,3951	266,72	5661,16
85,0	7225,00	614 125,000	9,2195	4,3968	267,04	5674,50

n	n^2	n^3	$\sqrt{n}$	$\sqrt[3]{n}$	$n \cdot \pi$	$\dfrac{n^2 \cdot \pi}{4}$
85,0	7225,00	614 125,000	9,2195	4,3968	267,04	5674,50
85,1	7242,01	616 295,051	9,2250	4,3986	267,35	5687,86
85,2	7259,04	618 470,208	9,2304	4,4003	267,66	5701,24
85,3	7276,09	620 650,477	9,2358	4,4020	267,98	5714,63
85,4	7293,16	622 835,864	9,2412	4,4037	268,29	5728,03
85,5	7310,25	625 026,375	9,2466	4,4054	268,61	5741,46
85,6	7327,36	627 222,016	9,2520	4,4072	268,92	5754,90
85,7	7344,49	629 422,793	9,2574	4,4089	269,23	5768,35
85,8	7361,64	631 628,712	9,2628	4,4106	269,55	5781,82
85,9	7378,81	633 839,779	9,2682	4,4123	269,86	5795,30
86,0	7396,00	636 056,000	9,2736	4,4140	270,18	5808,80
86,1	7413,21	638 277,381	9,2790	4,4157	270,49	5822,32
86,2	7430,44	640 503,928	9,2844	4,4174	270,81	5835,85
86,3	7447,69	642 735,647	9,2898	4,4191	271,12	5849,40
86,4	7464,96	644 972,544	9,2952	4,4208	271,43	5862,97
86,5	7482,25	647 214,625	9,3005	4,4225	271,75	5876,55
86,6	7499,56	649 461,896	9,3059	4,4242	272,06	5890,14
86,7	7516,89	651 714,363	9,3113	4,4259	272,38	5903,75
86,8	7534,24	653 972,032	9,3167	4,4276	272,69	5917,38
86,9	7551,61	656 234,909	9,3220	4,4293	273,00	5931,02
87,0	7569,00	658 503,000	9,3274	4,4310	273,32	5944,68
87,1	7586,41	660 776,311	9,3327	4,4327	273,63	5958,35
87,2	7603,84	663 054,848	9,3381	4,4344	273,95	5972,04
87,3	7621,29	665 338,617	9,3434	4,4361	274,26	5985,75
87,4	7638,76	667 627,624	9,3488	4,4378	274,58	5999,47
87,5	7656,25	669 921,875	9,3541	4,4395	274,89	6013,20
87,6	7673,76	672 221,376	9,3595	4,4412	275,20	6026,96
87,7	7691,29	674 526,133	9,3648	4,4429	275,52	6040,73
87,8	7708,84	676 836,152	9,3702	4,4446	275,83	6054,51
87,9	7726,41	679 151,439	9,3755	4,4463	276,15	6068,31
88,0	7744,00	681 472,000	9,3808	4,4480	276,46	6082,12
88,1	7761,61	683 797,841	9,3862	4,4496	276,77	6095,95
88,2	7779,24	686 128,968	9,3915	4,4513	277,09	6109,80
88,3	7796,89	688 465,387	9,3968	4,4530	277,40	6123,66
88,4	7814,56	690 807,104	9,4021	4,4547	277,72	6137,54
88,5	7832,25	693 154,125	9,4074	4,4564	278,03	6151,43
88,6	7849,96	695 506,456	9,4128	4,4580	278,35	6165,34
88,7	7867,69	697 864,103	9,4181	4,4597	278,66	6179,27
88,8	7885,44	700 227,072	9,4234	4,4614	278,97	6193,21
88,9	7903,21	702 595,369	9,4287	4,4630	279,29	6207,17
89,0	7921,00	704 969,000	9,4340	4,4647	279,60	6221,14
89,1	7938,81	707 347,971	9,4393	4,4664	279,92	6235,13
89,2	7956,64	709 732,288	9,4446	4,4681	280,23	6249,13
89,3	7974,49	712 121,957	9,4499	4,4698	280,54	6263,15
89,4	7992,36	714 516,984	9,4552	4,4714	280,86	6277,18
89,5	8010,25	716 917,375	9,4604	4,4731	281,17	6291,24
89,6	8028,16	719 323,136	9,4657	4,4748	281,49	6305,30
89,7	8046,09	721 734,273	9,4710	4,4764	281,80	6319,38
89,8	8064,04	724 150,792	9,4763	4,4781	282,12	6333,48
89,9	8082,01	726 572,699	9,4816	4,4797	282,43	6347,60
90,0	8100,00	729 000,000	9,4868	4,4814	282,74	6361,73

Mathematik und Tabellen.

n	n^2	n^3	$\sqrt{n}$	$\sqrt[3]{n}$	$n \cdot \pi$	$\dfrac{n^2 \cdot \pi}{4}$
90,0	8100,00	729 000,000	9,4868	4,4814	282,74	6361,73
90,1	8118,01	731 432,701	9,4921	4,4831	283,06	6375,87
90,2	8136,04	733 870,808	9,4974	4,4847	283,37	6390,03
90,3	8154,09	736 314,327	9,5026	4,4864	283,69	6404,21
90,4	8172,16	738 763,264	9,5079	4,4880	284,00	6418,40
90,5	8190,25	741 217,625	9,5131	4,4897	284,31	6432,61
90,6	8208,36	743 677,416	9,5184	4,4913	284,63	6446,83
90,7	8226,49	746 142,643	9,5237	4,4930	284,94	6461,07
90,8	8244,64	748 613,312	9,5289	4,4946	285,26	6475,33
90,9	8262,81	751 089,429	9,5341	4,4963	285,57	6489,60
91,0	8281,00	753 571,000	9,5394	4,4979	285,88	6503,88
91,1	8299,21	756 058,031	9,5446	4,4996	286,20	6518,18
91,2	8317,44	758 550,528	9,5499	4,5012	286,51	6532,50
91,3	8335,69	761 048,497	9,5551	4,5029	286,83	6546,84
91,4	8353,96	763 551,944	9,5603	4,5045	287,14	6561,18
91,5	8372,25	766 060,875	9,5656	4,5062	287,46	6575,55
91,6	8390,56	768 575,296	9,5708	4,5078	287,77	6589,93
91,7	8408,89	771 095,213	9,5760	4,5094	288,08	6604,33
91,8	8427,24	773 620,632	9,5812	4,5111	288,40	6618,74
91,9	8445,61	776 151,559	9,5864	4,5127	288,71	6633,17
92,0	8464,00	778 688,000	9,5917	4,5144	289,03	6647,61
92,1	8482,41	781 229,961	9,5969	4,5160	289,34	6662,07
92,2	8500,84	783 777,448	9,6021	4,5176	289,65	6676,54
92,3	8519,29	786 330,467	9,6073	4,5193	289,97	6691,03
92,4	8537,76	788 889,024	9,6125	4,5209	290,28	6705,54
92,5	8556,25	791 453,125	9,6177	4,5225	290,60	6720,06
92,6	8574,76	794 022,776	9,6229	4,5241	290,91	6734,60
92,7	8593,29	796 597,983	9,6281	4,5258	291,23	6749,15
92,8	8611,84	799 178,752	9,6333	4,5274	291,54	6763,72
92,9	8630,41	801 765,089	9,6385	4,5290	291,85	6778,31
93,0	8649,00	804 357,000	9,6437	4,5307	292,17	6792,91
93,1	8667,61	806 954,491	9,6488	4,5323	292,48	6807,52
93,2	8686,24	809 557,568	9,6540	4,5339	292,80	6822,16
93,3	8704,89	812 166,237	9,6592	4,5355	293,11	6836,80
93,4	8723,56	814 780,504	9,6644	4,5371	293,42	6851,47
93,5	8742,25	817 400,375	9,6695	4,5388	293,74	6866,15
93,6	8760,96	820 025,856	9,6747	4,5404	294,05	6880,84
93,7	8779,69	822 656,953	9,6799	4,5420	294,37	6895,55
93,8	8798,44	825 293,672	9,6850	4,5436	294,68	6910,28
93,9	8817,21	827 936,019	9,6902	4,5452	295,00	6925,02
94,0	8836,00	830 584,000	9,6954	4,5468	295,31	6939,78
94,1	8854,81	833 237,621	9,7005	4,5485	295,62	6954,55
94,2	8873,64	835 896,888	9,7057	4,5501	295,94	6969,34
94,3	8892,49	838 561,807	9,7108	4,5517	296,25	6984,15
94,4	8911,36	841 232,384	9,7160	4,5533	296,57	6998,97
94,5	8930,25	843 908,625	9,7211	4,5549	296,88	7013,80
94,6	8949,16	846 590,536	9,7263	4,5565	297,19	7028,65
94,7	8968,09	849 278,123	9,7314	4,5581	297,51	7043,52
94,8	8987,04	851 971,392	9,7365	4,5597	297,82	7058,40
94,9	9006,01	854 670,349	9,7417	4,5613	298,14	7073,30
95,0	9025,00	857 375,000	9,7468	4,5629	298,45	7088,22

			95—100			
n	n^2	n^3	$\sqrt{n}$	$\sqrt[3]{n}$	$n \cdot \pi$	$\dfrac{n^2 \cdot \pi}{4}$
95,0	9025,00	857 375,000	9,7468	4,5629	298,45	7088,22
95,1	9044,01	860 085,351	9,7519	4,5645	298,77	7103,15
95,2	9063,04	862 801,408	9,7570	4,5661	299,08	7118,09
95,3	9082,09	865 523,177	9,7622	4,5677	299,39	7133,06
95,4	9101,16	868 250,664	9,7673	4,5693	299,71	7148,03
95,5	9120,25	870 983,875	9,7724	4,5709	300,02	7163,03
95,6	9139,36	873 722,816	9,7775	4,5725	300,34	7178,04
95,7	9158,49	876 467,493	9,7826	4,5741	300,65	7193,06
95,8	9177,64	879 217,912	9,7877	4,5757	300,96	7208,10
95,9	9196,81	881 974,079	9,7929	4,5773	301,28	7223,16
96,0	9216,00	884 736,000	9,7980	4,5789	301,59	7238,23
96,1	9235,21	887 503,681	9,8031	4,5804	301,91	7253,32
96,2	9254,44	890 277,128	9,8082	4,5820	302,22	7268,42
96,3	9273,69	893 056,347	9,8133	4,5836	302,54	7283,54
96,4	9292,96	895 841,344	9,8184	4,5852	302,85	7298,67
96,5	9312,25	898 632,125	9,8234	4,5868	303,16	7313,82
96,6	9331,56	901 428,696	9,8285	4,5884	303,48	7328,99
96,7	9350,89	904 231,063	9,8336	4,5900	303,79	7344,17
96,8	9370,24	907 039,232	9,8387	4,5915	304,11	7359,37
96,9	9389,61	909 853,209	9,8438	4,5931	304,42	7374,58
97,0	9409,00	912 673,000	9,8489	4,5947	304,73	7389,91
97,1	9428,41	915 498,611	9,8539	4,5963	305,05	7405,00
97,2	9447,84	918 330,048	9,8590	4,5979	305,36	7420,32
97,3	9467,29	921 167,317	9,8641	4,5994	305,68	7435,59
97,4	9486,76	924 010,424	9,8691	4,6010	305,99	7450,88
97,5	9506,25	926 859,375	9,8742	4,6026	306,31	7466,19
97,6	9525,76	929 714,176	9,8793	4,6042	306,62	7481,51
97,7	9545,29	932 574,833	9,8843	4,6057	306,93	7496,85
97,8	9564,84	935 441,352	9,8894	4,6073	307,25	7512,21
97,9	9584,41	938 313,739	9,8944	4,6089	307,56	7527,58
98,0	9604,00	941 192,000	9,8995	4,6104	307,88	7542,96
98,1	9623,61	944 076,141	9,9045	4,6120	308,19	7558,37
98,2	9643,24	946 966,168	9,9096	4,6136	308,50	7573,78
98,3	9662,89	949 862,087	9,9146	4,6151	308,82	7589,22
98,4	9682,56	952 763,904	9,9197	4,6167	309,13	7604,66
98,5	9702,25	955 671,625	9,9247	4,6183	309,45	7620,13
98,6	9721,96	958 585,256	9,9298	4,6198	309,76	7635,61
98,7	9741,69	961 504,803	9,9348	4,6214	310,08	7651,11
98,8	9761,44	964 430,272	9,9398	4,6229	310,39	7666,62
98,9	9781,21	967 361,669	9,9448	4,6245	310,70	7682,14
99,0	9801,00	970 299,000	9,9499	4,6261	311,02	7697,69
99,1	9820,81	973 242,271	9,9549	4,6276	311,33	7713,25
99,2	9840,64	976 191,488	9,9599	4,6292	311,65	7728,82
99,3	9860,49	979 146,657	9,9649	4,6307	311,96	7744,41
99,4	9880,36	982 107,784	9,9700	4,6323	312,27	7760,02
99,5	9900,25	985 074,875	9,9750	4,6338	312,59	7775,64
99,6	9920,16	988 047,936	9,9800	4,6354	312,90	7791,28
99,7	9940,09	991 026,973	9,9850	4,6369	313,22	7806,93
99,8	9960,04	994 011,992	9,9900	4,6385	313,53	7822,60
99,9	9980,01	997 002,999	9,9950	4,6400	313,85	7838,28
100,0	10000,00	1 000 000,000	10,0000	4,6416	314,16	7853,98

Tabelle 48a.
Trigonometrische Tabelle.

Grad	Sinus							Grad
	0′	10′	20′	30′	40′	50′	60′	
0	0,000	0,003	0,006	0,009	0,012	0,015	0,017	89
1	0,017	0,020	0,023	0,026	0,029	0,032	0,035	88
2	0,035	0,038	0,041	0,044	0,047	0,049	0,052	87
3	0,052	0,055	0,058	0,061	0,064	0,067	0,070	86
4	0,070	0,073	0,076	0,078	0,081	0,084	0,087	85
5	0,087	0,090	0,093	0,096	0,099	0,102	0,105	84
6	0,105	0,107	0,110	0,113	0,116	0,119	0,122	83
7	0,122	0,125	0,128	0,131	0,133	0,136	0,139	82
8	0,139	0,142	0,145	0,148	0,151	0,154	0,156	81
9	0,156	0,159	0,162	0,165	0,168	0,171	0,174	80
10	0,174	0,177	0,179	0,182	0,185	0,188	0,191	79
11	0,191	0,194	0,197	0,199	0,202	0,205	0,208	78
12	0,208	0,211	0,214	0,216	0,219	0,222	0,225	77
13	0,225	0,228	0,231	0,233	0,236	0,239	0,242	76
14	0,242	0,245	0,248	0,250	0,253	0,256	0,259	75
15	0,259	0,262	0,264	0,267	0,270	0,273	0,276	74
16	0,276	0,278	0,281	0,284	0,287	0,290	0,292	73
17	0,292	0,295	0,298	0,301	0,303	0,306	0,309	72
18	0,309	0,312	0,315	0,317	0,320	0,323	0,326	71
19	0,326	0,328	0,331	0,334	0,337	0,339	0,342	70
20	0,342	0,345	0,347	0,350	0,353	0,356	0,358	69
21	0,358	0,361	0,364	0,367	0,369	0,372	0,375	68
22	0,375	0,377	0,380	0,383	0,385	0,388	0,391	67
23	0,391	0,393	0,396	0,399	0,401	0,404	0,407	66
24	0,407	0,409	0,412	0,415	0,417	0,420	0,423	65
25	0,423	0,425	0,428	0,431	0,433	0,436	0,438	64
26	0,438	0,441	0,444	0,446	0,449	0,451	0,454	63
27	0,454	0,457	0,459	0,462	0,464	0,467	0,469	62
28	0,469	0,472	0,475	0,477	0,480	0,482	0,485	61
29	0,485	0,487	0,490	0,492	0,495	0,497	0,500	60
30	0,500	0,503	0,505	0,508	0,510	0,513	0,515	59
31	0,515	0,518	0,520	0,522	0,525	0,527	0,530	58
32	0,530	0,532	0,535	0,537	0,540	0,542	0,545	57
33	0,545	0,547	0,550	0,552	0,554	0,557	0,559	56
34	0,559	0,562	0,564	0,566	0,569	0,571	0,574	55
35	0,574	0,576	0,578	0,581	0,583	0,585	0,588	54
36	0,588	0,590	0,592	0,595	0,597	0,599	0,602	53
37	0,602	0,604	0,606	0,609	0,611	0,613	0,616	52
38	0,616	0,618	0,620	0,623	0,625	0,627	0,629	51
39	0,629	0,632	0,634	0,636	0,638	0,641	0,643	50
40	0,643	0,645	0,647	0,649	0,652	0,654	0,656	49
41	0,656	0,658	0,660	0,663	0,665	0,667	0,669	48
42	0,669	0,671	0,673	0,676	0,678	0,680	0,682	47
43	0,682	0,684	0,686	0,688	0,690	0,693	0,695	46
44	0,695	0,697	0,699	0,701	0,703	0,705	0,707	45

Grad	60′	50′	40′	30′	20′	10′	0′	Grad
	Cosinus							

Tabelle 48b.
Trigonometrische Tabelle.

Grad	Cosinus							Grad
	0′	10′	20′	30′	40′	50′	60′	
0	1,000	1,000	1,000	1,000	1,000	1,000	1,000	89
1	1,000	1,000	1,000	1,000	1,000	0,999	0,999	88
2	0,999	0,999	0,999	0,999	0,999	0,999	0,999	87
3	0,999	0,998	0,998	0,998	0,998	0,998	0,998	86
4	0,998	0,997	0,997	0,997	0,997	0,996	0,996	85
5	0,996	0,996	0,996	0,996	0,995	0,995	0,995	84
6	0,995	0,994	0,994	0,994	0,993	0,993	0,993	83
7	0,993	0,992	0,992	0,992	0,991	0,991	0,990	82
8	0,990	0,990	0,989	0,989	0,989	0,988	0,988	81
9	0,988	0,987	0,987	0,986	0,986	0,985	0,985	80
10	0,985	0,984	0,984	0,983	0,983	0,982	0,982	79
11	0,982	0,981	0,981	0,980	0,979	0,979	0,978	78
12	0,978	0,978	0,977	0,976	0,976	0,975	0,974	77
13	0,974	0,974	0,973	0,972	0,972	0,971	0,970	76
14	0,970	0,970	0,969	0,968	0,967	0,967	0,966	75
15	0,966	0,965	0,964	0,964	0,963	0,962	0,961	74
16	0,961	0,960	0,960	0,959	0,958	0,957	0,956	73
17	0,956	0,955	0,955	0,954	0,953	0,952	0,951	72
18	0,951	0,950	0,949	0,948	0,947	0,946	0,946	71
19	0,946	0,945	0,944	0,943	0,942	0,941	0,940	70
20	0,940	0,939	0,938	0,937	0,936	0,935	0,934	69
21	0,934	0,933	0,931	0,930	0,929	0,928	0,927	68
22	0,927	0,926	0,925	0,924	0,923	0,922	0,921	67
23	0,921	0,919	0,918	0,917	0,916	0,915	0,914	66
24	0,914	0,912	0,911	0,910	0,909	0,908	0,906	65
25	0,906	0,905	0,904	0,903	0,901	0,900	0,899	64
26	0,899	0,898	0,896	0,895	0,894	0,892	0,891	63
27	0,891	0,890	0,888	0,887	0,886	0,884	0,883	62
28	0,883	0,882	0,880	0,879	0,877	0,876	0,875	61
29	0,875	0,873	0,872	0,870	0,869	0,867	0,866	60
30	0,866	0,865	0,863	0,862	0,860	0,859	0,857	59
31	0,857	0,856	0,854	0,853	0,851	0,850	0,848	58
32	0,848	0,847	0,845	0,843	0,842	0,840	0,839	57
33	0,839	0,837	0,835	0,834	0,832	0,831	0,829	56
34	0,829	0,827	0,826	0,824	0,822	0,821	0,819	55
35	0,819	0,817	0,816	0,814	0,812	0,811	0,809	54
36	0,809	0,807	0,806	0,804	0,802	0,800	0,799	53
37	0,799	0,797	0,795	0,793	0,792	0,790	0,788	52
38	0,788	0,786	0,784	0,783	0,781	0,779	0,777	51
39	0,777	0,775	0,773	0,772	0,770	0,768	0,766	50
40	0,766	0,764	0,762	0,760	0,759	0,757	0,755	49
41	0,755	0,753	0,751	0,749	0,747	0,745	0,743	48
42	0,743	0,741	0,739	0,737	0,735	0,733	0,731	47
43	0,731	0,729	0,727	0,725	0,723	0,721	0,719	46
44	0,719	0,717	0,715	0,713	0,711	0,709	0,707	45

Grad	60′	50′	40′	30′	20′	10′	0′	Grad
	Sinus							

Tabelle 49.
Flächen- und Körper-Inhalte.

	Parallelogramm	Flächeninhalt $F = g\,h$
Fig. 1.	Dreieck	$F = \dfrac{g\,h}{2}$
Fig. 2.	Trapez	$F = \dfrac{a+b}{2}\cdot h$
Fig. 3.	Kreis	$F = r^2\pi = \dfrac{d^2\pi}{4} = 0{,}7854\,d^2,$ Umfang $= 2\,r\,\pi = d\,\pi$
Fig. 4.	Kreis-Sektor (-Ausschnitt)	$F = \dfrac{b\,r}{2} = 0{,}0087\,r^2\beta,$ Bogen $b = \dfrac{r\,\pi\,\beta}{180}$
Fig. 5.	Kreis-Abschnitt	$F = \dfrac{b\,r}{2} - \dfrac{s(r-h)}{2}$ $= \dfrac{r^2}{2}\left(\dfrac{\pi\beta}{180} - \sin\beta\right),$ bei kleinem Zentriwinkel β annähernd $= \dfrac{2}{3}\,s\,h$
Fig. 6.	Ellipse	$F = a\,b\,\pi$
Fig. 7.	Prisma	$G =$ Grundfläche $h =$ Höhe Körperinhalt $J = G\cdot h$
Fig. 8.	Zylinder	$J = r^2\pi h = 0{,}7854\,d^2h$, Mantel des geraden Zylinders $= 2\,r\,\pi\,h,$ Oberfläche $= 2\,\pi\,r\,(r+h)$
Fig. 9.		

Fig. 10.	Pyramide	$J = \dfrac{1}{3}\,G\,h$
Fig. 11.	Kegel	$J = \dfrac{1}{3}\,r^2\,\pi\,h = 1{,}0472\,r^2\,h = \dfrac{d^2\,\pi\,h}{12}$ $= 0{,}2618\,d^2\,h$ Mantel des geraden Kegels $= r\,\pi\,s$ $= r\,\pi\,\sqrt{r^2 + h^2}$
Fig. 12.	Abgestumpfte Pyramide	G u. g Grund- oder Endflächen $J = \dfrac{h}{3}\left(G + g + \sqrt{G\,g}\right)$
Fig. 13.	Abgestumpfter Kegel	$J = \dfrac{h\,\pi}{3}\,(R^2 + r^2 + R\,r)$ Mantel des geraden abgest. Kegels $= \pi\,s\,(R + r)$ $s = \sqrt{(R - r)^2 + h^2}$
Fig. 14.	Kugel	$J = \dfrac{4}{3}\,r^3\,\pi = 4{,}189\,r^3 = \dfrac{1}{6}\,d^3\,\pi$ $= 0{,}5236\,d^3$ Oberfläche $= 4\,r^2\,\pi = 12{,}566\,r^2$ $= d^2\,\pi$
Fig. 15.	Faß	$J = 1{,}0453\,l\,(0{,}4\,D^2 + 0{,}2\,D\,d + 0{,}15\,d^2)$

Einige öfters vorkommende Zahlenwerte und Sätze:

$$\pi = 3{,}1416; \quad \pi^2 = 9{,}87; \quad \pi^3 = 31{,}01$$

$$\sqrt{\pi} = 1{,}772; \quad \sqrt[3]{\pi} = 1{,}4646;$$

$$g = 9{,}81; \quad g^2 = 96{,}23;$$

$$\sqrt{g} = 3{,}13; \quad \sqrt{2\,g} = 4{,}43.$$

Sinus-Satz. In jedem Dreieck verhalten sich je zwei Seiten zueinander wie die sinus der gegenüberliegenden Winkel:

$$\frac{b}{c} = \frac{\sin B}{\sin C}.$$

Cosinus-Satz. In jedem Dreieck ist der cosinus eines Winkels gleich der Summe der Quadrate der beiden ihn einschließenden Seiten, weniger dem Quadrate der ihm gegenüberliegenden Seite, dividiert durch das doppelte Produkt der beiden ihn einschließenden Seiten:

$$\cos B = \frac{a^2 + c^2 - b^2}{2\,a\,c}.$$

17*

Tabelle 50.
Spezifische Gewichte.
Wasser bei 4° C = 1.

1. Feste Körper.

			grün	luft-trocken
Aluminium	2,56—2,65			
Aluminiumbronze . . .	7,79			
Anthrazit	1,3—1,8	Birke	0,88	0,69
Antimon	6,72	Birnbaum	1,00	0,80
Asbest	2,1—2,8	Buche	0,95	0,75
Asphalt	1,07—1,16	Buchsbaum	1,23	1,03
Basalt	2,9—3,2	Eiche	1,03	0,82
Bausteine, im Mittel .	2,5	Erle	0,82	0,59
Beton	1,80—2,45	Esche	0,93	0,74
Bimsstein	0,92—1,65	Fichte	0,80	0,58
Blei	11,44	Kiefer	0,86	0,62
Braunkohle	1,2—1,5	Kirsche	1,10	0,85
Bronze	7,4—8,8	Lärche	0,83	0,59
Eis bei 0° C	0,91—0,93	Linde	0,82	0,59
Eisen, chemisch rein .	7,88	Mahagoni		0,80
„ gegossen	7,0—7,5	Nußbaum	0,92	0,66
Erde	1,4—2,4	Pappel	0,76	0,54
Feldsteine, im Mittel .	2,5	Rotbuche	0,97	0,81
Fette	0,93	Tanne	0,83	0,61
Flußstahl	7,86	Weide	0,76	0,54
Gips, ungebrannt . . .	2,33	Weißbuche	0,99	0,81
„ gebrannt	1,81	Zeder		0,57
„ gegossen	0,97	Holzkohle	0,30—0,55	
Glas	2,4—2,9	Kalk, gebrannt	1,2—1,5	
Gneis	2,4—2,7	Kalkmörtel	1,70	
Gold	19,3	Kalkstein	2,46—2,84	
Granit	2,5—3,1	Kautschuk	0,925	
Graphit	1,8—2,5	Kieselstein	2,3—2,7	
Gummi, vulkanisiert .	1,25—1,75	Knochen	1,7—2,0	
Guttapercha	0,96	Koks	1,4	
	grün	luft-trocken	Kork	0,24
Holz, und zwar:			Kreide	1,8—2,7
Ahorn	0,93	0,74	Kunstsandstein	2,03
Akazie	0,90	0,70	Kupfer, gegossen . . .	8,79
Apfelbaum	0,95	0,75	„ geh. und gew.	8,8—9,0

Lagermetall	7,1	Schiefer	2,60—2,70
Leder	0,86—1,02	Schlacke	2,50—3,0
Lehm	1,7—2,8	Schmirgel	4,00
Leim	1,27	Schnee, frisch gefallen	0,125
Marmor	2,52—2,85	Schwefel	1,93—2,07
Mauerwerk, und zwar:		Silber	10,45—10,60
Bruchstein	2,40—2,46	Speckstein	2,70
Sandstein	2,05—2,12	Stahl	7,80—7,90
Ziegelstein	1,6—1,8	Steinkohle	1,20—1,50
Messing	8,40—8,71	Talg	0,913
Neusilber	8,40—8,70	Talkerde	2,35
Nickel	8,90—9,20	Ton	1,80—2,60
Pech	1,07	Tonschiefer	2,82
Pechstein	2,21	Torf	0,64—0,84
Phosphor	2,18—2,30	Trachyt	2,60
Phosphorbronze	8,80	Wachs	0,95—0,98
Platin	21,15—21,50	Wasserglas	1,25
Porphyr	2,40—2,80	Weißmetall	7,10
Porzellan	2,30—2,50	Zement, frisch	1,85
Quarz	2,50—2,80	„ erhärtet	2,70—3,00
Sand	1,40—1,65	Ziegelsteine	1,50—2,30
Sandstein	1,90—2,70	Zink	6,86
Schamottestein	1,85—2,20	Zinn	7,29

2. Flüssige Körper.

Äther	0,716	Öle	0,913—0,940
Alkohol	0,792	Petroleum	0,80
Ammoniak	0,875	Quecksilber	13,56
Benzin	0,69	Schwefelkohlenstoff	1,292
Benzol	0,90	Steinkohlenteer	1,195
Chloroform	1,48	Steinkohlenteeröl	0,77
Glyzerin	1,26	Tran	0,93
Holzgeist	0,798		

3. Gase und Dämpfe. Luft bei 0° C = 1.

Äther	2,586	Leuchtgas	0,34—0,45
Alkohol	1,61	Sauerstoff	1,106
Ammoniak	0,596	Schweflige Säure	2,250
Chlor	2,420	Steinkohlengas	0,4—0,6
Chlorwasserstoff	1,261	Stickstoff	0,976
Kohlenoxyd	0,967	Wasserdampf	0,623
Kohlensäure	1,529	Wasserstoff	0,0693

Tabelle 51.
Gewichte aufgeschütteter Massen.
1 Kubikmeter wiegt kg.

Braunkohle, böhmische	640	Mist	700—900
„ Zeitzer . .	800	Mörtel (Kalk-Sand) . .	1800
„ Halle-Aschersl.	710	Rüben	500—530
Bruchstein	1500—2000	Sand	1330
Chlorkalk	720—835	Schnee, frisch gefallen	80—190
Erde (trocken)	1600	„ feucht	240—800
Formsand	1300	Schutt	1300—1600
Flußsand, feucht . . .	1770	Steine (in Stücken):	
Heu	101—116	Basalt	1720
Holz in Scheiten, weich	330	Granit	1750
„ „ „ hart .	400—500	Sandstein	1320
Holzkohle	150—220	Steinkohle, oberschles.	760—800
Kalkstein	1400	„ Ruhr . . .	800—960
„ gebrannt . .	1060	Steinschotter	1620
Kalkhydrat	500	Stroh von:	
Kalksulfat	1180	Roggen und Weizen	90—100
Kartoffeln	650—720	Gerste und Hafer . .	70—80
Körner (Getreide):		Leguminosen	50—60
Roggen, Weizen, Gerste	650—720	Torf	600
Erbsen, Bohnen, Mais	730—820	Zement	1200
Hafer	460	Ziegel, gestapelt	2100
Lehm	1500	Zucker	750

Tabelle 52.
Band- und Flacheisen.
Gewicht für das lfd. m in kg.

Dicke in mm	Breite in mm									
	10	11	12	13	14	15	16	17	18	19
1	0,078	0,085	0,093	0,101	0,109	0,117	0,125	0,132	0,140	0,148
2	0,156	0,171	0,187	0,202	0,218	0,234	0,249	0,265	0,280	0,296
3	0,234	0,257	0,280	0,304	0,327	0,351	0,374	0,398	0,421	0,444
4	0,312	0,343	0,374	0,406	0,436	0,467	0,499	0,430	0,561	0,592
5	0,390	0,428	0,467	0,507	0,545	0,584	0,623	0,663	0,701	0,740
6	0,467	0,514	0,561	0,607	0,654	0,701	0,748	0,794	0,841	0,888
7	0,545	0,600	0,654	0,709	0,763	0,818	0,872	0,926	0,982	1,036
8	0,623	0,685	0,748	0,810	0,872	0,935	0,997	1,059	1,122	1,184
9	0,701	0,771	0,841	0,911	0,982	1,051	1,122	1,192	1,262	1,332
10	0,779	0,857	0,935	1,012	1,091	1,169	1,246	1,324	1,402	1,480

Tabelle 53.

Quadrat- und Rundeisen.

Gewicht für das lfd. m in kg. $d = $ Stärke in mm.

d	□	○	d	□	○	d	□	○	d	□	○	d	□	○
5	0,194	0,153	22	3,766	2,956	48	17,93	14,07	85	56,21	44,13	170	224,8	176,5
6	0,280	0,220	23	4,116	3,231	50	19,45	15,27	90	63,02	49,47	175	238,3	187,0
7	0,381	0,299	24	4,481	3,518	52	21,04	16,51	95	70,21	55,12	180	252,1	197,9
8	0,498	0,391	25	4,863	3,817	54	22,69	17,81	100	77,80	61,07	185	266,3	209,0
9	0,630	0,495	26	5,259	4,129	56	24,39	19,15	105	85,78	67,33	190	280,9	220,5
10	0,778	0,611	27	5,672	4,452	58	26,17	20,55	110	94,14	73,90	195	295,8	232,2
11	0,941	0,739	28	6,100	4,788	60	28,01	21,99	115	102,9	80,77	200	311,2	244,3
12	1,120	0,879	29	6,543	5,136	62	29,91	23,48	120	112,0	87,95	205	327,0	256,7
13	1,315	1,032	30	7,002	5,497	64	31,87	25,02	125	121,6	95,43	210	343,1	269,3
14	1,525	1,197	32	7,967	6,254	66	33,59	26,60	130	131,5	103,2	215	359,6	282,3
15	1,751	1,374	34	8,994	7,060	68	35,98	28,24	135	141,8	111,3	220	376,6	295,6
16	1,992	1,563	36	10,08	7,915	70	38,12	29,93	140	152,5	119,7	225	393,9	309,2
17	2,248	1,765	38	11,23	8,819	72	40,33	31,66	145	163,6	128,4	230	411,6	323,1
18	2,521	1,979	40	12,45	9,772	74	42,60	33,44	150	175,1	137,4	235	429,7	337,1
19	2,809	2,205	42	13,72	10,77	76	44,94	35,28	155	186,9	146,7	240	448,1	351,8
20	3,112	2,443	44	15,06	11,82	78	47,33	37,16	160	199,2	156,3	245	467,0	366,6
21	3,431	2,693	46	16,46	12,92	80	49,79	39,09	165	210,0	166,3	250	486,3	381,7

Tabelle 54.

⊥-Eisen, hochstegig.

Höhe mm	Breite mm	Steg mm	Widerstands- moment pro cm	Für das lfd. m Ge- wicht kg	Höhe mm	Breite mm	Steg mm	Widerstands- moment pro cm	Für das lfd. m Ge- wicht kg
20	20	3	0,3	0,9	**80**	80	9	14	11
30	30	4	0,9	1,7	**90**	90	10	20	13
40	40	5,6	2,0	2,9	**100**	100	11	27	16
50	50	6	3,7	4,4	**120**	120	13	46	23
60	60	7	6,2	6,2	**140**	140	15	74	31
70	70	8	9,8	8,3					

Tabelle 55.
⊥-Eisen, breitfüßig.

Höhe mm	Breite mm	Steg mm	Widerstands-moment pro cm	Für das lfd. m Ge-wicht kg	Höhe mm	Breite mm	Steg mm	Widerstands-moment pro cm	Für das lfd. m Ge-wicht kg
30	60	5,5	3,3	3,6	60	120	10	24	13
35	70	6	4,9	4,6	70	140	11,5	38	18
40	80	7	7,5	6,2	80	160	13	56	23
45	90	8	11	7,9	90	180	14,5	79	29
50	100	8,5	14	9,4	100	200	16	107	36

Tabelle 56.
Winkeleisen, gleichschenklig.

Breite b	Dicke d	Für das lfd. m Ge-wicht kg	Breite b	Dicke d	Für das lfd. m Ge-wicht kg	Breite b	Dicke d	Für das lfd. m Ge-wicht kg
15	3	0,6	60	6	5,3	110	10	16
	4	0,8		8	7,0		12	19
20	3	0,9		10	8,6		14	22
	4	1,1	65	7	6,7	120	11	20
25	3	1,1		9	8,5		13	23
	4	1,4		11	10		15	26
30	4	1,7	70	7	7,3	130	12	23
	6	2,5		9	9,2		14	27
35	4	2,1		11	11		16	30
	6	3,0	75	8	8,9	140	13	27
40	4	2,4		10	11		15	31
	6	3,5		12	13		17	35
	8	4,5	80	8	9,5	150	14	31
45	5	3,3		10	12		16	35
	7	4,5		12	14		18	40
	9	5,7	90	9	12			
50	5	3,7		11	14			
	7	5,1		13	17			
	9	6,4	100	10	15			
55	6	4,9		12	17			
	8	6,4		14	20			
	10	7,8						

Tabelle 57.
Gewicht von 1 qm Blech in kg.

Dicke in mm	Schmiede- eisen	Gußeisen	Gußstahl	Kupfer	Messing	Zink	Blei
1	7,78	7,25	7,87	8,90	8,55	6,90	11,4
2	15,56	14,50	15,74	17,80	17,10	13,80	22,8
3	23,34	21,75	23,61	26,70	25,65	20,70	34,2
4	31,12	29,00	31,48	35,60	34,20	27,60	45,6
5	38,90	36,25	39,35	44,50	42,75	34,50	57,0
6	46,68	43,50	47,22	53,40	51,30	41,40	68,4
7	54,46	50,75	55,09	62,30	59,85	48,30	79,8
8	62,24	58,00	62,96	71,20	68,40	55,20	91,2
9	70,02	65,25	70,83	80,10	76,95	62,10	102,6
10	77,80	72,50	78,70	89,00	85,50	69,00	114,0
11	85,58	79,75	86,57	97,90	94,05	75,90	125,4
12	93,36	87,00	94,44	106,80	102,60	82,80	136,8
13	101,14	94,25	102,31	115,70	111,15	89,70	148,2
14	108,92	101,50	110,18	124,60	119,70	96,60	159,6
15	116,70	108,75	118,05	133,50	128,25	103,50	171,0
16	124,48	116,00	125,92	142,40	136,80	110,40	182,4
17	132,26	123,25	133,79	151,30	145,35	117,30	193,8
18	140,04	130,50	141,66	160,20	153,90	124,20	205,2
19	147,82	137,75	149,53	169,10	162,45	131,10	216,6
20	155,60	145,00	157,40	178,00	171,00	138,00	228,0

Tabelle 58.
Kupfer- und Messingdraht.

d — Durchmesser in mm; g = Gewicht von 1 lfd. m in g.

d mm	Kupfer g	Messing g	d mm	Kupfer g	Messing g	d mm	Kupfer g	Messing g	d mm	Kupfer g	Messing g
0,1	0,07	0,07	0,40	1,12	1,08	2,0	27,96	26,96	4,0	111,84	107,84
0,14	0,14	0,13	0,42	1,23	1,19	2,1	30,82	29,72	4,1	117,50	113,30
0,15	0,17	0,15	0,45	1,41	1,37	2,2	33,82	32,51	4,2	123,30	118,49
0,16	0,18	0,17	0,50	1,74	1,69	2,3	36,98	34,65	4,3	130,25	125,00
0,17	0,20	0,19	0,55	2,12	2,07	2,4	40,26	38,82	4,4	135,32	130,10
0,18	0,23	0,22	0,60	2,51	2,43	2,5	43,62	42,13	4,5	141,55	136,48
0,19	0,26	0,25	0,70	3,42	3,30	2,6	47,25	45,56	4,6	148,11	141,77
0,20	0,28	0,27	0,75	3,93	3,79	2,7	50,95	49,13	4,7	154,21	148,35
0,22	0,34	0,33	0,80	4,46	4,31	2,8	54,80	52,84	4,8	161,05	155,29
0,24	0,40	0,39	0,90	5,65	5,50	2,9	58,78	56,68	4,9	167,83	161,82
0,25	0,43	0,42	1,0	7,00	6,74	3,0	62,97	60,66	5,0	174,75	167,50
0,26	0,47	0,46	1,1	8,46	8,16	3,1	67,17	64,39	5,5	211,45	202,68
0,28	0,55	0,53	1,2	10,07	9,71	3,2	71,57	69,02	6,0	251,64	241,20
0,30	0,63	0,61	1,3	11,81	11,39	3,3	76,12	73,40	6,5	305,32	283,08
0,31	0,67	0,65	1,4	13,66	13,21	3,4	80,80	77,45	7,0	342,51	328,30
0,33	0,76	0,74	1,5	15,73	15,16	3,5	85,03	82,50	7,5	393,18	379,12
0,34	0,81	0,78	1,6	17,84	17,25	3,6	90,59	87,20	8,0	447,30	431,30
0,35	0,86	0,83	1,7	20,20	19,48	3,7	95,69	92,10	8,5	504,80	486,96
0,37	0,95	0,92	1,8	22,58	21,84	3,8	100,9	96,75	9,0	560,19	545,94
0,38	1,00	0,97	1,9	25,23	24,94	3,9	106,3	102,51	10,0	699,01	674

Bronzedraht hat ungefähr das gleiche Gewicht wie Kupferdraht. Für Eisendraht hat man das Gewicht des Kupferdrahts mit 0,88 und für Bleidraht mit 1,283 zu multiplizieren.

Tabelle 59a.

Normalien für gußeiserne Flanschenrohre.

Lichter Durchmesser D	Normal-Wandstärke für 6 bis 7 Atmosphären	Flanschendurchmesser	Flanschendicke	Schrauben-Lochkreis-durchmesser	Schrauben					Baulänge	Gewicht eines Rohres (abgerundet)	Gewicht einer Flansche nebst Anschluß (abgerundet)	Gewicht von 1 m Rohr exkl. Flansche	Schenkellänge der Krümmungs- und T-Stücke $L = D + 100$	Dichtungsleiste, falls beliebt	
					Anzahl	Stärke		Länge ohne Kopf	Durchmesser der Schraubenlöcher						Breite	Höhe
						in mm	in engl. Zoll									
mm	mm	mm	mm	mm		mm		mm	mm	m	kg	kg	kg	mm	mm	mm
40	8	140	18	110	4	13	1/2	70	15	2	21,4	2	8,75	140	25	3
50	8	160	18	125	4	15,5	5/8	75	17	2	25,5	2,2	10,58	150	25	3
60	8,5	175	19	135	4	15,5	5/8	75	17	2	32	2,7	13,26	160	25	3
70	8,5	185	19	145	4	15,5	5/8	80	17	3	51,4	2,9	15,20	170	25	3
80	9	200	20	160	4	15,5	5/8	80	17	3	61,7	3,5	18,25	180	25	3
90	9	215	20	170	4	15,5	5/8	80	17	3	68,8	4	20,30	190	25	3
100	9	230	20	180	4	19	3/4	90	21	3	76	4,4	22,32	200	28	3
125	10	260	21	210	4	19	3/4	90	21	3	98	5,6	28,94	225	28	3
150	10	290	22	240	6	19	3/4	90	21	3	122	6,9	36,45	250	28	3
175	10,5	320	22	270	6	19	3/4	90	21	3	149	8	44,38	275	30	3
200	11	350	23	300	6	19	3/4	90	21	3	178	9,6	52,91	300	30	3
225	11,5	370	23	320	6	19	3/4	90	21	3	206	9,9	61,96	325	30	3
250	12	400	24	350	8	19	3/4	95	21	3	238	11,6	71,61	350	30	3
275	12,5	425	25	375	8	19	3/4	95	21	3	273	12,9	82,30	375	30	3
300	13	450	25	400	8	19	3/4	95	21	3	306	13,7	93,00	400	30	3
325	13,5	490	26	435	10	22,5	7/8	105	25	3	343	17,2	102,87	425	35	4
350	14	520	26	465	10	22,5	7/8	105	25	3	376	18,9	112,75	450	35	4
375	14	550	27	495	10	22,5	7/8	105	25	3	415	21,5	124,04	475	35	4
400	14,5	575	27	520	10	22,5	7/8	105	25	3	456	22,6	136,85	500	35	4
425	14,5	600	28	545	12	22,5	7/8	105	25	3	484	24,5	145,16	525	35	4
450	15	630	28	570	12	22,5	7/8	105	25	3	539	26,5	162,00	550	35	4
475	15,5	655	29	600	12	22,5	7/8	105	25	3	582	28,6	178,84	575	40	4
500	16	680	30	625	12	22,5	7/8	105	25	3	624	30,7	187,68	600	40	4
550	16,5	740	33	675	14	26	1	120	28,5	3	723	39	214,97	—	40	5
600	17	790	33	725	16	26	1	120	28,5	3	813	42	243,28	—	40	5
650	18	840	33	775	18	26	1	120	28,5	3	916	43	276,60	—	40	5
700	19	900	33	830	18	26	1	120	28,5	3	1034	50	311,27	—	40	5
750	20	950	33	880	20	26	1	120	28,5	3	1148	53	347,96	—	40	5
800	21	1020	36	940	20	29,5	1 1/8	130	32	3	1297	68	387,10	—	45	5
900	22,5	1120	36	1040	22	29,5	1 1/8	130	32	3	1567	74	472,81	—	45	5
1000	24	1220	36	1140	24	29,5	1 1/8	130	32	3	1872	96	560,00	—	45	5

Die Rohre sind für einen Betriebsdruck von etwa 10 Atm. bestimmt und auf 20 Atm. geprüft. Für Wasserleitungen (4÷6 Atm.), Kanalisations-, Gas-, Windleitungen usw. können die Wandstärken vermindert, für Dampf- und ähnliche Leitungen sollen sie erhöht werden, wobei der äußere Rohrdurchmesser feststehend bleibt.

Tabelle 59 b.
Normalien für gußeiserne Muffenrohre, Ventile, Hähne und Schieber.

Lichter Durchmesser D	Normal-Wandstärke für 6 bis 7 Atmosphären	1. Muffenrohre								2. Schieber, Hähne und Ventile		
		Äußerster Muffendurchmesser	Innerer Muffendurchmesser	Tiefe der Muffe	Gewicht pro laufendes m exkl. Muffe	Gewicht der Muffe	Gewicht pro laufendes m Baulänge inkl. Muffe	Trosche (abgerundet)	Baulänge	Schieberlänge von Flansche zu Flansche $D + 200$	Durchgangsventile und gußeiserne Hähne; Länge von Flansche z. Flansche $2D + 100$	Eckventile; Länge der Schenkel von Mitte bis Flansche $D + 50$
mm	mm	mm	mm	mm	kg	kg	kg	kg	m	mm	mm	mm
40	8	120	69	74	8,75	2,00	9,75	10	2	240	180	90
50	8	132	81	77	10,58	2,6	11,88	12	2	250	200	100
60	8,5	143	91	80	13,26	3,15	14,83	15	3	260	220	110
70	8,5	153	101	82	15,195	3,7	17,05	17	3	270	240	120
80	9	164	112	83	18,25	4,32	19,70	20	3	280	260	130
90	9	175	122	86	20,30	5,00	21,83	22	3	290	280	140
100	9	186	133	88	22,32	5,80	24,25	24,5	3	300	300	150
125	10	213	158	91	28,94	7,34	31,38	32	3	325	350	175
150	10	242	185	94	36,45	8,90	39,06	39	3	350	400	200
175	10,5	270	211	97	44,38	10,61	47,90	48	3	375	450	225
200	11	299	238	99	52,91	12,33	57,00	57	3	400	500	250
225	11,5	315	264	100	61,96	14,32	66,73	67	3	425	550	275
250	12	351	291	101	71,61	16,32	77,09	77	3	450	600	300
275	12,5	378	317	102	82,30	19,12	88,67	89	3	475	650	325
300	13	406	343	104	93,00	21,93	100,00	100	3	500	700	350
325	13,5	433	368	105	102,87	24,91	111,17	111	3	525	750	375
350	14	460	394	106	112,75	27,90	122,06	122	3	550	800	400
375	14	489	421	107	124,04	30,00	134,04	134	3	575	850	425
400	14,5	518	448	109	136,85	34,09	147,21	148	3	600	900	450
425	14,5	545	473	110	145,16	37,27	157,58	158	3	625	950	475
450	15	573	499	111	162,00	40,45	175,53	176	3	650	1000	500
475	15,5	600	525	112	174,84	44,09	189,54	190	3	675	1050	525
500	16	628	551	114	187,68	47,74	204,13	204	3	700	1100	550
550	16,5	682	603	116	214,97	55,33	233,43	234	3	750	—	—
600	17	736	655	119	243,28	63,52	264,46	265	3	800	—	—
650	18	791	707	122	276,60	73,47	301,08	301	3	850	—	—
700	19	846	759	125	311,27	84,63	339,45	340	3	900	—	—
750	20	897	812	127	347,96	94,40	379,44	380	3	950	—	—
800	21	949	866	129	387,10	104,64	421,98	422	3	1000	—	—
900	22,5	1066	968	134	472,81	135,94	518,15	518	3	1100	—	—
1000	24	1177	1074	140	560,00	168,47	616,21	616	3	1200	—	—

Die Rohre sind für einen Betriebsdruck von etwa 10 Atm. bestimmt und auf 20 Atm. geprüft. Für Wasserleitungen (4—÷6 Atm.), Kanalisations-, Gas-, Windleitungen usw. können die Wandstärken vermindert, für Dampf- und ähnliche Leitungen sollen sie erhöht werden, wobei der äußere Rohrdurchmesser feststehend bleibt.

Tabelle 60.
Schmiedeeiserne Rohre.
Gewicht für das lfd. m in kg.

Äußerer Durchmesser mm	Bei normaler Wandstärke von mm	kg	Bei einer Wandstärke von mm mehr als die normale.							
			0,25 kg	0,50 kg	0,75 kg	1,0 kg	1,5 kg	2,0 kg	2,5 kg	3,0 kg
38	2,00	1,80	1,97	2,17	2,37	2,57	2,95	3,32	3,68	4,08
41,5	2,50	2,40	2,61	2,83	3,05	3,26	3,67	4,08	4,47	4,85
44,5	2,50	2,60	2,80	3,05	3,28	3,51	3,96	4,40	4,84	5,24
47,5	2,50	2,75	3,01	3,26	3,52	3,77	4,26	4,73	5,20	5,65
51	2,75	3,25	3,53	3,80	4,07	4,33	4,86	5,37	5,88	6,37
54	2,75	3,45	3,74	4,03	4,32	4,60	5,17	5,72	6,25	6,78
57	2,75	3,65	3,95	4,26	4,57	4,87	5,47	6,08	6,63	7,20
60	3,00	4,20	4,50	4,83	5,15	5,47	6,10	6,72	7,33	7,92
63,5	3,00	4,45	4,79	5,13	5,48	5,82	6,49	7,14	7,79	8,42
70	3,00	4,90	5,30	5,69	6,07	6,45	7,20	7,94	8,67	9,39
76	3,00	5,35	5,76	6,19	6,61	7,04	7,85	8,64	9,44	10,26
83	3,50	6,80	7,28	7,74	8,20	8,66	9,56	10,44	11,29	12,17
89	3,50	7,32	7,81	8,31	8,80	9,29	10,27	11,22	12,17	13,11
95	3,50	7,83	8,36	8,90	9,43	9,95	11,00	12,03	13,05	14,06
102	3,75	9,01	9,58	10,15	10,72	11,29	12,42	13,53	14,63	15,71
114	3,75	10,10	10,75	11,40	12,04	12,68	13,95	15,21	16,46	17,69
127	4,25	12,75	13,47	14,20	14,91	15,62	17,04	18,45	19,84	21,22
140	4,50	14,90	15,70	16,50	17,29	18,08	19,65	21,21	22,76	24,29
152	4,50	16,22	17,10	17,96	18,83	19,70	21,41	23,12	24,81	26,49
165	4,50	17,65	18,61	19,55	20,50	21,44	23,32	25,18	27,03	28,87
178	4,50	19,08	20,11	21,14	22,17	23,19	25,22	27,74	29,26	31,25

Tabelle 61.
Bleiröhren.
Gewicht für das lfd. m in kg. — Durchmesser in mm.

Durchm.		kg	Durchm.		kg	Durchm.		kg	Durchm.		kg	Durchm.		kg
6	10	0,57	20	28	3,25	33	38	3,05	46	53	6,05	65	82	20,0
8	12	0,70	20	29	3,95	33	42	5,50	46	56	9,65	72	82	13,5
10	16	1,45	20	30	4,50	33	46	8,50	52	59	5,35	78	92	20,5
10	17	1,60	20	32	5,35	40	46	4,95	52	61	7,50	92	107	26,5
10	18	1,70	25	32	3,55	40	48	6,55	52	63	10,35	104	113	20,0
13	20	2,00	25	34	4,50	40	50	8,55	60	68	11,00	117	126	24,0
13	22	2,75	25	36	6,00	40	52	10,10	60	76	12,00	130	139	27,2
20	26	2,65	25	38	7,00	40	54	12,50	65	76	14,50	156	167	33,6

Tabelle 62.
Gezogene Kupferröhren.
Gewicht für das lfd. m in kg. D = lichte Weite.

D mm	Wanddicke in Millimeter											
	1	1,25	1,5	1,75	2	2,25	2,5	2,75	3	3,5	4	5
10	0,305	0,390	0,479	0,571	0,667	0,766	0,868	0,974	1,084	1,313	1,556	2,085
12	0,361	0,460	0,563	0,669	0,778	0,891	1,007	1,127	1,251	1,508	1,779	2,363
14	0,417	0,529	0,646	0,766	0,889	1,016	1,146	1,280	1,417	1,702	2,001	2,641
16	0,472	0,599	0,729	0,863	1,000	1,141	1,285	1,433	1,584	1,897	2,224	2,919
18	0,528	0,669	0,813	0,960	1,112	1,266	1,424	1,586	1,751	2,092	2,446	3,197
20	0,583	0,738	0,896	1,058	1,223	1,391	1,563	1,739	1,918	2,286	2,669	3,475
30	0,861	1,086	1,313	1,544	1,779	2,017	2,259	2,503	2,752	3,199	3,781	4,865
40	1,139	1,433	1,730	2,031	2,335	2,643	2,954	3,268	3,586	4,173	4,893	6,255
50	1,417	1,781	2,147	2,517	2,891	3,268	3,649	4,033	4,420	5,146	6,005	7,645
60	1,695	2,128	2,564	3,004	3,447	3,894	4,344	4,797	5,254	6,119	7,117	9,035
70	1,974	2,476	2,981	3,491	4,003	4,519	5,039	5,562	6,088	7,092	8,229	10,43
80	2,252	2,823	3,398	3,977	4,559	5,145	5,734	6,326	6,922	8,065	9,341	11,82
90	2,530	3,171	3,815	4,464	5,115	5,770	6,429	7,091	7,757	9,038	10,45	13,21
100	2,808	3,518	4,223	4,950	5,671	6,396	7,124	7,856	8,591	10,01	11,57	14,60

Für gezogene Messingröhren hat man das Gewicht der Kupferröhren mit 0,96 zu multiplizieren.

Tabelle 63.
Durchflußmenge von Flüssigkeit in Liter pro Sekunde bei einer Geschwindigkeit in der Leitung von 1 m in der Sekunde.

Lichter Rohrdurchmesser mm	Durchflußmenge in Liter pro Sek.	Lichter Rohrdurchmesser mm	Durchflußmenge in Liter pro Sek.	Lichter Rohrdurchmesser mm	Durchflußmenge in Liter pro Sek.	Lichter Rohrdurchmesser mm	Durchflußmenge in Liter pro Sek.
40	1,25	100	7,85	225	39,76	350	96,21
50	1,96	125	12,27	250	49,08	375	110,44
60	2,82	150	17,66	275	59,39	400	125,66
70	3,84	175	24,05	300	70,68	450	159,04
80	5,02	200	31,41	325	82,95	500	196,35
90	6,36						

Für andere Geschwindigkeiten lassen sich die Mengen hieraus leicht ermitteln.

SACHREGISTER.

KESTNER-RIESELVERDAMPFER

D. R. P.

Von unerreichter Leistung, in der chemischen und Zucker-Industrie mit großem Erfolge arbeitend, für die empfindlichsten Flüssigkeiten bei höchsten Siedetemperaturen geeignet, deshalb in allen Fällen weitgehende Dampf-Ökonomie möglich. Kein Überreißen, geringer Platzbedarf.

Nr. 2533. 3 Kestner-Körper vorgeschaltet vor alten Verdampfapparaten.

Schnellverdampfer, in mehreren Ländern patentiert; ganz besondere Leistungsfähigkeit besonders bei stark schäumenden Flüssigkeiten; neue, eigenartige, große Vorteile bietende Bauart auf dem Gebiete der Verdampfapparate.

2

Sudenburger Maschinenfabrik und Eisengießerei

Aktiengesellschaft zu Magdeburg

Apparatebauanstalt und Kesselschmiede

Fernspr. Nr. 1   Telegrammadresse: Zuckerrohr   Gegründet 1843

Offene und geschlossene

Maischen und Krystallisatoren

Nr. 277.   Geschlossene Krystallisatoren.

Nr. 257.   Offene Maischen.

Kaustifikatoren, trockene und nasse **Kondensationen**
von bester Wirkung.

Nr. 271.   Kaustifikatoren.

Sudenburger Maschinenfabrik und Eisengießerei

Aktiengesellschaft zu Magdeburg

Apparatebauanstalt und Kesselschmiede

Fernspr. Nr. 1   Telegrammadresse: Zuckerrohr   Gegründet 1843

Nr. 282. Separator für Feuerungsrückstände.

Mehrfach patentiertes Verfahren und Einrichtung zur restlosen Verwertung der Rückstände von Feuerungen aller Art durch Brennstoff-Gewinnung und restlose Verarbeitung.

Keine Verluste mehr in den Schlacken, sehr geringer Kraftbedarf, äußerst niedrige Betriebskosten.

Sudenburger Maschinenfabrik und Eisengießerei

Aktiengesellschaft zu Magdeburg

Apparatebauanstalt und Kesselschmiede

Fernspr. Nr. 1 Telegrammadresse: Zuckerrohr Gegründet 1843

Hängende, frei pendelnde Zentrifugen

Original-Konstruktionen für Riemen-, Wasserturbinen- und direkten elektrischen Einzelantrieb. Äußerst leichter, ruhiger Gang. Seit Jahren überall gegen andere Konstruktionen bevorzugt, viele Hundert ausgeführt.

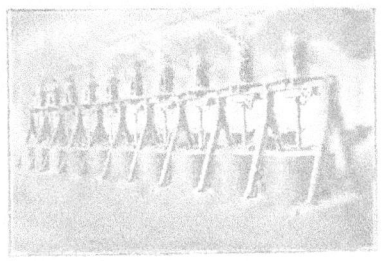

Nr. 267. Hängende Zentrifugenanlage mit elektrischem Einzelantrieb.

Ferner **stehende Zentrifugen** auf Platte montiert oder durchhängend, für obere und untere, seitliche oder zentrale Entleerung. Nur Kugellagerung.

Nr. 245/1. Hängende Zentrifugen mit Wasserturbineneinzelantrieb.

Sudenburger Maschinenfabrik und Eisengießerei

Aktiengesellschaft zu Magdeburg

Apparatebauanstalt und Kesselschmiede

Fernspr. Nr. 1   Telegrammadresse: Zuckerrohr   Gegründet 1843

Dampfmaschinen in solidester Ausführung mit sparsamstem Dampfverbrauch mit Rider- und anderen Präzisionssteuerungen

sowie besonders für Heißdampf mit der einzigartigen bestens bewährten Ventilsteuerung, Patent F. Elsner. **Letztere ist die einfachste existierende Steuerung, da dieselbe pro Ventil nur ein Gelenk hat.**

Nr. 251,2. Dampfmaschine mit Patent Elsner Ventilsteuerung (pro Ventil nur ein Gelenk).

Bestens durchkonstruierte Pumpen jeder Art zum Fördern von Luft, Kohlensäure, Wasser, Schlamm, Saft, Füllmasse, Laugen, Kondensat.

Nr. 254. Horizontale Zwillings-Dampfschlammpumpe.

Sudenburger Maschinenfabrik und Eisengießerei

Aktiengesellschaft zu Magdeburg

Apparatebauanstalt und Kesselschmiede

Fernspr. Nr. 1   Telegrammadresse: Zuckerrohr   Gegründet 1843

Komplette hydraulische Preßanlagen

Nr. 269.

Wir lieferten für in- und ausländische Staatsbetriebe große Anlagen, und stellt obige Abbildung eine Preßstation dar, die wir für die Kaiserlich-Russische Regierung in zweifacher Ausführung geliefert haben.

Hydraulische Preßpumpen in äußerst kräftiger, zweckentsprechender Bauart.

Nr. 275. Hydraulische Presspumpe.

7

Sudenburger Maschinenfabrik und Eisengießerei

Aktiengesellschaft zu Magdeburg

Apparatebauanstalt und Kesselschmiede

Fernspr. Nr. 1   Telegrammadresse: Zuckerrohr   Gegründet 1843

TELLERTRANSPORTEURE

Neuestes Förderungsmittel besonders für solche Betriebe, wo Geräusch und die für die Gebäude schädlichen Stöße, die zum Beispiel bei Schüttelrinnen auftreten, vermieden werden müssen, bei gleichzeitiger größter Schonung des Fördergutes.

Nr. 256. Tellertransporteur mit Ausschüttstellen an beliebigen Punkten.

Letzteres wird in absolut ruhiger Lage bis zu den Ausschütt-stellen, die in beliebiger Zahl und an beliebigen Punkten angebracht werden können, transportiert. Der Gang ist ein durchaus ruhiger und der Kraftverbrauch äußerst minimal.

Diese Transporteure werden, wie auch die weiter von uns hergestellten **Rechentransporteure, Schüttelrinnen, Transportschnecken, Elevatoren,** die wir auch in nur bewährten Konstruktionen herstellen, in jeder beliebigen Länge ausgeführt.

Nr. 255. Rechentransporteur.

FILTERVORRICHTUNGEN

aller Art in erstklassiger Ausführung und vorzüglichster Wirkungsweise wie Filterpressen, Beutelfilter, Nutsch-Filter usw. **Tücher-
Waschmaschinen** zum Reinigen der Filtertücher und Beutel.

Nr. 273. Filterpresse.   Nr. 278. Nutsch-Filter.

Nr. 134. Beutelfilter.   Nr. 272. Filtertücher-Waschmaschine.

 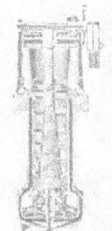

Sudenburger Maschinenfabrik und Eisengießerei

Aktiengesellschaft zu Magdeburg

Apparatebauanstalt und Kesselschmiede

Fernspr. Nr. 1   Telegrammadresse: Zuckerrohr   Gegründet 1843

Kalköfen in bestens bewährter Bauart

Nr. 271. Schwefelofen.   Nr. 279. Kondenstöpfe.

Kalklösch- und **Mischgefäße. Schwefelöfen** in verschiedenen Größen.

Flüssigkeitsregler und **Kondenstöpfe** in nur erstklassiger Ausführung und von sicherer Wirkungsweise.

Ventile, Transmissionen, Rohrleitungen.

SALZ-TROCKEN-TROMMELN

in Spezialausführung zum Trocknen von Salzen mittels Heißluft in rotierender Trommel.

Nr. 276. Salztrockentrommel.

11

Reprint Publishing

FÜR MENSCHEN, DIE AUF ORIGINALE STEHEN.

Bei diesem Buch handelt es sich um einen Faksimile-Nachdruck der Originalausgabe. Unter einem Faksimile versteht man die mit einem Original in Größe und Ausführung genau übereinstimmende Nachbildung als fotografische oder gescannte Reproduktion.

Faksimile-Ausgaben eröffnen uns die Möglichkeit, in die Bibliothek der geschichtlichen, kulturellen und wissenschaftlichen Vergangenheit der Menschheit einzutreten und neu zu entdecken.

Die Bücher der Faksimile-Edition können Gebrauchsspuren, Anmerkungen, Marginalien und andere Randbemerkungen aufweisen sowie fehlerhafte Seiten, die im Originalband enthalten sind. Diese Spuren der Vergangenheit verweisen auf die historische Reise, die das Buch zurückgelegt hat.

ISBN 978-3-95940-044-2

www.reprintpublishing.com

www.ingramcontent.com/pod-product-compliance
Lightning Source LLC
Chambersburg PA
CBHW052009020726
47501CB00004B/1069